T0281727

Werner Poguntke

Keine Angst vor Mathe

Werner Poguntke

Keine Angst vor Mathe

Hochschulmathematik für Einsteiger

4., aktualisierte Auflage

STUDIUM

VIEWEG+
TEUBNER

Bibliografische Information der Deutschen Nationalbibliothek
Die Deutsche Nationalbibliothek verzeichnet diese Publikation in der
Deutschen Nationalbibliografie; detaillierte bibliografische Daten sind im Internet über
<http://dnb.d-nb.de> abrufbar.

Prof. Dr. Werner Poguntke
Geboren 1949 in Duisburg-Homberg. 1972 Diplom und 1974 Promotion in Mathematik an der TH
Darmstadt. Von 1974 bis 1985 wiss. Mitarbeiter und Hochschulassistent an der TH Darmstadt. 1981
Habilitation im Fachbereich Mathematik der TH Darmstadt. 1985 bis 1988 Industrietätigkeit bei
TELENORMA/Frankfurt. 1988 bis 1994 wiss. Mitarbeiter im Fachbereich Elektrotechnik der Fern-
universität Hagen. Seit 1994 Professor für Angewandte Informatik an der FH Südwestfalen.

1. Auflage 2004
2. Auflage 2006
3. Auflage 2009
4., aktualisierte Auflage 2010

Alle Rechte vorbehalten
© Vieweg+Teubner | GWV Fachverlage GmbH, Wiesbaden 2010

Lektorat: Ulrich Sandten | Kerstin Hoffmann

Vieweg+Teubner ist Teil der Fachverlagsgruppe Springer Science+Business Media.
www.viewegteubner.de

Umschlaggestaltung: KünkelLopka Medienentwicklung, Heidelberg
Druck und buchbinderische Verarbeitung: STRAUSS GMBH, Mörlenbach
Gedruckt auf säurefreiem und chlorfrei gebleichtem Papier.

ISBN 978-3-8348-0966-7

Vorwort

„Es geht darum, alles so einfach wie möglich zu machen.
Aber nicht einfacher.“
Albert Einstein

Wenn mindestens eine der folgenden Aussagen auf Sie zutrifft, dann dürfte das vorliegende Buch für Sie von Interesse sein:

o Sie müssen sich nach längerer Zeit zwangsweise wieder mit Mathematik beschäftigen, beispielsweise als Erstsemester an der Hochschule.

o Sie benötigen in Ihrem Beruf Mathematikkenntnisse, die aus der Schulzeit längst vergessen oder verdrängt sind.

o Sie waren „in Mathe immer schlecht“, finden das aber heute bedauerlich, weil Sie ein weltoffener und wissbegieriger Mensch sind und wissen, dass jede moderne Technikentwicklung auch stark auf Mathematik beruht.

Das folgende Zitat des Mathematikers und Kabarettisten Dietrich Paul[i] finde ich sehr treffend:

„Deutschland war leider schon immer das einzige Land der Welt, in dem man ungestraft damit kokettieren kann, dass man in Mathe schon immer schlecht war. Und dafür auch noch bewundert wird und, je nach sozialem Umfeld, als besonders sensibel, metaphysisch oder engagiert gilt.“

Aber es gibt Hoffnung: Immer häufiger wird über mathematische Themen berichtet (sogar in Tageszeitungen, in *bild der wissenschaft* sowieso), die Bedeutung für Schlüsseltechnologien wird inzwischen allgemein gesehen.

Beim Verfassen des Buches hatte ich primär die „Verbundstudierenden“ des Landes Nordrhein-Westfalen im Auge, die ich hauptberuflich unterrichte. Beim Verbundstudium handelt es sich um eine Art Fernstudium an Fachhochschulen, wobei allerdings an jedem zweiten Samstag Präsenzveranstaltungen in der Hochschule stattfinden. Hier sind die Erstsemester im Schnitt ein paar Jahre älter als sonst an den Hochschulen, der (meist ungeliebte) Mathematikunterricht liegt z. T. viele Jahre zurück. Man kann sich vorstellen: Bevor man als Lehrender zum Studienbeginn überhaupt dazu kommt, den für die anderen Fächer notwendigen Mathematikstoff zu vermitteln, hat man wochenlang damit zu tun, alte Vorbehalte und Ängste gegenüber der Mathematik abzubauen. Das vorliegende Buch soll dazu eine zusätzliche Hilfe sein. Da die geschilderte Situation auf viele andere Menschen in ähnlicher Form zutrifft, hege

---

[i] Aus: Mitteilungen der Deutschen Mathematiker Vereinigung, Heft 2/2003.

ich die Hoffnung, dass das Buch über meine Studentinnen und Studenten hinaus auf Interesse stößt.

Inhaltlich ist das Buch insofern „bodenständig", als es vorwiegend Grundlagen der Mathematik aufgreift, die man zu Beginn eines Studiums eigentlich beherrschen sollte – Beispiele sind der Begriff des Logarithmus oder das Rechnen mit einer Unbekannten. Diese Themen werden in knapper, jedoch (hoffentlich) lebendiger und verständlicher Form aufgegriffen. Der Leser mag selbst beurteilen, ob er nicht besser ein altes Schulbuch zur Hand genommen hätte...

Das Buch will jedoch kein alternatives Schulbuch sein, es soll vor allem den etwas „älteren" Menschen (so ab 20 Jahre) ansprechen, der dies alles „schon mal gehört" hat. Dazu gehört, dass immer wieder die Bedeutung, aber auch die Grenzen der Mathematik aufgezeigt werden. Ich weiß, es gibt sehr gute Schulbücher – aber auf Fragen der Art „Existiert die Zahl π wirklich?" oder „Was sagt die Wahrscheinlichkeitstheorie eigentlich über die reale Welt?" wird recht selten eingegangen. Vielleicht ist es auch zu schwierig, solche Fragen in der Schule zu thematisieren. Dabei sind es nach meiner Auffassung gerade solche Überlegungen, die ein gelockertes Verhältnis zur Mathematik und Spaß an diesem Fach zulassen. Auf der anderen Seite ist die Beschäftigung mit Mathematik oft auch Arbeit, beim Lesen des Buches wird es immer wieder „Durststrecken" geben!

Und nun viel Erfolg und Spaß mit diesem Buch!

Wuppertal, im Juli 2004
Werner Poguntke

Mit der vorliegenden gründlich durchgesehenen vierten Auflage sind gegenüber der Erstauflage hoffentlich fast alle Tipp- und Rechenfehler beseitigt.

Dabei haben mir mit zahlreichen Anregungen und Korrekturvorschlägen eine Reihe von Personen geholfen. Besonders herausheben möchte ich meine ehemalige Mitarbeiterin Dipl.-Math. Sabine Schiller, Herrn Ulrich Sandten vom Verlag Vieweg+Teubner sowie die kritische Leserin Frau Dr. med. Angela Müller.

Wuppertal, im Oktober 2009
Werner Poguntke

Inhalt

Einleitung

Das Buch enthält in insgesamt zehn Kapiteln diejenigen Mathematik-Grundlagen, welche ich persönlich entsprechend der Intention des Buches für die wichtigsten halte. Gegenüber der ersten Auflage ist ein Kapitel über Integrale hinzu gekommen, welches mit „Messen" überschrieben ist. Neben den Kapiteln 2 bis 9, mit denen man in vielen anderen Fachgebieten sowie in zahlreichen Bereichen des täglichen Lebens direkt etwas „anfangen" kann (weil man dort beispielsweise *rechnen* muss), stehen Kapitel 1 über Zahlen und Kapitel 10 zum Thema des Unendlichen, die eher dazu dienen, ein Verständnis für einige Grundfragen der Mathematik zu vermitteln.

Dem unterschiedlichen Charakter der Kapitel entsprechend finden sich am Ende der Kapitel auch unterschiedliche Arten von Übungsaufgaben. Während die Kapitel 1 und 10 Wissensfragen enthalten, anhand derer der Leser sich die diskutierten Themen noch einmal vergegenwärtigen kann, enden Kapitel 2 bis 9 mit jeweils einer Reihe von Übungs- bzw. Sachaufgaben, wobei bei letzteren die Herausarbeitung der mathematischen Problemstellung mit zur Aufgabe gehört („Textaufgaben"). Am Ende des Buches finden sich dann Lösungen aller Aufgaben.

Manche Leser werden vielleicht das eine oder andere Thema vermissen, die von mir getroffene Auswahl ist – wie gesagt – natürlich subjektiv. Gegenüber der ersten Auflage sind neben dem Kapitel über Integrale eigene Abschnitte zu den komplexen Zahlen sowie zu Vektoren eingefügt worden. Die meisten dieser Ergänzungen sprechen auf den ersten Blick vorwiegend den technisch orientierten Leser an, sie spielen jedoch heute auch in vielen anderen Bereichen eine große Rolle (beispielsweise die Integrale in der fortgeschrittenen Finanzmathematik).

Auf mathematische *Beweise* wird innerhalb der Kapitel weitgehend verzichtet. Da das Beweisen jedoch zum Kern aller Mathematik gehört (im Sinne von: aus Bekanntem oder als bekannt Vorausgesetztem nach streng logischen Gesetzen weitere wahre Aussagen ableiten), kann man diesen Aspekt nicht völlig weglassen. Es sind daher einige Beweise in sogenannten „Extrakästen" untergebracht, um den restlichen Textfluss nicht zu unterbrechen und dem Leser die Möglichkeit zu geben, diese Teile zu überspringen. Neben einigen wenigen Beweisen finden sich auch zusätzliche historische Bemerkungen, Erklärungen zu Bezeichnungsweisen etc. in solchen Extrakästen – immer mit dem Angebot an den Leser, dies ggf. (zunächst) zu ignorieren.

1 Zahlen

1.1 Die reellen Zahlen

Die Zahlen 1,2,3,4,5, ... , die man beim Abzählen irgendwelcher Gegenstände verwendet, bezeichnet man als **natürliche Zahlen**. Diese Folge der natürlichen Zahlen endet nie. Man kann dies auch so ausdrücken: Es gibt *unendlich viele* natürliche Zahlen. Das Unendliche spielt in der Mathematik eine große Rolle und wird in diesem Buch an vielen Stellen auftauchen.

Was *ist* eine Zahl, beispielsweise die Zahl 3? Man kann sich die 3 als die abstrakte Eigenschaft denken, die z. B. 3 Äpfel, 3 Autos und 3 Träume gemeinsam haben. Mit dieser Aussage ist man auch schon beim Kern der Unterscheidung der Mathematik von den Naturwissenschaften wie Physik und Chemie: Während man in den Naturwissenschaften *reale* Dinge untersucht wie herunterfallende Gegenstände, fließenden Strom oder freigesetzte Wärme bei einer chemischen Reaktion, handelt die Mathematik von *abstrakten* Dingen und deren Beziehungen zueinander. Dass dies keine Spielerei, sondern für die Realität von großer Bedeutung ist, wird an dem folgenden simplen Beispiel sofort klar:

Die Mathematik sagt: 2+2=4.

Damit weiß man ein für allemal, dass

- *2 Autos plus 2 Autos 4 Autos ergeben*
- *2 Äpfel plus 2 Äpfel zusammen 4 Äpfel sind*
- *usw.*

Die Abstraktheit der natürlichen Zahlen wird besonders deutlich, wenn man eine riesige Zahl hinschreibt wie

756389994536234746421.

Kein Mensch wird jemals so viele Objekte abzählen, wie diese Zahl angibt – und doch zweifelt niemand an der Existenz dieser Zahl. Das liegt daran, dass wir uns seit unserer Kindheit an die abstrakte Tätigkeit des *Immer-Weiter-Zählens* (also: Es gibt immer eine nächste Zahl) gewöhnt haben.

Die Mathematik sieht es als ihre Hauptaufgabe, formale strukturmäßige Zusammenhänge zwischen den von ihr betrachteten Objekten (also auch den Zahlen) zu untersuchen - dazu gehört das **Rechnen**. Dabei besteht stets der Anspruch, dass die betrachteten Objekte in der Realität von Interesse sind bzw. dort interpretiert werden können. Mathematische Fragestellungen sind immer weiter „von der Realität entfernt" als solche aus den Naturwissenschaften (z. B. der Physik), weshalb viele Menschen der Meinung sind, dass von den Mathematikern hauptsächlich weltfremde und unnütze Fragen behandelt werden.

Allerdings bezweifelt niemand, dass es nützlich ist, *rechnen* zu können. Mit den **Grundre-chenarten** werden wir uns im nächsten Kapitel beschäftigen. Im vorliegenden Kapitel geht es nur um die Frage, welche weiteren Zahlen (ausser den natürlichen) es gibt.

Die natürlichen Zahlen werden durch Hinzunahme der Null und der negativen ganzen Zahlen -1, -2, -3, -4, -5,... zu den **ganzen Zahlen** erweitert. Dass die Einbeziehung der negativen ganzen Zahlen nützlich ist, kann man schon Grundschülern klar machen: *Wenn ich 3 € in der Hosentasche habe, bin ich im Besitz von 3 €; wenn ich nichts in der Hosentasche habe, bin ich im Besitz von 0 €; wenn ich ausserdem meinem Freund 3 € schulde, bin ich im Besitz von −3 €. (Und wenn ich dann 5 € von meinem Großvater bekomme und meine Schulden abbe-zahle, habe ich noch 2 € übrig, etc.)*

Mathematiker mögen (unter anderem) Scherze, in denen ihre Begriffsbildungen auf reale Situationen übertragen werden, wo es keinen Sinn ergibt bzw. zu übertrieben präzisen oder sogar absurden Aussagen führt. Hier ist ein Beispiel zu den ganzen Zahlen: *Wenn in einem Bus 7 Fahrgäste sitzen und an der nächsten Haltestelle 11 aussteigen, so müssen danach 4 Fahrgäste einsteigen, damit der Bus wieder leer ist.*

Durch die Einführung der negativen Zahlen hat man auch erreicht, dass man alle Gleichun-gen der Form

$$a + x = b \, ,$$

bei denen a und b natürliche Zahlen sind, nach x auflösen kann. (Mit dieser Feststellung greifen wir dem Abschnitt 3 vor, in dem ausführlicher über Gleichungen gesprochen wird.) Beispielsweise hat die Gleichung

$$5 + x = 7$$

die Lösung $x = 2$, hier werden noch keine negativen Zahlen gebraucht. Wenn man aber die Gleichung

$$20 + x = 17$$

nach x auflösen will, kommt man zu $x = -3$, man braucht also die negativen Zahlen.

Die ganzen Zahlen

$$... \, , -4, -3, -2, -1, 0, 1, 2, 3, 4, ...$$

können durch Punkte auf der sogenannten **Zahlengeraden** (vgl. Abb. 1.1) veranschaulicht werden. Die Zahlengerade ist eine Gerade mit willkürlich gewähltem Nullpunkt und Ein-heitspunkt 1. Die positiven Zahlen werden vom Nullpunkt aus nach rechts und die negativen Zahlen vom Nullpunkt aus nach links abgetragen.

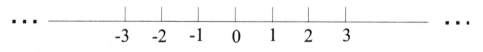

Abb. 1.1: Die Zahlengerade

Brüche

Als nächstes kommen die **Brüche**. Den Quotienten $\frac{p}{q}$ mit $q{\neq}0$ zweier beliebiger, positiver oder negativer, ganzer Zahlen p und q bezeichnet man als Bruch[ii]. Mit Brüchen können „Bruchteile" eines Ganzen in ihrer Größe beschrieben werden – beispielsweise steht der Bruch $\frac{3}{4}$ für „drei Viertel" (eines Kuchens, eines Glases Wasser usw.). Es sind die Brüche von allen ganzen Zahlen definiert mit Ausnahme der Division durch die Zahl Null. Man kann die ganzen Zahlen als spezielle Brüche sehen: Bei der Darstellung der ganzen Zahlen als Bruch besitzt der Nenner speziell den Wert $q=1$, beispielsweise kann 5 als $\frac{5}{1}$ („fünf Eintel") geschrieben werden usw.

Für die Interpretation des Rechnens mit Brüchen ist wichtig zu wissen, dass die Multiplikation dem „Bruchteil von" entspricht: Zum Beispiel wird „$\frac{3}{4}$ von 7" berechnet als $\frac{3}{4}\cdot 7$.

Die Brüche werden auch als **rationale Zahlen** bezeichnet. Gleichungen der Form $a\cdot x=b$ mit gegebenen ganzen Zahlen a und b und $a\neq 0$ sind innerhalb der rationalen Zahlen uneingeschränkt lösbar.

Bei der geometrischen Darstellung kann man nun die Zahlengerade erweitern, indem man jeder rationalen Zahl einen Punkt zuordnet. Für $\frac{p}{q}>0$ ist dies der Endpunkt der vom Nullpunkt aus nach rechts (für $\frac{p}{q}<0$ nach links) abgetragenen Strecke der Länge $\left|\frac{p}{q}\right|$. Mit $\left|\frac{p}{q}\right|$ ist dabei der Betrag von $\frac{p}{q}$ gemeint, d. h. wenn $\frac{p}{q}<0$ ist, wird das negative Vorzeichen weggelassen (siehe auch Abb. 1.2).

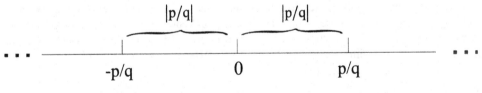

Abb. 1.2: Rationale Zahlen auf der Zahlengeraden

Auf diese Weise erhält man eine unendliche Punktmenge mit der Eigenschaft, dass diese Punkte „überall dicht" liegen. Mit dieser Formulierung ist gemeint, dass zwischen irgend zwei Punkten stets noch ein weiterer Punkt liegt. Wird nämlich der rationalen Zahl $\frac{p_1}{q_1}$ der

---

[ii] Im Folgenden werden Brüche meist mit geraden Bruchstrichen als $\frac{p}{q}$ geschrieben, gelegentlich auch mit schrägen als $p\!/\!q$.

Punkt P_1 und $\frac{p_2}{q_2}$ der Punkt P_2 zugeordnet, so liegt beispielsweise der dem arithmetischen Mittel

$$\frac{1}{2}(\frac{p_1}{q_1}+\frac{p_2}{q_2})$$

zugeordnete Punkt P_3 sicher zwischen P_1 und P_2. Indem man dieses Argument jetzt auf die Punkte P_1 und P_3 und so immer weiter anwendet, kommt man zu dem Ergebnis, dass zwischen zwei Punkten immer bereits *unendlich viele* weitere liegen.

Die Brüche lassen sich, wie aus der Schule bekannt, auch als **Kommazahlen** mit Vor- und Nachkommastellen darstellen. Beispielsweise wird der Bruch $\frac{1}{2}$ durch die Kommazahl 0,5 und $\frac{12}{5}$ durch 2,4 beschrieben. Der Bruch $\frac{4}{3}$ lautet in Kommadarstellung 1,333... oder $1,\overline{3}$, wobei der Strich über der Ziffer 3 die **Periode** andeutet, d. h. dass sich diese Ziffer immer wiederholt. Wenn man einen Bruch in eine Kommazahl umwandelt, dann bricht diese Kommazahl entweder ab, oder sie wird periodisch.

Zahlen, die keine Brüche sind

Es könnte nun angenommen werden, dass mit den Brüchen (anderer Name: rationale Zahlen) die Menge[iii] aller Zahlen gefunden ist, die es überhaupt „gibt". Das ist aber nicht richtig.

Einfachstes Beispiel ist die Zahl $\sqrt{2}$, die sich als Lösung der Gleichung

$$x^2 = 2$$

ergibt.

Dass diese Gleichung keinen Bruch als Lösung haben kann, wurde etwa um 500 v. Chr. entdeckt. Anders gesagt: Es gibt keinen Bruch, dessen Quadrat 2 ergibt! In der Mathematik ist es üblich, solche als wahr erkannten Aussagen in einer lückenlosen Argumentationskette zweifelsfrei zu „beweisen". Dieses klassische Beispiel eines **Widerspruchsbeweises** sollte sich der interessierte Leser einmal ansehen (siehe Extrakasten) – es handelt sich um einen der berühmtesten Beweise der Mathematik!

Zahlen, die keine Brüche sind, nennt man **irrationale Zahlen**. $\sqrt{2}$ ist also eine irrationale Zahl. Wie sehen die irrationalen Zahlen als Kommazahlen aus? Die meisten Leser werden sich (zumindest dunkel) erinnern, dass $\sqrt{2}$ so anfängt:

$$\sqrt{2} \approx 1,414...$$

Und dann geht es „immer weiter".

Genauer ausgedrückt verhält es sich so:

[iii] Zum Gebrauch des Begriffs „Menge" in der Mathematik gibt es einen Extrakasten.

Unter den Kommazahlen zeichnen sich die irrationalen Zahlen (also die Nicht-Brüche) dadurch aus, dass sie hinter dem Komma unendlich viele Stellen ohne ein sich wiederholendes Muster (also ohne eine Periode) haben.

Mengen

Mitunter kann man mathematische Sachverhalte mit Hilfe der Mengensprache recht einfach ausdrücken. Grundelemente der Mengensprache sind zunächst der Begriff der **Menge** selbst sowie die **Elementbeziehung**.

Eine Menge ist nichts anderes als eine (endliche oder unendliche) Ansammlung von Objekten; sie besteht aus einzelnen Elementen – und auch *nur* das: Kennt man ihre Elemente, dann kennt man auch die Menge. Dabei kann man eine Menge entweder durch die Aufzählung ihrer Elemente beschreiben (üblicherweise werden diese zwischen geschweiften Klammern {...} aufgelistet) oder durch die Angabe einer Eigenschaft, die den Elementen der Menge gemeinsam ist. Beispielsweise hat man die folgenden beiden Beschreibungen der Menge der Vokale:

- $V = \{a, e, i, o, u\}$

- $V = \{x \mid x \text{ ist ein Vokal des lateinischen Alphabets}\}$

    (Hier liest man: „Menge aller x mit der Eigenschaft: x ist ein Vokal des lateinischen Alphabets")

Um auszudrücken, dass a als Element zu der Menge V gehört, schreibt man:

$$a \in V$$

Man kann auch Variablen für Elemente verwenden – mit $x \in V$ ist dann gemeint, dass x irgendeines der Elemente von V ist.

Für die Zahlenbereiche haben sich bestimmte Mengenbezeichnungen durchgesetzt:
- $\mathbb{N}$ für die Menge der natürlichen Zahlen
- $\mathbb{Z}$ für die Menge der ganzen Zahlen
- $\mathbb{Q}$ für die Menge der rationalen Zahlen
- $\mathbb{R}$ für die Menge der reellen Zahlen

Statt „Angenommen, x sei irgendeine reelle Zahl..." kann man also auch sagen: „Sei $x \in \mathbb{R}$ ...". Dies kann man auch auf **Intervalle** (siehe in Kapitel 3) anwenden: $x \in [a, b)$ ist gleichbedeutend mit $a \leq x < b$.

Wichtig sind noch Vereinigung und Durchschnitt.
- Als **Vereinigung** oder **Vereinigungsmenge** $A \cup B$ (gelesen: „A vereinigt B") der Mengen A und B wird die Menge aller Elemente bezeichnet, die in A oder B enthalten sind.
Beispiel: Für $A = \{1, 2, 3\}$ und $B = \{3, 4, 5\}$ ist $A \cup B = \{1, 2, 3, 4, 5\}$.

- Als **Durchschnitt** oder **Schnittmenge** $A \cap B$ (gelesen: „A geschnitten B") der Mengen A und B wird die Menge aller Elemente bezeichnet, die sowohl in A als auch in B enthalten sind.
Beispiel: Für $A = \{1, 2, 3\}$ und $B = \{3, 4, 5\}$ ist $A \cap B = \{3\}$.

An dieser Stelle ist eine eher „philosophische Anmerkung" nötig.

Die Zahl $\sqrt{2}$ wird weder ein Mensch noch ein Computer jemals vollständig niederschreiben können – eben weil in der unendlichen Ziffernfolge keine Wiederholungen vorkommen; *gibt es denn dann diese Zahl überhaupt?* Die Mathematik geht an diese Frage forsch heran, indem sie diese letztlich ignoriert: Die Mathematik fragt nicht, was die von ihr behandelten Objekte *sind*, sondern wie sie *sich verhalten*. So gesehen, hat die Zahl $\sqrt{2}$ (charakteristische Eigenschaft: ihr Quadrat ergibt 2) als abstraktes Objekt die gleiche Berechtigung wie die weiter oben erwähnte Zahl 7563899945362347464321. Ohne diese pragmatische Herangehensweise hätte man zudem die Schwierigkeit, der Diagonalen eines Quadrats von 1 Meter Seitenlänge keine Länge zuordnen zu können: Nach dem **Satz des Pythagoras** (vgl. auch Kapitel 6) muss für diese Länge l (in Metern) nämlich gelten

$$l^2 = 2 \, .$$

Beweis, dass $\sqrt{2}$ kein Bruch ist
(Dieser Widerspruchsbeweis stammt von Euklid, ca. 300 v. Chr.)

Angenommen, $\sqrt{2}$ sei ein Bruch, also lasse sich als Bruch $\frac{p}{q}$ darstellen:

$$\sqrt{2} = \frac{p}{q}$$

Da man jeden Bruch so lange kürzen kann, bis Zähler und Nenner keine gemeinsamen Faktoren mehr haben, kann man annehmen, dass man den Bruch $\frac{p}{q}$ *nicht* mehr kürzen kann. Wenn man nun beide Seiten quadriert, erhält man:

$$2 = \frac{p^2}{q^2}$$

Dies kann umgeformt werden zu $2q^2 = p^2$.

Da also p^2 das Zweifache einer anderen Zahl ist, muss p^2 eine gerade Zahl sein – p folglich auch, denn das Quadrat einer *ungeraden* Zahl wäre selbst wieder ungerade! Wenn aber nun p gerade und somit das Zweifache einer anderen Zahl ist, muss p^2 sogar das *Vierfache* einer anderen Zahl sein, und man kann schließen, dass die Zahl $2q^2$ (was ja gleich p^2 ist) durch 4 geteilt werden kann. Somit muss auch q^2 – und damit ebenfalls q – durch 2 teilbar sein. Nun sind wir bei dem Ergebnis angelangt, dass sowohl p als auch q durch 2 teilbar sind, was der Annahme widerspricht, dass der Bruch $\frac{p}{q}$ nicht weiter gekürzt werden kann. Da die Argumentationskette zwangsläufig zu diesem Widerspruch geführt hat, muss die Annahme falsch gewesen sein, dass sich $\sqrt{2}$ als Bruch schreiben lässt. Damit ist der Beweis beendet.

Es gibt irrationale Zahlen, die noch „schlimmer" sind als beispielsweise $\sqrt{2}$ – zu diesen Zahlen gehört π. „Schlimmer" ist π deshalb, weil diese Zahl nicht einmal als Lösung einer solch einfachen Gleichung wie

$$x^2 = 2$$

dargestellt werden kann. Ähnlich verhält es sich mit der **Eulerschen Zahl** *e*. Dass dies so ist, ist nicht so einfach nachzuweisen, deswegen werden wir darauf nicht eingehen.[iv] Die ersten 10 Stellen in der Kommadarstellung lauten:

$$\pi = 3,141592654$$

$$e = 2,718281828$$

Zur Bedeutung der Zahl π ist ein Extrakasten eingefügt.

π

Das Interesse an der „Kreiszahl" π rührt daher, dass für beliebige Kreise das Verhältnis von Umfang zu Durchmesser immer dieselbe Zahl ergibt (was schon die Babylonier und die Ägypter um 2000 v. Chr. wussten), dieses Verhältnis hat man π genannt. (In Abbildung 1.3 ist dies illustriert.) Man beachte: Mit dieser Grundlegung der Zahl π ist man bereits gänzlich innerhalb des mathematischen Gedankengebäudes, denn ein exakter Kreis ist in der Natur schwer zu finden!

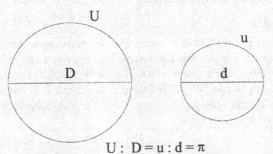

$$U : D = u : d = \pi$$

Abb. 1.3: Umfang und Durchmesser von Kreisen

Dass π *transzendent irrational* ist (d.h. nicht durch Wurzelziehen usw. aus einfacheren Zahlen gewonnen werden kann, vgl. auch die Fußnote), hat übrigens erst der deutsche Mathematiker Ferdinand Lindemann im Jahre 1882 bewiesen.

Aufgrund der obigen Betrachtungen zur Existenz irrationaler Zahlen müssen wir über die Existenz von π (oder *e*) nicht extra reden.

[iv] Man unterteilt die irrationalen Zahlen noch einmal in die *algebraisch irrationalen* Zahlen (wie $\sqrt{2}$) und die *transzendent irrationalen* Zahlen (wie π).

Noch einmal: Für die Mathematiker *gibt* es die Zahl π genauso wie es die Zahlen 3 oder 4,5 oder $\frac{1}{3}$ gibt. Dass dies eine sinnvolle Herangehensweise ist, wird an vielen weiteren Stellen des Mathematikgebäudes deutlich, auf die wir in diesem Buch gar nicht stoßen.

Um nur ein Beispiel zu nennen: Es stellt sich heraus, dass die unendliche Summe

$$4 - \frac{4}{3} + \frac{4}{5} - \frac{4}{7} + \frac{4}{9} - \dots$$

auf einen Wert zuläuft (man sagt „konvergiert") – nämlich genau auf π! Es sind solche tiefen und oft überraschenden Zusammenhänge, die die Mathematiker von der „Schönheit" ihrer Wissenschaft sprechen lassen.

Die Gesamtheit aller rationalen und irrationalen Zahlen bildet die Menge der **reellen Zahlen**. Auch die reellen Zahlen können auf der Zahlengeraden geometrisch als Punkte dargestellt werden. Obwohl bereits die den rationalen Zahlen zugeordneten Punkte überall dicht liegen (wir sprachen oben darüber), besitzt die Zahlengerade noch „Lücken". Diese werden von sämtlichen Irrationalzahlen ausgefüllt. Die allen reellen Zahlen zugeordneten Punkte füllen die Zahlengerade lückenlos. Man sagt auch, die reellen Zahlen bildeten ein **Kontinuum**.

Die Darstellung auf der Zahlengeraden bildet auch die Grundlage für die auf den reellen Zahlen erklärte **Ordnung**: Für verschiedene reelle Zahlen a und b ist stets entweder $a < b$ oder $a > b$ (a liegt „links" oder „rechts" von b).

Noch einmal zur Darstellung als Kommazahlen.

Allgemein gilt folgendes:

> Fasst man die reellen Zahlen als alle möglichen Kommazahlen auf, so entsprechen die rationalen Zahlen genau denjenigen Kommazahlen, die nur endlich viele Stellen hinter dem Komma haben (abgesehen von angehängten Nullen) oder aber unendlich viele Stellen, die sich periodisch wiederholen. Anders herum gesagt: Die irrationalen Zahlen entsprechen genau den Kommazahlen, die hinter dem Komma unendlich viele Stellen ohne ein sich wiederholendes Muster haben.

In Abbildung 1.4 sind die Beziehungen zwischen den bisher behandelten Zahlen in einem hierarchischen Diagramm dargestellt.

Mit den reellen Zahlen haben wir eine genügend große Gesamtheit von Zahlen zur Verfügung, die nicht nur für das „tägliche Leben", sondern auch für die meisten Anwendungen der Mathematik in anderen Wissenschaften ausreicht. Allerdings werden in der Mathematik zahlreiche weitere Zahlenbereiche betrachtet – beispielsweise die **komplexen Zahlen**, die die reellen Zahlen umfassen und in den Natur- und Ingenieurwissenschaften eine Rolle spielen. Den komplexen Zahlen ist der letzte Abschnitt dieses Kapitels gewidmet. Ferner untersucht man im Teilgebiet der **Algebra** allgemeine Strukturen, die Zahlbereichen ähneln (man kann in ihnen addieren und multiplizieren usw.) und kommt auch zu Strukturen, die nur aus endlich vielen Objekten („Zahlen") bestehen – solche Strukturen können beispielsweise in der Informatik und der Nachrichtentechnik gewinnbringend angewendet werden.

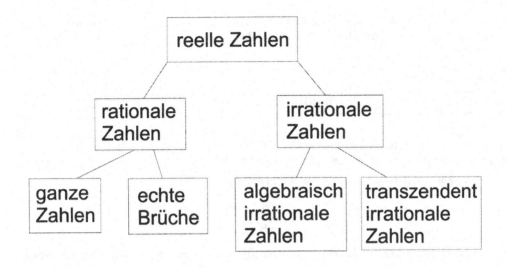

Abb. 1.4: Reelle Zahlen und ihre Untermengen

1.2 Darstellungen von Zahlen

In diesem Abschnitt soll noch einmal genauer der Frage nachgegangen werden, wie man Zahlen bezeichnet und darstellt. Einige der Aussagen des vorigen Abschnitts werden dabei zwar nicht zurück genommen, aber doch *relativiert*. Der Abschnitt dient der Abrundung des Themas und kann vom eher praktisch orientierten Leser auch übersprungen werden.

Worüber reden wir hier eigentlich?

Es geht um den Unterschied zwischen **Zahl** und **Ziffer**, beispielsweise zwischen der Zahl 3 und der Ziffer 3. Drei Äpfel waren auch zu Caesars Zeiten drei Äpfel, jedoch haben die Römer die Zahl 3 (in diesem Fall als Mengenangabe verwendet) durch die Symbole III dargestellt.

In dem bei uns gebräuchlichen Dezimalsystem werden die zehn Symbole 0,1,2,3,4,5,6,7,8,9 (als Ziffern) benutzt, um die reellen Zahlen zu beschreiben. Statt der zehn Ziffern kann man allerdings auch eine beliebige andere Anzahl von Symbolen zur Beschreibung der Zahlen verwenden. Dass wir uns mit anderen Zahlensystemen etwas schwer tun, liegt sicherlich auch daran, dass die Wörter, mit denen wir einzelne Zahlen benennen, an das Dezimalsystem angelehnt sind. Man hätte schließlich auch die folgenden Namen für Zahlen auswählen können:

eins, zwei, drei, vier, fünf, sechs, sieben, acht, neun, zehn, plü, kape, rumi ...

Das wäre allerdings nicht besonders handlich – wesentlich besser kann man über Zahlen sprechen, wenn die im Dezimalsystem als „13" dargestellte Zahl „dreizehn" heißt und nicht „rumi".

In der Schule wird gelegentlich das **Dualsystem** behandelt, dem nur die beiden Ziffern 0 und 1 zugrunde liegen. Während man im Dezimalsystem, wo zehn Ziffern zur Verfügung stehen, ab der Zahl zehn zwei Ziffern verwenden muss (nämlich: 10), ist dies im Dualsystem schon bei der Zahl zwei der Fall. Zur Illustration sind in der folgenden Tabelle die Zahlen von null bis elf in Dezimal- und Dualschreibweise aufgeführt:

dezimal	0	1	2	3	4	5	6	7	8	9	10	11
dual	0	1	10	11	100	101	110	111	1000	1001	1010	1011

Für diejenigen Leser, die jetzt immer noch „weiter bohren" wollen, müssen wir hier anfügen, dass man natürlich auch die Brüche und Kommazahlen ins Dualsystem (und andere Systeme) übertragen kann. Der Bruch $\frac{2}{3}$ z. B. lautet im Dualsystem

$$\frac{10}{11},$$

als Kommazahl $0,\overline{10}$. (Zur Erinnerung: Im Dezimalsystem lautet die entsprechende Kommazahl $0,\overline{6}$.) $0,1$ (dezimal) wird im Dualsystem zu $0,000\overline{1100}$. Man sieht: Eine abbrechende Kommazahl kann in einem anderen System zu einer periodischen werden – umgekehrt kommt es auch vor. Allerdings gilt in jedem System die Aussage, dass die unendlichen nicht-periodischen Kommazahlen genau den irrationalen Zahlen entsprechen.

Ganz am Schluss wollen wir noch erwähnen, dass in der Informatik gelegentlich das 16-er-System verwendet wird (auch **Hexadezimalsystem** genannt). Da man hier 16 Ziffern braucht, nimmt man zu den Ziffern von 0 bis 9 noch die Buchstaben A, B, C, D, E und F als weitere „Ziffern" hinzu. F steht also für die Dezimalzahl 15, 10 für die 16 usw.

Beim Umgang mit Zahlen (zum Beispiel beim Rechnen) bedienen sich die meisten Menschen in den Industrieländern heute irgendwelcher technischer Hilfsmittel – etwa Taschenrechner oder PC. Wie geht ein Computer mit Zahlen um – oder anders gefragt: Woher „weiß" der Computer, von welchen Zahlen die Rede ist, wie werden die Zahlen intern dargestellt? Diese Fragen sind nicht in einem Satz zu beantworten, und wir wollen versuchen, dem Leser wenigstens eine Ahnung der Antworten zu vermitteln.

Wie jede Information (z. B. auch Texte oder Bilder) werden Zahlen im Computer durch Bits und Bytes dargestellt. Dies ist darin begründet, dass die heute gängigen elektronischen Rechner mit einem **Bit** als kleinster Informationseinheit umgehen, welches nur die beiden „Zustände" 0 und 1 annehmen kann. Physikalisch (im Rechner) kann das beispielsweise durch zwei unterschiedliche elektrische Spannungen realisiert sein. Eine Gruppe von acht Bits nennt man auch ein **Byte**.

Irgendwelche in einem Computer verarbeitete Bits und Bytes können also völlig unterschiedliche Arten von Daten repräsentieren. Für die richtige Interpretation muss der entsprechende Kontext sorgen – z. B. ein Textverarbeitungsprogramm, welches von sich aus „damit rechnet", mit Buchstaben bzw. Texten gefüttert zu werden.

Beispiel 1.2.1

Wir betrachten die acht Bits bzw. das Byte

$$(0,1,0,0,1,1,1,0) \, .$$

Liest man dieses Byte als Dualzahl, so entspricht es der Dezimalzahl 78 (=64+8+4+2). Liest man es als **ASCII-Zeichen** (eine international vereinbarte Codierung von Buchstaben durch Bytes), dann steht das Byte für „N". Man sieht: Es muss festgelegt werden, was gemeint ist. (Dem Computer ist dies nämlich ziemlich „egal".) ◘

Leser mit Programmiererfahrung in einer der gängigen Programmiersprachen wissen an dieser Stelle, dass diese prinzipiell nur eine feste beschränkte Anzahl von Bits vorsehen, deren gespeicherte Inhalte für Zahlen stehen. In einer Variante der gebräuchlichen **Gleitkommadarstellung** werden beispielsweise 32 Bits vorgesehen, wobei 24 Bits für die Ziffernfolge und 8 Bits zur Lokalisierung des Kommas verwendet werden. Für die Zahl 3765,18 werden also die Informationen „376518" und „4" (für: Komma um vier Stellen nach rechts, ausgehend von 0,376518) gespeichert, für die Zahl 0,0034 die Informationen „34" und „-2" (für: Komma um zwei Stellen nach links, ausgehend von 0,34). Mit diesem Verfahren können natürlich nur beschränkt viele Zahlen unterschieden werden; wenn der Rechner mit beliebigen reellen Zahlen rechnen soll, wird er also in der Regel mit Näherungswerten arbeiten müssen. Man kann sich vorstellen, dass ein ganzer Zweig der Mathematik damit beschäftigt ist, die durch die Rundungen sich einschleichenden und fortsetzenden Fehler abzuschätzen bzw. einzugrenzen.

Die soeben geschilderten Einschränkungen beim Umgang mit Zahlen, die „im Inneren der Computer" begründet sind, können allerdings durch intelligente Programme aufgehoben werden. Soll beispielsweise eine Software mit größeren Zahlen umgehen können, als die 32 Bits (um bei den obigen Werten zu bleiben) es zulassen, so muss diese Software eben die großen Zahlen zerstückeln, mit den Teilen rechnen und das Ergebnis dann wieder zusammen setzen. (Es ist natürlich nicht einfach, eine solche Software zu programmieren.)

In diesem Zusammenhang sind auch **Computeralgebrasysteme** interessant, die noch an zahlreichen Stellen dieses Buches vorkommen werden: Eine solche Software kann **symbolisch** mit Zahlen umgehen. Um dies an einem Beispiel zu erläutern: Ein Computeralgebrasystem speichert und behandelt die Zahl $\sqrt{2}$ in Form des symbolischen Ausdrucks „ $\sqrt{2}$ " und nicht etwa in Form eines Näherungswertes 1,414... oder ähnlich. Es muss sich also die *Eigenschaft* merken, dass das Quadrat dieser Zahl 2 ergibt und die Zahl positiv ist – dadurch ist die Zahl $\sqrt{2}$ eindeutig charakterisiert! Was besonders schön ist: Durch diese symbolische Behandlung von Zahlen treten keine Rundungsfehler auf!

1.3 Die komplexen Zahlen

Wie an anderer Stelle bereits gesagt, spielen die komplexen Zahlen in den Natur- und Ingenieurwissenschaften eine Rolle. Eher technik-ferne Leser *müssen* diesen Abschnitt nicht lesen. Allerdings wird hier die für die Mathematik typische „pragmatische Abstraktion" noch einmal besonders deutlich.

Während irrationale Zahlen wie $\sqrt{2}$ und π zwar abstrakte Gebilde sind, jedoch in der realen Welt direkt interpretiert werden können und so einen *offensichtlichen* Nutzen haben (als Länge der Diagonalen in einem Quadrat oder Verhältnis von Umfang und Durchmesser in einem Kreis), kommen die komplexen Zahlen noch einen „Tick" abstrakter daher: Eine direkte Interpretation als Größenangabe für reale Gegenstände ist gar nicht möglich, man ist sozusagen *gezwungen*, abstrakt zu denken.

Der Zugang zu den komplexen Zahlen wird leichter, wenn man sich auf ein aus der Mathematik selbst kommendes Motiv einlässt: dass man Gleichungen lösen möchte, mit denen man im Bereich der reellen Zahlen bisher seine Schwierigkeiten hat.

Die einfachste und berühmteste Gleichung, für die es im Bereich der reellen Zahlen keine Lösung gibt, lautet

$$x^2 + 1 = 0 \text{ oder (anders geschrieben) } x^2 = -1.$$

Dass es keine solche reelle Zahl x geben kann, sieht man sofort ein, denn das Quadrat einer reellen Zahl ist immer positiv oder (wenn $x = 0$ ist) gleich Null, keinesfalls aber gleich -1!

Wer mit dem abstrakten Vorgehen seine Schwierigkeiten hat, wird nun folgendes unerhört finden: Da es keine Lösung (im Bereich der reellen Zahlen) gibt, wird eben eine neue „Zahl" *erfunden*, die Lösung dieser Gleichung ist (aber selbstverständlich *keine reelle* Zahl). Diese Zahl wird i genannt. Dass diese Zahl Lösung der obigen Gleichung sein soll, kann man jetzt auch so ausdrücken:

$$i = \sqrt{-1}$$

Der nächste Schritt ist nun, dass man mit i rechnet wie mit irgendeiner Unbekannten a, x oder y: Man darf Zahlen hinschreiben wie $2i + 1$, $\frac{i^3 + 5}{i}$ usw. Wenn man dabei die üblichen Rechenregeln und die Gleichung $i^2 = -1$ ausnutzt, kann man jedoch immer zu einer einfachen Darstellung kommen.

Beispiel 1.3.1

Wir vereinfachen die Zahl $\frac{i^3 + 5}{i}$. Wegen $i^2 = -1$ bekommt man zunächst $\frac{-i + 5}{i}$. Multipliziert man nun im Zähler und Nenner mit i, so ergibt sich:

$$\frac{-i^2 + 5i}{i^2} = \frac{1 + 5i}{-1} = -1 - 5i \quad \blacksquare$$

Was in diesem Beispiel geklappt hat, klappt immer – genauer gesagt:

> Bildet man aus reellen Zahlen und der Zahl i durch die üblichen Rechenoperationen neue Zahlen, so lassen diese sich immer (unter Ausnutzung von $i^2 = -1$) in der Form $a + b \cdot i$ mit reellen Zahlen a und b hinschreiben.

Die „üblichen Rechenoperationen" schließen auf jeden Fall die Grundrechenarten wie Addition, Multiplikation etc. ein. Es geht aber sogar noch weiter, z. B. gehört auch das Potenzieren dazu: Es stellt sich heraus, dass man sogar eine „verrückte" Zahl wie 2^i bilden kann, und auch diese lässt sich in der Form $a + b \cdot i$ darstellen! (Wie dies genau geht, wird in diesem Buch nicht ausführlich besprochen. Wir kommen auf das Thema aber im Abschnitt über Vektoren in Kapitel 6 noch einmal zurück.)

Man nennt nun alle Zahlen der Form $a + b \cdot i$ mit reellen Zahlen a und b die **komplexen Zahlen**. a heißt der **Realteil**, b der **Imaginärteil** der komplexen Zahl $a + b \cdot i$. Da a und b beliebig wählbar sind, gehört dazu die Zahl i selbst (mit $a = 0$ und $b = 1$), aber auch sämtliche reellen Zahlen (man wähle $b = 0$) – die reellen Zahlen sind also in den komplexen enthalten. (Bei ihnen hat der Imaginärteil den Wert Null.) Anders gesagt: Die komplexen Zahlen bilden eine Erweiterung der reellen Zahlen.

Beispiel 1.3.2

Wir rechnen mit komplexen Zahlen.

Addition: $(2 + 3i) + (1 - i) = (2 + 1) + (3 - 1)i = 3 + 2i$

Subtraktion: $(2 + 3i) - (1 - i) = (2 - 1) + (3 + 1)i = 1 + 4i$

Multiplikation: $(2 + 3i) \cdot (1 - i) = 2 \cdot 1 - 2 \cdot i + 3i \cdot 1 - 3i \cdot i = 2 - 2i + 3i - 3i^2 = 5 + i$

Division: $\dfrac{2 + 3i}{1 - i} = \dfrac{(2 + 3i)(1 + i)}{(1 - i)(1 + i)} = \dfrac{2 + 2i + 3i + 3i^2}{1 - i^2} = \dfrac{2 + 5i - 3}{2} = -\dfrac{1}{2} + \dfrac{5}{2}i$

Bei der Division verwendet man immer denselben Trick, um das „i" aus dem Nenner weg zu bekommen: Man erweitert Zähler und Nenner mit der zum Nenner gehörenden **konjugiert komplexen Zahl**. Dazu wird das Vorzeichen vor dem i-Term umgedreht, d.h. die konjugiert komplexe Zahl zu $a + bi$ ist die Zahl $a - bi$. In unserem Beispiel ist der Nenner $1 - i$, deshalb muss mit $1 + i$ erweitert werden. Wegen der allgemein gültigen binomischen Formel $(x + y) \cdot (x - y) = x^2 - y^2$ (siehe nächstes Kapitel) und $i^2 = -1$ verschwindet so das i aus dem Nenner. ◘

Wozu das alles?

Als Motiv für die Verwendung der komplexen Zahlen haben wir oben den Wunsch angeführt, dass die Gleichung

$$x^2 = -1$$

eine Lösung haben soll. Das ist allerdings sozusagen ein „mathematik-internes" Motiv und wird viele Leser nicht überzeugen. (Warum sollte ich diese Gleichung lösen wollen?) An späteren Stellen dieses Buches – wenn mehr Kenntnisse vorausgesetzt werden können – werden für die an dieser „Wozu-Frage" interessierten Leser wesentlich überzeugendere Motive herausgestellt.

Zum Schluss muss jedoch auf jeden Fall der zum ersten mal von Carl Friedrich Gauß im Jahre 1799 formulierte **Fundamentalsatz der Algebra** erwähnt werden, der besagt, dass *jede* Gleichung der Form

$$x^n + a_{n-1}x^{n-1} + \dots + a_1 x + a_0 = 0$$

mit beliebigen festen komplexen Zahlen a_i (die insbesondere auch sämtlich reelle Zahlen sein dürfen!) mindestens eine Lösung im Bereich der komplexen Zahlen hat, d. h. es gibt stets mindestens eine komplexe (möglicherweise sogar reelle!) Zahl, die man für x einsetzen kann, so dass die obige Gleichung richtig ist.[v] Dieser „Fundamentalsatz" gilt als einer der wichtigsten in der Mathematik.

Aufgaben zu Kapitel 1

Wissensfrage 1.1:

In welche zwei Untermengen werden die reellen Zahlen üblicherweise eingeteilt?

Wissensfrage 1.2:

Was bedeutet die Aussage, dass die Brüche auf der Zahlengeraden „dicht" liegen?

Wissensfrage 1.3:

Jemand schreibt eine Zahl auf ein Stück Papier. Wie können Sie feststellen, ob diese Zahl rational oder irrational ist?

Wissensfrage 1.4:

Warum ist es sinnvoll, zwischen den Begriffen „Zahl" und „Ziffer" zu unterscheiden?

Wissensfrage 1.5:

In welchem Sinne bilden die komplexen Zahlen eine Erweiterung der reellen Zahlen?

---

[v] Für diese Aussage werden wir später in diesem Buch die folgende Terminologie verwenden: Jedes Polynom mit komplexen (insbesondere reellen) Koeffizienten hat mindestens eine komplexe Nullstelle.

2 Rechnen

2.1 Grundrechenarten und mehr

„Na, bist Du wieder am Rechnen?" sagt meine Frau schon mal scherzhaft, wenn ich am Schreibtisch sitze und mich mit Mathematik beschäftige. Dabei ist ihr natürlich klar, dass die Mathematik weit mehr umfasst als das Rechnen. (Sie ist übrigens keine Mathematikerin.)

Was versteht man denn nun unter „Rechnen"?

Es hilft, sich zunächst an die Grundschule zu erinnern (die zu meiner Zeit noch „Volksschule" hieß). Aufbauend auf kleinen Rechenbausteinen (wie Addition und Subtraktion von Zahlen bis 100, kleines Einmaleins) besteht das dort vermittelte „Rechnen" im wesentlichen aus einer Ansammlung einiger **Algorithmen** (die man allerdings nicht so nennt). Die wichtigsten Beispiele sind **Addition** und **Subtraktion** beliebig großer natürlicher Zahlen, schriftliches **Multiplizieren** (gemeint ist: von größeren Zahlen) und schriftliches **Dividieren**.

Der Begriff des Algorithmus wird an vielen weiteren Stellen dieses Buches eine Rolle spielen. Man könnte grob sagen, dass ein Algorithmus ein Verfahren ist, nach dem man etwas *wirklich ausrechnet*. Beispielsweise ist *prinzipiell* klar, dass der Bruch

$$\frac{35169}{1234}$$

in eine Kommazahl umgewandelt werden kann (vgl. dazu das vorige Kapitel) – aber *wie* man das nun wirklich macht, lernt man beim schriftlichen Dividieren. Charakteristisch für einen Algorithmus ist, dass er aus einfachen Rechenschritten aufgebaut ist, die nach einem genau vorgeschriebenen Verfahren immer wieder (bis zum Erhalt des Ergebnisses) angewendet werden müssen. Es liegt auf der Hand, dass man die Durchführung eines Algorithmus auch einem Computer überlassen könnte – man kann sogar zugespitzt sagen: „Algorithmus" bedeutet dasselbe wie „von einem Computer durchführbar".

In dem hier betrachteten Beispiel der Umrechnung des Bruches in eine Dezimalzahl sieht die Rechnung so aus:

$$
\begin{array}{l}
35169 : 1234 = 28{,}5 \\
\underline{2468} \\
10489 \\
\underline{9872} \\
6170 \\
\underline{6170} \\
0
\end{array}
$$

Man muss also zuerst erkennen, dass 1234 zwei mal in 3516 enthalten ist, subtrahiert dementsprechend $2 \cdot 1234 = 2468$ von 3516 mit dem Ergebnis 1048, „holt" zusätzlich die Endziffer 9 „von oben" usw. – alles simple Schritte!

Wie geht es weiter mit dem Rechnen?

Zunächst geht es darum, die vier **Grundrechenarten** Addition, Subtraktion, Multiplikation und Division von den natürlichen Zahlen auf *alle* reellen Zahlen zu übertragen. Dies ist für Zahlen in Kommadarstellung recht einfach – man muss eigentlich nur aufpassen, was mit dem Komma passiert. Als schwieriger wird meist der Spezialfall der rationalen Zahlen empfunden, wenn diese als Brüche gegeben sind – man spricht von **Bruchrechnung**. Die folgenden Regeln bilden die Basis der Bruchrechnung:

☐   Der Wert eines Bruches ändert sich nicht, wenn man Zähler und Nenner durch die gleiche Zahl teilt („Kürzen") oder mit der gleichen Zahl multipliziert („Erweitern").

Beispiele: $\dfrac{10}{15} = \dfrac{2}{3}, \dfrac{1}{7} = \dfrac{3}{21}$

☐   Sind zwei Brüche zu addieren, so werden sie ggf. erweitert, damit sie den gleichen Nenner haben – sie sind dann „gleichnamig". Dann werden die Zähler addiert, der gemeinsame Nenner wird beibehalten.

Beispiel: $\dfrac{1}{2} + \dfrac{1}{3} = \dfrac{3}{6} + \dfrac{2}{6} = \dfrac{5}{6}$

☐   Zwei Brüche werden multipliziert, indem man die Zähler und die Nenner jeweils miteinander multipliziert.

Beispiel: $\dfrac{2}{3} \cdot \dfrac{7}{5} = \dfrac{2 \cdot 7}{3 \cdot 5} = \dfrac{14}{15}$

☐   Zwei Brüche werden dividiert, indem man den ersten Bruch mit dem Kehrwert des zweiten multipliziert. (Den Kehrwert eines Bruches erhält man durch Vertauschen von Zähler und Nenner.)

Beispiel: $\dfrac{2}{3} : \dfrac{7}{5} = \dfrac{2}{3} \cdot \dfrac{5}{7} = \dfrac{10}{21}$

Als weitere Rechenarten kommen nun noch das **Potenzieren**, das **Radizieren** (auf deutsch: **Wurzelziehen**) und das **Logarithmieren** dazu. Dabei bereitet zahlreichen Menschen besonders der Logarithmus große Schwierigkeiten – viele Erstsemester haben völlig vergessen (oder verdrängt?), was es damit auf sich hat. Um auf diese Rechenarten einzustimmen, beginnen wir mit einem Beispiel.

Beispiel 2.1.1

In einem Landschaftsschutzgebiet hat man in den letzten Jahren beobachtet, dass der Bestand an frei herumlaufenden Hasen sich pro Jahr um einen konstanten Prozentsatz vergrößert hat. Der aktuelle Bestand wird auf etwa 1000 Hasen geschätzt.

a) Mit wievielen Hasen ist bei einem jährlichen Wachstum des Bestandes von 20 % in 10 Jahren zu rechnen?

b) Um wieviel Prozent jährlich muss der Bestand wachsen, damit sich die Anzahl in 5 Jahren verdoppelt?

c) In wievielen Jahren werden es bei 20 % Wachstum pro Jahr mehr als 3000 Hasen sein?

Bevor diese Fragen bearbeitet werden, müssen wir an zwei grundlegende Dinge erinnern, die später in diesem Kapitel noch einmal vorkommen werden:

☐   Eine Zahl um 20 % zu erhöhen, bedeutet rechnerisch, sie mit 1,2 zu multiplizieren.

☐   Wenn man eine Zahl a n-fach mit sich selbst multipliziert, erhält man die Potenz a^n, z. B. $2 \cdot 2 \cdot 2 = 2^3$ oder $1,2 \cdot 1,2 \cdot 1,2 \cdot 1,2 = 1,2^4$ usw.

Jetzt zu den Fragen.

a) Man hat offenbar nach einem Jahr $1000 \cdot 1,2 = 1200$ Hasen, nach zwei Jahren (da nun die 1200 um 20 % wachsen!) $1200 \cdot 1,2 = 1440$ etc. Das letzte Ergebnis kann man auch als $1000 \cdot 1,2^2$ schreiben. Damit ist klar, dass man die gesuchte Anzahl (nach 10 Jahren) als $1000 \cdot 1,2^{10}$ erhält. Wir verwenden also das Rechnen mit Potenzen, hier ergibt sich als Ergebnis ca. 6192.

b) Bezeichnet man den gesuchten Wachstumsfaktor mit w (in Teil a) war $w = 1,2$), so führt die Aussage, dass sich der Bestand in 5 Jahren verdoppelt, zu der Gleichung

$$1000 \cdot w^5 = 2000 \,.$$

Wir wollen nun aber wissen, wie groß w ist. Dazu müssen wir diese Gleichung umformen[vi]: Wenn auf beiden Seiten durch 1000 geteilt wird, ergibt sich

$$w^5 = 2 \,.$$

Man nennt die gesuchte Zahl w, deren 5-te Potenz 2 ergibt, die **fünfte Wurzel** aus 2 und schreibt dies so hin:

$$w = \sqrt[5]{2}$$

Den Zahlenwert kann man sich z. B. mit Hilfe eines Taschenrechners besorgen, man erhält ca. 1,1487. Zurück zur Fragestellung: Das Ergebnis bedeutet, dass bei einem jährlichen Wachstum von ca. 14,87 % sich die Anzahl in 5 Jahren verdoppelt.

c) Da wir nun geübt sind, können wir für die in c) gestellte Frage sofort die relevante Gleichung aufstellen:

$$1000 \cdot 1,2^n = 3000$$

Dabei steht n für die gesuchte Anzahl von Jahren. Teilen durch 1000 führt zu:

$$1,2^n = 3$$

[vi] Wie man Gleichungen umformt und nach „Unbekannten" auflöst, wird ausführlicher im nächsten Kapitel besprochen.

Leider kommt man nun weder durch Potenzieren noch durch Wurzelziehen an das n heran – man stellt sozusagen eine neue Frage. Man nennt die gesuchte Zahl, mit der man 1,2 potenzieren muss, um 3 zu erhalten, den **Logarithmus von 3 zur Basis** 1,2, und schreibt dies so hin:

$$n = \log_{1,2} 3$$

Hier ergibt sich für n ca. 6,026. (Später mehr dazu, wie man an diese konkreten Zahlen kommt.) Für die Fragestellung heisst das: In etwas mehr als 6 Jahren werden es mehr als 3000 Hasen sein.[vii] ◘

Man sieht an diesem Beispiel:

> So wie das Dividieren in gewisser Weise die Umkehrung des Multiplizierens ist, ist das Logarithmieren eine von zwei möglichen Umkehrungen des Potenzierens. (Die andere Umkehrung ist das Wurzelziehen.)

Die Beziehungen all dieser Rechenarten zueinander wollen wir uns noch einmal ansehen. Das Addieren kann man durch die Gleichung $a + b = ?$ charakterisieren: Man hat zwei Zahlen a und b und will deren Summe wissen. Setzt man aber das Fragezeichen an eine andere Stelle und schreibt hin

$$a + ? = b,$$

so wird man auf die Subtraktion geführt – die Lösung lautet nämlich $b - a$. In der folgenden Tabelle ist zusammengestellt, welche Fragen zu den unterschiedlichen Rechenarten führen:

Frage	Lösung
$a + b = ?$	$? = a + b$
$a + ? = b$	$? = b - a$
$a \cdot b = ?$	$? = a \cdot b$
$a \cdot ? = b$	$? = \dfrac{b}{a}$
$a^b = ?$	$? = a^b$
$?^b = a$	$? = \sqrt[b]{a}$
$a^? = b$	$? = \log_a b$

[vii] Das hier verwendete mathematische Modell (jährlich prozentuales Wachstum) kann die Realität natürlich nur in Grenzen beschreiben – rechnerisch ergäben sich bei 20 % Wachstum in 100 Jahren mehr als 80 Millionen Hasen, was selbstverständlich Unsinn ist. (Wenn das Gebiet eine Größe von 5 mal 5 km hat, sind das 3 Hasen pro Quadratmeter.)

In der Tabelle sind der Einfachheit halber einige einschränkende Bedingungen weggelassen. So ist $\frac{b}{a}$ nur im Falle $a \neq 0$ erklärt, bei a^b wird $a \geq 0$ vorausgesetzt.

Dabei liest man a^b als „a hoch b", $\sqrt[b]{a}$ als „b-te Wurzel aus a" und $\log_a b$ als „Logarithmus von b zur Basis a". In Worten bedeutet das:

$\sqrt[b]{a}$ ist diejenige Zahl, deren b-te Potenz a ergibt[viii]. $\log_a b$ ist diejenige Zahl, mit der a potenziert werden muss, um b zu erhalten.

Zur Bedeutung der Schreibweise

$$a^b$$

ist an dieser Stelle eine Klarstellung nötig. Ist n eine natürliche Zahl, so steht a^n für die n-malige Multiplikation von a mit sich selbst, also

$$a^2 = a \cdot a \, , \; a^3 = a \cdot a \cdot a \; \text{usw.}$$

Was aber ist $a^{0,4}$?

Es gibt gute Gründe dafür, dass in der Mathematik hierfür die folgende Festlegung getroffen wird[ix]:

$$a^{0,4} \; \text{oder} \; a^{\frac{4}{10}} \; \text{ist dasselbe wie} \; \sqrt[10]{a^4} \, ,$$

allgemeiner:

$$a^{\frac{m}{n}} \; \text{wird als} \; \sqrt[n]{a^m} \; \text{erklärt.}$$

Im nächsten Schritt wird dann noch die Bedeutung von a^b für beliebige reelle Exponenten b festgelegt – wie genau dies geschieht, soll hier nicht betrachtet werden. Damit haben sogar Ausdrücke wie $a^{\sqrt{2}}$ oder a^π einen Sinn.

Potenzieren, Radizieren und Logarithmieren schauen wir uns zur Verdeutlichung anhand eines weiteren Beispiels an.

Beispiel 2.1.2

Herr K. legt 1000 € auf einem Sparbuch an, welches jährlich 3 % Zinsen bietet. Die in einem Jahr erzielten Zinsen werden in den darauf folgenden Jahren mitverzinst („Zinseszins"). Er stellt sich die folgenden Fragen:

a) Auf welchen Betrag wachsen die 1000 € in 10 Jahren, wenn in dieser Zeit von dem Konto weder etwas abgehoben noch zusätzlich etwas eingezahlt wird?

[viii] Üblicherweise wird die zweite Wurzel bzw. Quadratwurzel $\sqrt[2]{a}$ durch $\sqrt{a}$ abgekürzt.

[ix] Auf einen solchen „guten Grund" werden wir im nächsten Abschnitt stoßen.

b) Nach wievielen Jahren verdoppelt sich der Betrag auf dem Sparbuch auf 2000 €?

c) Wieviel Zinsen hätte es geben müssen, damit bereits nach 10 Jahren auf dem Konto 2000 € zur Verfügung stehen?

Der Schlüssel zur Beantwortung dieser Fragen liegt in der folgenden Beobachtung, die auch schon im vorigen Beispiel verwendet wurde: Man addiert zu einem Betrag 3 % dieses Betrages hinzu, indem man den Betrag mit der Zahl 1,03 multipliziert.

Dies bedeutet: Aus den 1000 € werden in einem Jahr

$$1000 \cdot 1{,}03 = 1030 \ \text{€},$$

nach zwei Jahren stehen

$$1030 \cdot 1{,}03 \ \text{bzw.} \ 1000 \cdot 1{,}03^2 \ \text{€}$$

zur Verfügung (das sind 1060,90 €),

nach n Jahren sind es

$$1000 \cdot 1{,}03^n \ \text{€}.$$

Nun zur Beantwortung der Fragen.

a) Hier ist nach der Zahl

$$1000 \cdot 1{,}03^{10}$$

gefragt. Man kann entweder $1{,}03^{10}$ per Hand ausrechnen (das ist etwas mühsam) oder einen Taschenrechner benutzen – Ergebnis ist (auf 6 Dezimalstellen gerundet) 1,34392, d. h. die Antwort auf die Frage lautet: 1343,92 €.

b) Bezeichnet man die gesuchte Anzahl von Jahren mit n, so lautet die Aufgabenstellung, die Größe von n aus der Beziehung

$$1000 \cdot 1{,}03^n = 2000$$

zu bestimmen. Teilt man auf beiden Seiten dieser Gleichung[x] durch 1000, so bekommt man:

$$1{,}03^n = 2$$

Das gesuchte n ist folglich der Logarithmus von 2 zur Basis 1,03:

$$n = \log_{1{,}03} 2$$

Diese Lösung ist natürlich noch unbefriedigend, man hätte lieber eine reelle Zahl in Kommadarstellung als Lösung – mit anderen Worten muss man noch herausbekommen, welche Zahl $\log_{1{,}03} 2$ denn nun konkret ist. Leider kann man die Zahl $\log_{1{,}03} 2$ mit den meisten handelsüblichen Taschenrechnern nicht direkt bestimmen, oft können nur Logarithmen zur Basis 10 abgelesen werden (in der Regel mit dem Befehl „log" oder auch „lg"). Zum Glück reicht dies aber aus, denn es gilt[xi]:

---

[x] Wie gesagt: Was man bei Gleichungen alles „darf", wird ausführlicher im nächsten Kapitel behandelt.
[xi] Hierzu findet sich im nächsten Abschnitt eine Erklärung.

$$\log_{1,03} 2 = \frac{\log_{10} 2}{\log_{10} 1,03}$$

Damit ergibt sich

$$\log_{1,03} 2 = \frac{0,301030}{0,012837} \approx 23,45$$

Nach 24 Jahren haben sich also die 1000 € (mehr als) verdoppelt.

c) Bei dieser Frage wird man auf die Gleichung

$$1000 \cdot z^{10} = 2000$$

oder (nach Teilen durch 1000)

$$z^{10} = 2$$

geführt. Lösung ist

$$z = \sqrt[10]{2} \approx 1,0718$$

Es hätte also ca. 7,18 % Zinsen jährlich geben müssen, dann wären die 1000 € schon in 10 Jahren auf 2000 € gewachsen. ◨

2.2 Rechnen mit Hilfsmitteln

Wir wollen uns nun wieder der Frage zuwenden, *wie man konkret rechnet* – damit ist gemeint: wie man zu einem Ergebnis in Form einer Kommazahl kommt. Anders gesagt: Wie ermittelt man in den folgenden Berechnungen die auf den rechten Seiten stehenden Ergebnisse?

$$7583 + 8998 = 16581$$
$$24711 - 33254 = -8543$$
$$234,56 \cdot 345,67 = 81080,3552$$
$$12345678 \cdot 67,89 = 838148079,42$$
$$35169 : 1234 = 28,5$$
$$43^7 = 271818611107$$
$$\sqrt[3]{43} = 3,503398$$
$$\log_{10} 43 = 1,633468$$

(Die beiden letzten Ergebnisse sind auf 6 Stellen hinter dem Komma gerundet.)

Welche dieser 7 Ergebnisse kann man „per Hand" ausrechnen, und für welche Rechnungen braucht man Hilfsmittel wie Taschenrechner oder Computerprogramme? Diese Frage wollen wir nun ausführlich diskutieren.

Die Frage hat eigentlich eine sehr einfache Antwort: Man *könnte alles* per Hand ausrechnen – allerdings muss man unter Umständen eine Menge Zeit und Ausdauer mitbringen, so dass die Benutzung moderner Hilfsmittel durchaus sinnvoll ist. Dafür bieten sich **Taschenrechner** oder **Computeralgebrasysteme** an; einige klärende Worte zu diesen beiden Begriffen finden sich in einem Extrakasten.

Taschenrechner und Computeralgebrasysteme

Eigentlich weiß heute jeder, was ein Taschenrechner ist. Diese kleinen Geräte unterscheiden sich sehr stark in ihrer Leistungsfähigkeit – was sie jedoch alle können, ist **numerisches Rechnen** (also Rechnen mit Zahlen) bis zu einer gewissen Genauigkeit. Bessere (und teurere) Taschenrechner haben heute ein etwas größeres Display und können auch Funktionen grafisch darstellen, manche können sogar **symbolisch** rechnen.

Die Fähigkeit, auch symbolisch rechnen zu können, zeichnet (neben anderen Fähigkeiten) Computeralgebrasysteme aus. Allgemein kann man es so ausdrücken: Ein Computeralgebrasystem ist ein Softwaresystem, das auf einem Rechner (z. B. einem PC) die Lösung mathematischer Aufgaben gestattet wie beispielsweise die Umformung komplizierter Ausdrücke, die Bestimmung von Ableitungen und Integralen, die Lösung von Gleichungen und Gleichungssystemen, die grafische Darstellung von Funktionen einer oder mehrerer Variabler, und vieles andere mehr. Auch numerische Berechnungen werden mit gewünschter Genauigkeit durchgeführt.
Bei den meisten Computeralgebrasystemen können Daten ex- und importiert werden. Auch bieten die Systeme in der Regel umfangreiche Bibliotheken mit Zusatzpaketen spezieller mathematischer Gebiete an, die nach dem Start zusätzlich geladen werden können und den Grundvorrat an Definitionen und Befehlen erweitern.
Die bekanntesten Computeralgebrasysteme sind *Mathematica*, *Maple*, *MuPAD* und *Derive*, dazu kommen die auf ingenieurwissenchaftliche Anwendungen besonders zugeschnittenen Systeme *Mathcad* und *Matlab*. Alle diese Systeme sind lizenzpflichtig, wobei es in der Regel recht günstige Angebote für Schulen und Hochschulen sowie Schüler und Studierende gibt.

Nun also zu den obigen Berechnungen.

Die ersten vier Berechnungen gehören zu den Grundrechenarten. Wir erinnern an den Beginn dieses Abschnitts: Die entsprechenden Algorithmen (also detaillierten Rechenwege) werden bereits in den ersten Schuljahren behandelt. Allerdings muss man an dieser Stelle fragen, bis zu welchen Größenordnungen der beteiligten Zahlen man üblicherweise *wirklich* per Hand rechnet. Bei der obigen Aufgabe $234,56 \cdot 345,67$ werden heute die meisten Zeitgenossen einen Taschenrechner zu Hilfe nehmen. Noch klarer ist dies bei dem folgenden Beispiel:

$$12345678 \cdot 67,89$$

Diese Aufgabe würde man keinem Grundschulkind zumuten, obwohl es sie natürlich lösen könnte (mit Zeit und viel Zuspruch). Auch ein Erwachsener würde jeden für verrückt erklären, der ihn auffordert, die Lösung per Hand auszurechnen – er würde bevorzugt seinen Taschenrechner einsetzen. Dabei gibt es jedoch ein kleines Problem: Mein Taschenrechner (ein älteres Modell namens „TI-74"), der nur 10 Ziffern ausgibt und sonst rundet, liefert als Antwort:
$$838148079,4$$

Der genaue Wert ist allerdings 838148079,42. Wenn man öfter solche Rechnungen präzise ausführen möchte, muss man sich also entweder einen besseren Taschenrechner besorgen (bei dem man u. U. die Anzahl ausgegebener Ziffern selbst einstellen kann) oder ein Computeralgebra-System benutzen.

Kommen wir zur Berechnung von 43^7. Einen Menschen, der dies ohne Murren per Hand (vielleicht auch noch gerne!) ausrechnet, würden wir sicher als merkwürdigen Zeitgenossen ansehen. Mein Taschenrechner gibt folgende Lösung aus:

$$2,718186E+11$$

Wie bei Taschenrechnern üblich, bedeuten die Zeichen „E+11", dass die davor stehende Zahl (hier 2,718186) mit 10^{11} zu multiplizieren ist (d. h. das Komma muss 11 Stellen nach rechts), die ausgegebene Zahl ist also gleichbedeutend mit:

$$271818600000$$

Dies ist nur eine ungefähre Lösung, mein Taschenrechner ist hier überfordert. Die richtige Lösung (siehe oben) bekommt man z. B. mit einem Computeralgebra-System.

Mit der Berechnung von $\sqrt[3]{43}$ ist man endgültig über den Stoff der ersten Schuljahre hinaus. Erinnern wir uns an das erste Kapitel: $\sqrt[3]{43}$ ist eine irrationale Zahl, d. h. in der Kommadarstellung besitzt sie unendlich viele Stellen hinter dem Komma ohne irgendwelche periodischen Wiederholungen. Damit ist von vornherein klar, dass man diese Zahl in Kommadarstellung (man sagt auch: **numerisch**) niemals präzise angeben kann, man kann immer nur irgendwann nach dem Komma abbrechen und hat einen Näherungswert[xii]. Für die Berechnung solcher Näherungswerte stellt das Teilgebiet der **Numerischen Mathematik** Algorithmen zur Verfügung, die allerdings in der Schule meist nicht angesprochen werden.

Wer sich hier nicht tiefer hineindenken möchte, kann das folgende Beispiel getrost überspringen.

Beispiel 2.2.1

$\sqrt[3]{43}$ kann man näherungsweise mit dem folgenden Verfahren berechnen. Man startet mit einem Wert, der einigermaßen in der Nähe liegt, z. B. $n_1 = 4$. (n_1 steht für „Näherung 1".) Hat man die Näherung n_k bestimmt, so berechnet man jeweils die nächste Näherung n_{k+1} nach folgender Formel:

$$n_{k+1} = n_k - \frac{n_k^3 - 43}{3 \cdot n_k^2}$$

Es stellt sich heraus, dass mit fortschreitender Rechnung die erhaltenen Werte immer näher an den richtigen Wert von $\sqrt[3]{43}$ rücken. Hier ergibt sich:

[xii] Man beachte: Die Beschreibung „$\sqrt[3]{43}$" dieser Zahl, die man *symbolisch* nennt, enthält keine Rundungsfehler und ist insofern exakter.

$$n_2 = 4 - \frac{4^3 - 43}{3 \cdot 4^2} = 4 - \frac{21}{48} = 3,5625$$

$$n_3 = 3,5625 - \frac{3,5625^3 - 43}{3 \cdot 3,5625^2} = 3,50437$$

Man sieht, dass sich die Zahlen n_k sehr schnell dem exakten Wert nähern, der bei etwa 3,5034 liegt.[xiii] ◼

Auch Taschenrechner und Computeralgebrasysteme verwenden solche numerischen Verfahren, um Näherungswerte für Wurzeln (oder auch Logarithmen, darauf kommen wir gleich) ausgeben zu können. Es gibt für die unterschiedlichen Problemstellungen jeweils mehrere solcher Näherungsverfahren, die sich in ihrem Rechenaufwand unterscheiden, jedoch auch hinsichtlich der „Geschwindigkeit", mit der man sich der exakten Lösung nähert. Das Teilgebiet der Mathematik, welches sich mit der Erarbeitung und Bewertung solcher Näherungsverfahren beschäftigt, heisst (wie bereits gesagt) **Numerische Mathematik**; seit einiger Zeit wird für dieses und verwandte Gebiete auch die Bezeichnung **Wissenschaftliches Rechnen** verwendet.

Schließlich müssen wir noch über Logarithmen sprechen – wie berechnet man $\log_{10} 43$? Es verhält sich bei den Logarithmen ähnlich wie bei den Wurzeln: In der Regel handelt es sich um irrationale Zahlen, für die man mit numerischen Verfahren beliebig gute Näherungswerte ausrechnen kann. Auch Taschenrechner und Computeralgebrasysteme wenden solche Verfahren an. Auf die detaillierte Beschreibung eines solchen Verfahrens wollen wir hier verzichten.

Beim Thema Logarithmen müssen noch die – mittlerweile vollkommen aus der Mode gekommenen – **Logarithmentafeln** erwähnt werden. Es handelt sich dabei um mehrseitige Tabellen, aus denen die Logarithmen zur Basis 10 (oder auch zu anderen Basen) abgelesen werden können. Zur Illustration ist im folgenden Bild ein Ausschnitt einer Seite gezeigt:

N	0	1	2	3	4	5	6	7	8	9
200	3010	3012	3015	3017	3019	3021	3023	3025	3028	3030
201	3032	3034	3036	3038	3041	3043	3045	3047	3049	3051
202	3054	3056	3058	3060	3062	3064	3066	3069	3071	3073
...										

Wie benutzt man diese „Tafel"?

[xiii] Es handelt sich hier um das so genannte **Newton-Verfahren**. Dass man damit immer bessere Näherungswerte bekommt, kann man selbstverständlich begründen – um diese Begründung zu verstehen, braucht man allerdings die Anfänge der Differenzialrechnung.

Angenommen, man möchte den 10-er-Logarithmus von 2,0235 wissen, also $\log_{10} 2,0235$. Die Tafel zeigt nur die Werte für 2,023 (nämlich 0,3060) und 2,024 (nämlich 0,3062). Deshalb muss man „interpolieren", d. h. man nimmt als Näherung den genau zwischen diesen beiden Zahlen liegenden Wert und kommt so zu

$$\log_{10} 2,0235 \approx 0,3061 \,.$$

Interessant ist nun, wie man den Logarithmus des zehnfachen Wertes (also $\log_{10} 20,235$) bestimmt: man muss einfach 1 addieren, d. h.

$$\log_{10} 20,235 \approx 1,3061$$

Warum dies so ist, wird im nächsten Abschnitt noch einmal angesprochen. Jedenfalls ist dies der Grund dafür, dass die Logarithmentafeln nur Ziffernfolgen und keine Kommas bzw. vollständige Kommazahlen enthalten.

Wie gesagt: Heute verwendet kaum noch jemand solche Logarithmentafeln. Wenn man auf das Problem stößt, den Dezimalwert eines Logarithmus wissen zu wollen (was, wie in Beispiel 2.1.2 gesehen, in der Finanzmathematik passieren kann), so zückt man eben seinen Taschenrechner.

2.3 Rechnen mit Buchstaben – Rechenregeln

Bei vielen Menschen, die ein distanziertes Verhältnis zur Mathematik haben, kommt schon dann ein Gefühl der Befremdung auf, wenn in einer mathematischen Formel ein Buchstabe auftaucht, so z. B. in

$$a \cdot (b+1)$$

oder (noch schlimmer, weil mit „x")

$$x^2 + 3 \cdot x - 7 \,.$$

(Apropos „x": Wir verweisen besonders auf das nächste Kapitel.)

Es ist kein Zufall, dass schon in den vorigen Abschnitten an einigen Stellen Buchstaben als eine Art „Platzhalter" für Zahlen verwendet wurden, z. B. in Ausdrücken wie $a^b, \frac{p}{q}$ oder in einer Gleichung wie

$$5 + x = 7 \,.$$

Man kommt nämlich ohne Buchstaben nicht aus. Man nennt a, b, x usw. in einem mathematischen Rechenausdruck **Variablen** und verbindet damit die Vorstellung, dass anstelle der Variablen bei Bedarf konkrete Zahlen eingesetzt werden können. Das Teilgebiet der Mathematik, welches den Umgang mit Rechenausdrücken und Variablen behandelt, wird traditionell **Algebra** genannt. (Das ist sozusagen die „alte" Algebra. In der **modernen Algebra** werden über Zahlenbereiche hinausgehende allgemeine Strukturen untersucht, bei denen nicht nur Variablen für einzelne Elemente – wie z. B. Zahlen – stehen, sondern auch die Rechenoperationen wie „+" und „$\cdot$" nicht fest vorgegeben sind.)

Doch zurück zu den Rechenausdrücken und Gleichungen für reelle Zahlen. Es gibt bei Gleichungen einen prinzipiellen Unterschied, den wir an den beiden Beispielen

$$\text{(I)} \qquad a \cdot (b+1) = a \cdot b + a$$

und

$$\text{(II)} \qquad 5 + x = 7$$

erklären wollen.

Mit Gleichung (I) soll ein Rechengesetz ausgedrückt werden – egal, welche Zahlen man für a oder b einsetzt, die Resultate auf beiden Seiten sind immer gleich. Man spricht in einem solchen Fall von einer **Identischen Gleichung**.

Bei Beispiel (II) liegt die Sache anders: Wir *suchen* eine Zahl, die für x eingesetzt auf beiden Seiten dasselbe ergibt. Anders gesagt: Man möchte die **Lösungen** für x bestimmen. (Dabei kann es auch vorkommen, dass es mehrere solche Lösungen gibt.) Eine solche Gleichung nennt man **Bestimmungsgleichung**. Mit Bestimmungsgleichungen wird sich Kapitel 3 beschäftigen. Im Rest des vorliegenden Abschnitts behandeln wir ausschließlich Identische Gleichungen, die wir auch **Rechenregeln** nennen.

Eigentlich würde man gern *alle* Rechenregeln aufzählen. Man hätte dann eine komplette Übersicht darüber, welche Gleichungen immer richtig sind – egal, welche Zahlen für die vorkommenden Variablen eingesetzt werden. Nach kurzer Überlegung sieht man jedoch ein, dass eine solche komplette Aufzählung überhaupt nicht möglich ist. Schauen wir beispielsweise auf die folgenden drei Gleichungen[xiv]:

$$a(b+1) = ab + a$$
$$a(b+2) = ab + 2a$$
$$a(b+c) = ab + ac$$

Die ersten beiden sind sich sehr ähnlich, was jedoch wichtiger ist: Sie folgen beide aus der dritten! Wenn man nämlich in der dritten Gleichung für c den Wert 1 einsetzt, bekommt man die erste usw. Die dritte Gleichung ist mit anderen Worten eine Verallgemeinerung der ersten wie auch der zweiten, anders herum: Die beiden ersten Gleichungen sind Spezialisierungen der dritten.

Dies bedeutet: Wenn man eine Übersicht über alle Rechenregeln gewinnen will, reicht es aus, nur die allgemeinsten Gleichungen hinzuschreiben, alle anderen folgen dann aus diesen. Solche Grundaussagen, aus denen mit Hilfe korrekter logischer Schlüsse alle weiteren richtigen Aussagen abgeleitet werden können, werden in der Mathematik **Axiome** genannt. Die Grundaussagen bzw. Axiome selbst werden dabei an den Anfang gestellt und müssen nicht weiter begründet werden.

Die letzte Aussage bedeutet natürlich nicht, dass man völlig frei ist, irgendwelche *beliebigen* Axiome an den Anfang einer Theorie zu stellen – dies wäre eher eine Spielerei und hätte mit

---

[xiv] Ab jetzt verwenden wir die übliche Konvention, dass das Multiplikationszeichen "·" zwischen zwei Ausdrücken auch weggelassen werden darf und dass „Punktrechnung vor Strichrechnung" geht.

anwendungsorientierter Mathematik wenig zu tun. Schauen wir wieder auf das Rechnen mit reellen Zahlen, um diesen Punkt deutlich zu machen: Die identische Gleichung

$$a + b = b + a$$

ist sicher ein hervorragender Kandidat für ein Axiom, denn es dürfte jedem schwer fallen, eine *noch allgemeinere* Gleichung anzugeben, aus der diese dann folgt. Dass es vernünftig ist, die Gültigkeit dieser Gleichung „axiomatisch" vorauszusetzen, kann man auf vielfältige Weise klar machen – logisch ableiten kann man diese Gleichung jedoch aus irgendwelchen anderen Gleichungen nicht.

Nach diesen allgemeinen Bemerkungen wollen wir uns wieder den Identischen Gleichungen zuwenden. Im folgenden werden wir die wichtigsten (für den Bereich der reellen Zahlen) Identischen Gleichungen bzw. Rechenregeln aufzählen und mitunter anhand von Beispielen erläutern. Bei diesen „wichtigen" Gleichungen handelt es sich nicht immer um Axiome. Mit anderen Worten wird es auch vorkommen, dass eine dieser Gleichungen schon aus anderen logisch folgt, jedoch trotzdem aufgeführt wird, weil sie besonders prägnant ist oder sogar einen berühmten Namen hat (Beispiel: Binomische Formeln, siehe weiter unten).

Neben der bereits erwähnten Gleichung

$$a + b = b + a$$

sind die folgenden die wichtigsten Rechenregeln, in denen nur die Grundrechenarten vorkommen:

$$a + (b + c) = (a + b) + c$$
$$ab = ba$$
$$a(bc) = (ab)c$$
$$a(b + c) = ab + ac$$

Um weitere wichtige Eigenschaften der reellen Zahlen durch Axiome „einzufangen", fügt man üblicherweise noch hinzu,

dass es zu jeder Zahl a eine Zahl $-a$ gibt derart, dass stets gilt: $a + (-a) = 0$, ferner $-(-a) = a$;

dass es zu jeder Zahl $a \neq 0$ eine Zahl $\frac{1}{a}$ gibt derart, dass stets gilt: $a \cdot \frac{1}{a} = 1$, ferner $\frac{1}{\frac{1}{a}} = a$.

Außerdem sind die **Vorzeichenregeln** für die Multiplikation zu erwähnen:

$$a \cdot (-b) = -ab$$
$$(-a) \cdot b = -ab$$
$$(-a) \cdot (-b) = ab$$

Auch auf das **Rechnen mit Beträgen** muss an dieser Stelle kurz eingegangen werden. Der **Betrag** (auch: **Absolutbetrag**) $|a|$ einer reellen Zahl a ist folgendermaßen definiert:

$$|a| = a, \quad \textit{falls } a \geq 0$$
$$|a| = -a, \quad \textit{falls } a < 0$$

Damit ist $|5| = 5, |-3| = 3$ usw. Kurz gesagt: Man bekommt den Betrag, indem man ein eventuelles Minuszeichen vor der Zahl weglässt. Für das Rechnen mit Beträgen gelten die beiden folgenden Gleichungen:

$$|a \cdot b| = |a| \cdot |b|$$
$$\left|\frac{a}{b}\right| = \frac{|a|}{|b|} \quad (\textit{für } b \neq 0)$$

Die Gleichung

$$|a + b| = |a| + |b|$$

gilt *nicht* allgemein, sondern nur dann, wenn a und b das gleiche Vorzeichen besitzen - allgemein richtig ist lediglich die sogenannte **Dreiecksungleichung**[xv]:

$$|a + b| \leq |a| + |b|$$

Ein weiteres wichtiges Rechengesetz, welches man aus den oben aufgezählten Regeln folgern kann, ist:

$$(a+b)(c+d) = ac + ad + bc + bd$$

In Worten heisst das:

Bei der Multiplikation von zwei Klammerausdrücken ist jedes Glied der einen Klammer mit jedem Glied der anderen Klammer zu multiplizieren. Man sagt dann auch, man würde die beiden Klammern „ausmultiplizieren".

Drei Spezialfälle dieses Gesetzes sind unter dem Namen **Binomische Formeln** bekannt:

☐ $(a+b)^2 = a^2 + 2ab + b^2$,

denn $(a+b)^2 = (a+b)(a+b) = aa + ab + ba + bb = a^2 + 2ab + b^2$.

☐ $(a-b)^2 = a^2 - 2ab + b^2$,

denn $(a-b)^2 = (a-b)(a-b) = aa - ab - ba + b^2 = a^2 - 2ab + b^2$.

☐ $(a+b)(a-b) = a^2 - b^2$,

denn $(a+b)(a-b) = aa - ab + ba - bb = a^2 - b^2$.

Man kann diese Art von Formeln natürlich noch weiter verfolgen und sich überlegen, wie $(a+b)^3$, $(a+b)^4$ ausmultipliziert aussehen. Für diese beiden Fälle erhält man:

[xv] Wie man sieht, gibt es nicht nur wichtige Gleichungen, sondern auch interessante *Un*gleichungen.

$$(a+b)^3 = a^3 + 3a^2b + 3ab^2 + b^3$$
$$(a+b)^4 = a^4 + 4a^3b + 6a^2b^2 + 4ab^3 + b^4$$

Die hier auftretenden Koeffizienten kann man sich u. a. mit Hilfe des **Pascalschen Dreiecks** beschaffen:

```
              1
          1       1
        1     2     1
      1     3     3     1
    1     4     6     4     1
  1     5    10    10     5     1
```

Man erinnert sich: Beim Pascalschen Dreieck ist jede Zahl gerade die Summe der beiden schräg über ihr stehenden Zahlen. Die Koeffizienten, die sich beim Ausmultiplizieren von $(a+b)^n$ ergeben, stehen in der $(n+1)$-ten Zeile des Pascalschen Dreiecks.[xvi]

An dieser Stelle ist es angebracht, den Gebrauch des allgemeinen **Summenzeichens** $\sum$ und des **Produktzeichens** $\prod$ zu erklären. Um den inhaltlichen Fluss nicht zu stören, ist dazu ein Extrakasten eingefügt, den man auch zunächst überspringen kann.

Die Rechenregeln, die Divisionen beinhalten, erinnern an die Regeln der Bruchrechnung, die in Abschnitt 2.1 angesprochen wurden. Statt $a:b$ wird auch $\frac{a}{b}$ geschrieben. Allerdings ist zu beachten, dass hier nun für die Variablen a, b etc. beliebige reelle (und nicht nur natürliche) Zahlen eingesetzt werden dürfen:

$$\frac{a+b}{x} = \frac{a}{x} + \frac{b}{x} \quad (\textit{falls } x \neq 0)$$

$$\frac{ax}{bx} = \frac{a}{b} \quad (\textit{falls } b, x \neq 0)$$

$$\frac{a}{b} \cdot \frac{c}{d} = \frac{ac}{bd} \quad (\textit{falls } b, d \neq 0)$$

$$\frac{a}{b} : \frac{c}{d} = \frac{ad}{bc} \quad (\textit{falls } b, c, d \neq 0)$$

(Anmerkung am Rande: Alle diese Rechenregeln können aus den vorher aufgezählten Regeln abgeleitet werden, wenn man berücksichtigt, dass $a:b$ dasselbe ist wie $a \cdot \frac{1}{b}$.)

[xvi] Im Kapitel *Zählen*, in dem die Binomialkoeffizienten behandelt werden, werden wir erklären können, wieso das Pascalsche Dreieck „funktioniert".

Beispiel 2.3.1

Die aufgeführten Rechenregeln werden oft dazu verwendet, mathematische Rechenausdrücke, in denen Variablen vorkommen, zu *vereinfachen* – das bedeutet: in einfachere Ausdrücke umzuwandeln, in denen weniger Rechenoperationen oder Variablen vorkommen.

Schauen wir etwa auf den Ausdruck

$$a(b+c)+a(b-c).$$

Durch Ausmultiplizieren erhält man

$$a(b+c)+a(b-c)=ab+ac+ab-ac=2ab,$$

d. h. der anfängliche Ausdruck kann durch den zweifellos einfacheren Ausdruck $2ab$ ersetzt werden. ▪

Summen- und Produktzeichen

Hat man mehrere Summanden in einer Summe oder mehrere Faktoren in einem Produkt, so kann man sich abkürzender Schreibweisen bedienen. So steht etwa

$$\sum_{i=1}^{4} x_i$$

für

$$x_1+x_2+x_3+x_4.$$

Man liest: *Summe über* x_i *von* 1 *bis* 4. Besonders nützlich ist diese Schreibweise, wenn die Anzahl der Summanden variabel ist, so in

$$\sum_{i=1}^{n} x_i ,$$

was für

$$x_1+x_2+\ldots+x_n$$

steht, wo mit „...“ gearbeitet werden muss.
Das Produktzeichen, welches entsprechend wie das Summenzeichen verwendet wird, sieht so aus:

$$\prod_{j=2}^{k} a_j$$

In diesem Beispiel steht es für

$$a_2 \cdot a_3 \cdot \ldots \cdot a_k .$$

Da nicht präzise definiert wurde, wann wir einen Ausdruck „einfacher“ als einen anderen nennen wollen, kann es natürlich vorkommen, dass dies „Geschmackssache“ ist. Beispielsweise kann

$$\frac{b}{a}-\frac{a}{b}$$

umgeformt werden in

$$\frac{b^2 - a^2}{ab}.$$

Welcher Ausdruck ist einfacher? Bei der Berechnung des zweiten Ausdrucks muss man zwar nur einmal dividieren, aber dafür dreimal multiplizieren – das muss man beim ersten überhaupt nicht.

Nun kommen wir zu den Rechenregeln für Potenzen und Wurzeln. Ausgangspunkt ist die folgende Festlegung:

> Das n-fache Produkt einer Zahl a mit sich selbst ergibt die n-te Potenz dieser Zahl,
>
> $$a \cdot a \cdot \ldots \cdot a = a^n.$$

Man nennt dabei a^n eine **Potenz**, a deren **Basis** und n den **Exponenten**.

Im Grunde hat man hiermit zunächst nur eine abkürzende Schreibweise eingeführt. Die folgenden hierfür geltenden Rechenregeln sind recht einfach einzusehen:

$$a^n \cdot a^m = a^{n+m}$$

$$\frac{a^n}{a^m} = a^{n-m} \quad (\textit{falls } a \neq 0, n > m)$$

$$a^n \cdot b^n = (a \cdot b)^n$$

$$\frac{a^n}{b^n} = \left(\frac{a}{b}\right)^n \quad (\textit{falls } b \neq 0)$$

$$(a^n)^m = a^{n \cdot m}$$

Ferner wird $a^0 = 1$ festgelegt, falls $a \neq 0$ ist – 0^0 ist dagegen nicht definiert. Die Regeln sind so zu verstehen, dass für a und b beliebige reelle Zahlen und für m und n natürliche Zahlen eingesetzt werden dürfen.

Nun kommt jedoch ein entscheidender Schritt. Aus vielen Gründen, die teils aus der Mathematik selbst, teils aus Anwendungen kommen, möchte man nicht nur Potenzen der Form a^2, a^3 usw. verwenden, sondern auch

$$a^{-2}, \ a^{\frac{5}{6}} \text{ und } a^{\sqrt{2}}.$$

Kurz gesagt: Für beliebige reelle Zahlen (jetzt allerdings mit der Einschränkung $a \geq 0$) soll a^b eine Bedeutung haben (mit wenigen Ausnahmen wie z. B. 0^0). Aber was soll beispielsweise a^{-2} sein? Man kann ja schlecht a „-2 mal mit sich selbst multiplizieren". Der Schlüssel zum Verständnis des Ganzen liegt in den oben aufgezählten Rechenregeln für Potenzen – wenn diese *allgemein* gelten sollen, dann können die Festlegungen nur auf eine Weise erfolgen. Wir machen dies an einem Beispiel klar:

Wenn

$$a^n \cdot a^m = a^{n+m}$$

auch für negative ganze Zahlen n bzw. m gelten soll, so folgt insbesondere

$$a^2 \cdot a^{-2} = a^{2+(-2)} = a^0,$$

und da (im Falle $a \neq 0$) $a^0 = 1$ ist, hat man

$$a^2 \cdot a^{-2} = 1$$

und somit

$$a^{-2} = \frac{1}{a^2}.$$

Aus der Gültigkeit der Rechenregel $a^n \cdot a^m = a^{n+m}$ hat man also abgeleitet, dass *zwingend* a^{-2} als dasselbe wie $\frac{1}{a^2}$ festgelegt werden *muss*, sonst würde alles nicht zusammen passen. Ähnliche Argumente führen dazu, dass man

$$a^{\frac{1}{n}} \text{ als } \sqrt[n]{a} \text{ (mit } n \text{ als natürlicher Zahl)}$$

bzw. allgemeiner

$$a^{\frac{m}{n}} \text{ als } \sqrt[n]{a^m} \quad (m,n \text{ natürliche Zahlen, } n \neq 0)$$

festlegt. Damit ist a^b für jede rationale Zahl b (also für jeden Bruch im Exponenten) erklärt.

Im letzten Schritt legt man a^b auch für den Fall fest, dass b irrational ist, beispielsweise $b = \sqrt{2}$ oder $b = \pi$. Auf Details wollen wir hier nicht eingehen. Die Festlegungen werden jedenfalls so getroffen, dass die Rechenregeln für Potenzen (siehe vorige Seite) für alle reellen Exponenten m und n gültig sind. So ist es dann auch möglich, beispielsweise von der **Funktion**

$$f(x) = 2^x$$

zu sprechen, die für jede reelle Zahl x definiert ist. (Hier greifen wir dem Kapitel über Funktionen vor.)

Beispiel 2.3.2

Wir berechnen $125^{\frac{2}{3}}$.

Es gilt sowohl

$$125^{\frac{2}{3}} = \sqrt[3]{125^2}$$

als auch

$$125^{\frac{2}{3}} = (\sqrt[3]{125})^2.$$

Die zweite Variante ist leichter zu berechnen: $\sqrt[3]{125} = 5$, folglich ist das Ergebnis 25.

Nun soll $3^{\sqrt{2}}$ berechnet werden.

Man geht hier so vor: Für $\sqrt{2}$ liefert mein Taschenrechner den Näherungswert 1,414213562. (Quadrieren dieser Zahl ergibt erwartungsgemäß nicht 2, sondern 1,999999999.) Eingabe von

$$3^{1,414213562}$$

ergibt als Ergebnis die Kommzahl 4,728804386, die als für die meisten Zwecke ausreichend genaue Näherung für $3^{\sqrt{2}}$ genommen werden kann. ◻

Um das Thema „Rechenregeln für Potenzen und Wurzeln" abzuschließen, sind in einem Extrakasten zusätzlich einige weitere Regeln und Besonderheiten zusammengestellt.

Weitere Regeln und Besonderheiten für Potenzen und Wurzeln

Besonders erwähnen wollen wir die Formeln $a^1 = a$ und $1^b = 1$, die für alle a bzw. b richtig sind.

Zu beachten ist auch:

$$(-a)^{2b} = a^{2b}$$
$$(-a)^{2b+1} = -a^{2b+1}$$

Setzt man hier b als natürliche Zahl voraus, so werden diese Gleichungen zu der bekannten Aussage, dass bei geraden Potenzen das Minuszeichen wegfällt und bei ungeraden erhalten bleibt.

Schließlich sollen noch die wichtigsten Rechenregeln für Wurzeln aufgeführt werden. Man beachte: Diese können sämtlich aus den Rechenregeln für Potenzen logisch gefolgert werden.

$$\sqrt[n]{a} \cdot \sqrt[n]{b} = \sqrt[n]{a \cdot b}$$

$$\frac{\sqrt[n]{a}}{\sqrt[n]{b}} = \sqrt[n]{\frac{a}{b}} \quad (\textit{falls } b \neq 0)$$

$$\sqrt[n]{a^m} = a^{\frac{m}{n}} = (\sqrt[n]{a})^m$$

Was ist $\sqrt{4}$? Wir halten noch einmal fest, dass

$$\sqrt{4} = 2$$

gilt. Andererseits ist auch $(-2)^2 = 4$, d. h. -2 könnte ebenfalls als Quadratwurzel von 4 angesehen werden! Es ist jedoch üblich, unter

$$\sqrt[n]{a} \quad (\textit{falls } a \geq 0)$$

die einzige nicht-negative reelle Wurzel zu verstehen – wenn man eine andere Wurzel meint, merkt man dies explizit an.

Wir kommen abschließend zu den Rechenregeln für den Logarithmus und halten zunächst noch einmal fest:

Sind a und b reelle Zahlen mit $a > 0$, $a \neq 1$ und $b > 0$, so heißt die (einzige) Lösung von

$$a^? = b$$

Logarithmus von b zur Basis a und wird mit

$$\log_a b$$

bezeichnet.

Logarithmen zur Basis 10 werden **Zehnerlogarithmen** genannt, man schreibt statt $\log_{10} b$ abkürzend $\log b$, mitunter auch $\lg b$. Also gilt beispielsweise

$$\lg 1000 = 3$$

und

$$\lg 0,01 = -2 .$$

Man kann die Logarithmen zu unterschiedlichen Basen auf einfache Weise ineinander umrechnen. Es gilt allgemein:

$$\log_a b = \frac{\log_c b}{\log_c a}$$

Warum dies so ist, lässt sich leicht nachrechnen – interessierte Leser finden dies in einem Extrakasten.

Jedenfalls folgt aus dieser Formel für den Spezialfall $c = 10$:

$$\log_a b = \frac{\lg b}{\lg a}$$

Mit anderen Worten kann man jeden beliebigen Logarithmus mit Hilfe der Zehnerlogarithmen ausrechnen. (Zur Erinnerung: Diese Formel wurde in Beispiel 2.1.2 schon einmal verwendet.)

Nachweis der Formel $\log_a b = \dfrac{\log_c b}{\log_c a}$

Es ist

$$c^{\log_c a \cdot \log_a b} = \left(c^{\log_c a}\right)^{\log_a b} = a^{\log_a b} = b,$$

folglich muss

$$\log_c a \cdot \log_a b = \log_c b$$

gelten. Division durch $\log_c a$ auf beiden Seiten der letzten Gleichung liefert das gewünschte Ergebnis.

Die folgenden beiden Rechenregeln für Logarithmen lassen sich direkt aus den Potenzgesetzen herleiten:

Regel 1: $\log_a(b \cdot c) = \log_a b + \log_a c$

In Worten: Der Logarithmus eines Produkts ist gleich der Summe der Logarithmen der Faktoren.

Am Rande sei hier angemerkt, dass dieses Rechengesetz Grundlage des (heute nicht mehr verwendeten) **Rechenschiebers** ist: Man kann ein Produkt zweier Zahlen durch die Addition zweier Strecken bestimmen, wenn die Streckenlängen den Logarithmen der beteiligten Zahlen entsprechen.

Regel 2: $\log_a b^c = c \cdot \log_a b$

In Worten: Ein Exponent lässt sich vor den Logarithmus ziehen.

Beispiel 2.3.3

a) Näherungsweise ist $\lg 2 = 0,3010$. Wie groß ist $\lg 20$?

Die Antwort ist $1,3010$ – es gilt nämlich $\lg 20 = \lg(10 \cdot 2) = \lg 10 + \lg 2 = 1 + \lg 2$.

b) In Beispiel 2.1.2 sind wir auf die Gleichung

$$1,03^n = 2$$

gestoßen, aus der n bestimmt werden sollte. Man kann auf beiden Seiten irgendeinen Logarithmus bilden, am besten zur Basis 10. Da der Exponent vorgezogen werden kann, erhält man $n \cdot \lg 1,03 = \lg 2$ oder

$$n = \frac{\lg 2}{\lg 1,03}. \quad \blacksquare$$

Zum Abschluss erwähnen wir noch zwei weitere Logarithmusgesetze, die leicht aus den oben erwähnten abgeleitet werden können:

$$\log_a\left(\frac{b}{c}\right) = \log_a b - \log_a c$$

$$\log_a\left(\frac{1}{c}\right) = -\log_a c$$

Aufgaben zu Kapitel 2

Übungsaufgabe 2.1:

Man berechne (falls nötig, mit Hilfe eines Taschenrechners) auf vier Nachkommastellen genau:

a) $8^{\frac{2}{3}}$

b) $0{,}5^{\sqrt{3}}$

c) $\log_{10} 0{,}01$

d) $\log_2 5$

Übungsaufgabe 2.2:

Fassen Sie die folgenden Brüche zu einem Bruch zusammen:

a) $\dfrac{3}{7} - \dfrac{1}{9}$

b) $\dfrac{4}{11} + \dfrac{2+a}{7}$

c) $\dfrac{1-a}{a^5} + \dfrac{2}{a^3} - \dfrac{1+a}{a}$

d) $\dfrac{2}{3a} - \dfrac{2-3a+b}{x}$

Übungsaufgabe 2.3:

Man beseitige die Wurzeln im Nenner durch geeignete Erweiterungen:

a) $\dfrac{3}{\sqrt{2}}$

b) $\dfrac{2}{\sqrt[5]{7}}$

c) $\dfrac{\sqrt{5}}{\sqrt{3}-\sqrt{2}}$

d) $\dfrac{x+y}{\sqrt{x}+\sqrt{y}}$

Übungsaufgabe 2.4:

Schreiben Sie mit Hilfe des Summenzeichens:

a) $3+4+5+\ldots+100$

b) $4^3 + 6^3 + 8^3 + \ldots + 20^3$

c) $z_1 + z_2 + \ldots + z_{80}$

d) $x_1 y_1^2 + x_2 y_2^2 + \ldots + x_k y_k^2$

Übungsaufgabe 2.5:

Berechnen Sie die folgenden Summen und Produkte:

a) $\quad \displaystyle\sum_{i=1}^{4} i^2$

b) $\quad \displaystyle\sum_{k=2}^{4} \frac{k-1}{k+1}$

c) $\quad \displaystyle\prod_{j=1}^{3} j$

d) $\quad \displaystyle\prod_{i=1}^{3} \sum_{j=1}^{i} (i-j+1)$

Übungsaufgabe 2.6:

Man vereinfache so weit wie möglich:

a) $\quad \dfrac{17}{33} : \dfrac{51}{66}$

b) $\quad \dfrac{\dfrac{a}{b}+1}{\dfrac{a+b}{2}}$

c) $\quad \dfrac{3x}{3-\dfrac{3}{1-x}}$

d) $\quad (\sqrt{3}-\sqrt{2})^2$

Sachaufgabe 2.7:

Jemand kauft einen Kühlschrank und erhält wegen einer Lackbeschädigung 5 % Preisnachlass. Da er bar bezahlt, erhält er auf den reduzierten Preis noch einmal 2 % Skonto und bezahlt 139,65 €. Wie teuer war ursprünglich der (unbeschädigte) Kühlschrank?

Sachaufgabe 2.8:

Auf welchen Betrag wächst ein Kapital von 50000 € bei einer Verzinsung von 4 % (mit Zinseszins) in 10 Jahren?

3 Gleichungen und Ungleichungen

3.1 Gleichungen

Was ist eine **Gleichung**?

Beginnen wir mit einem Beispiel. Jeder ist schon mal auf ein Problem folgender Art gestoßen:

> *Ich war einkaufen. Drei Dosen Ravioli und ein Liter Milch haben 5,10 € gekostet. Ich weiß, dass die Milch 60 Cent kostet. Was habe ich für eine Dose Ravioli bezahlt?*

Natürlich kommt man leicht auf die Antwort „1,50 €". Wie hat man das gemacht? Wir wollen uns das genauer ansehen – vor allem, um dann auch schwierigere Problemstellungen dieser Art bewältigen zu können.

Es ist eigentlich alles recht einfach - wenn man bereit ist, mit der noch unbekannten Zahl zu *rechnen*. Zu diesem Zweck gibt man ihr zunächst einen Namen, zum Beispiel „x". Man nennt dieses x auch eine **Variable**, um auszudrücken, dass bislang noch mehrere Möglichkeiten denkbar sind, für welche konkrete Zahl dieses x steht.

Diejenigen, die „in Mathe immer schlecht" waren, erinnern sich meist besonders ungern an dieses „x". Dabei ist es eigentlich nichts besonderes: Unsere Sprache ist voll von ähnlichen Verallgemeinerungen, so etwa beim unbestimmten Artikel: Wenn ich sage „Ein Auto hat zwei Nummernschilder", stehen die beiden Wörter „Ein Auto" ebenfalls nicht für ein reales Auto, sondern sind eine Art Platzhalter, für den ein beliebiges reales Auto quasi „eingesetzt" werden kann. Nicht viel anders ist es mit dem „x", welches für „eine Zahl" steht – nur dass eben Zahlen (im Gegensatz zu Autos) selbst abstrakte Dinge sind. Einen Platzhalter für etwas Abstraktes verwende ich allerdings auch, wenn ich sage: „Mir ist gerade ein Gedanke gekommen."

Um zur Lösung unserer Frage zurück zu kommen, schreibt man nun hin, welche Informationen die Fragestellung beinhaltet. Wenn ich zum Dreifachen der gesuchten Zahl (drei Dosen Ravioli!) 0,60 addiere, habe ich offenbar die Zahl $3 \cdot x + 0,60$. Dass dies 5,10 € ergeben soll, schreibe ich nun folgendermaßen hin:

$$3 \cdot x + 0,60 = 5,10$$

Aus dieser Gleichung kommt man durch leichte Umformungen (auf beiden Seiten der Gleichung 0,60 abziehen, dann auf beiden Seiten durch 3 dividieren) schnell auf das Ergebnis $x = 1,50$, d. h. 1,50 ist die gesuchte Zahl.

An dem Beispiel hat man sicher die Nützlichkeit von Gleichungen gesehen. Was ist also eine Gleichung?

Allgemein versteht man darunter die Zusammenstellung von zwei mathematischen Rechenausrücken, die durch ein Gleichheitszeichen verbunden sind. Zur Verdeutlichung sind hier einige Beispiele von Gleichungen:

Beispiel 3.1.1

- $x^2 + x + 1 = 0$
- $5 \cdot 6 = 30$
- $9 + 6 = 18$
- $a^2 + b^2 = c^2$
- $\log_2 x = \dfrac{x-1}{a}$ ∎

An dem dritten Beispiel sieht man, dass eine Gleichung nicht „richtig" sein muss. Vielmehr nimmt man den formalen Standpunkt ein, dass auf beiden Seiten einer Gleichung jeder sinnvolle mathematische Rechenausdruck (auch Term genannt) zugelassen ist. Mit „sinnvoll" ist dabei gemeint, dass man keine unfertigen Ausdrücke der Form $a + b -$ oder den Bruch $\dfrac{a-b}{0}-$ zulässt, da man niemals durch Null dividieren darf.

Die **Ausdrücke** bzw. **Terme** können sowohl konkrete reelle Zahlen wie 13 oder 1,24 enthalten wie auch allgemeine Zahlen (auch Variablen genannt) wie etwa a, x, y usw., die für irgendwelche reellen Zahlen stehen. Manche Terme sind nicht für alle Werte der in ihnen vorkommenden Variablen sinnvoll – beispielsweise darf in dem Term

$$\frac{a-b}{x^2-4}$$

x nicht gleich 2 oder -2 sein, da dann der Wert des Nenners Null würde. Wenn man mit Termen rechnet, muss man also auf diese kritischen Fälle achten bzw. sie ausschließen.

Wir kommen nun auf die Ausgangsfrage "Was ist eine Gleichung?" zurück.

Die Antwort lautet:

> Unter einer Gleichung versteht man eine Gleichsetzung zweier Terme in der Form
> $$T_1 = T_2.$$

Dabei ist man oft daran interessiert, eine Gleichung nach einer der in ihr vorkommenden Variablen aufzulösen (und spricht deshalb von einer **Bestimmungsgleichung**, weil man den Wert der Variablen bestimmen will). Damit meint man: Was kann über die Werte der betreffenden Variablen ausgesagt werden, wenn davon ausgegangen wird, dass die Gleichung richtig ist?

Wir wollen uns hier nur mit Bestimmungsgleichungen beschäftigen. Welche weiteren Arten von Gleichungen es gibt, ist in einem Extrakasten aufgeschrieben.

Gleichungsarten

Man unterscheidet drei Arten von Gleichungen:

- **Bestimmungsgleichungen**
- **Identische Gleichungen**
- **Funktionsgleichungen**

Hauptsächlich werden in diesem Kapitel **Bestimmungsgleichungen** betrachtet. Man versteht darunter eine Gleichung, in der Variable (Unbekannte) auftreten, die durch eine Rechnung bestimmt werden sollen. Es sollen alle Werte der Variablen aus dem zugrunde gelegten Zahlbereich (meist die reellen Zahlen) bestimmt werden, für die die Gleichung erfüllt ist. Diese Werte heißen **Lösungen**, alle zusammen bilden die Lösungsmenge der Gleichung.

Beispielsweise ist

$$2 \cdot x + 1 = x^2 - 2$$

eine Bestimmungsgleichung. Die Lösungen sind $x_1 = 3$ und $x_2 = -1$.

Eine **Identische Gleichung** ist eine Gleichung zwischen zwei Ausdrücken, die bei Einsetzen beliebiger Zahlenwerte anstelle der vorkommenden Variablen eine richtige Aussage liefert. Im Kapitel „Rechnen" haben wir solche Gleichungen auch *Rechenregeln* genannt.

Beispielsweise gilt $x + 2 = 2 + x$ für jede reelle Zahl, die man anstelle von x auf beiden Seiten einsetzen kann. Folglich handelt es sich um eine Identische Gleichung. Auch die berühmte Binomische Formel $(a+b)^2 = a^2 + 2ab + b^2$ ist eine Identische Gleichung, denn für a und b können beliebige Werte eingesetzt werden.

Eine **Funktionsgleichung** dient dazu, eine Funktion zu definieren. Sie enthält in der Regel zwei oder mehr Variable, die durch eine Gleichung einander zugeordnet werden. (Mehr dazu erfahren Sie im nächsten Kapitel.)

Beispielsweise ist $y = x^2 + 1$ eine Funktionsgleichung, die eine Abhängigkeit der Variablen y von der Variablen x ausdrückt. Durch die Funktionsgleichung $z = 2x - y^3$ wird z als eine Funktion zweier Variabler (nämlich x und y) aufgefasst.

Beispiel 3.1.2

Die Gleichung

$$5x - 1 = 19$$

soll gelöst werden. Mit anderen Worten stellt man die Frage: Wenn diese Gleichung richtig ist, was weiß ich dann über x? Zur Beantwortung dieser Frage löst man die Gleichung nach x auf, d. h. man bringt x allein auf eine Seite der Gleichung. Dazu stellt man folgende Überlegung an: Wenn die gegebene Gleichung richtig ist, ist auch die Gleichung richtig, die ich erhalte, wenn ich auf beiden Seiten 1 addiere – ich bekomme so die neue Gleichung $5x = 20$.

Auch bleibt es nun richtig, wenn ich auf beiden Seiten durch 5 teile. Es ergibt sich nun die Gleichung $x = 4$, und man hat die Ursprungsgleichung nach x aufgelöst. ◘

An dem Beispiel wird deutlich, dass man immer versucht, die gegebene Gleichung so umzuformen, dass eine Aussage über die interessierenden Variablen leichter zu treffen ist. Wichtig ist jetzt natürlich die Frage, welcher Art denn die erlaubten Umformungen einer Gleichung sind. Die Frage ist also: Was darf man mit den Seiten einer als richtig angenommenen Gleichung machen, so dass die nach der Umformung entstandene Gleichung wieder richtig ist? Entsprechend den Grundrechenarten Addition, Subtraktion, Multiplikation und Division und unter Einbeziehung von Potenzen, Wurzeln und Logarithmen kommt man zu folgenden Regeln:

☐ **Regel 1**: Auf beiden Seiten einer Gleichung darf derselbe Term addiert oder subtrahiert werden.
Beispiele: Aus $5x - 1 = 19$ folgt $5x = 20$. Aus $z = x^2$ folgt $z - a = x^2 - a$.

☐ **Regel 2**: Beide Seiten einer Gleichung dürfen mit demselben Term multipliziert werden.
Beispiele: Aus $y = 2x$ folgt $5y = 10x$ und auch $cy = 2cx$; es folgt daraus ebenfalls $0 \cdot y = 0 \cdot 2x$ bzw. $0 = 0$.

☐ **Regel 3**: Beide Seiten einer Gleichung dürfen durch denselben Term dividiert werden, sofern dieser nicht den Wert Null hat.
Beispiele: Aus $5x = 20$ folgt $x = 4$. Aus $3a^2 = 6a$ folgt $3a = 6$, falls $a \neq 0$.

☐ **Regel 4**: Beide Seiten einer Gleichung dürfen zur selben positiven Basis a ($a \neq 1$) potenziert werden. Sind zwei Potenzen mit gleicher positiver Basis a ($a \neq 1$) gleich, so sind auch die Exponenten gleich.
Beispiele: Aus $x = 2a$ folgt $3^x = 3^{2a}$. Aus $e^x = e^4$ folgt $x = 4$.

☐ **Regel 5**: Beide Seiten einer Gleichung dürfen, wenn sie beide positiv sind, zur selben positiven Basis ($\neq 1$) logarithmiert werden.
Beispiele: Aus $10^{a+2} = 135$ folgt $\log_{10}(10^{a+2}) = \log_{10} 135$ (und somit $a + 2 = \log_{10} 135$ bzw. $a = \log_{10} 135 - 2 \approx 0{,}13033$). Aus $3^x = 81$ folgt $\log_3(3^x) = \log_3 81$ und somit $x = 4$.

☐ **Regel 6**: Beide Seiten einer Gleichung dürfen mit einer natürlichen Zahl n potenziert werden.
Beispiele: Aus $x^{\frac{1}{3}} = 2$ folgt $(x^{\frac{1}{3}})^3 = 2^3$ und somit $x = 8$. Aus $(x + 1)^{\frac{1}{2}} = -1$ folgt $x + 1 = 1$ bzw. $x = 0$.

☐ **Regel 7**: Beide Seiten einer Gleichung dürfen mit einer ungeraden natürlichen Zahl n radiziert werden (d. h. es darf die n-te Wurzel gezogen werden). Durch Radizieren (Wurzelziehen) einer Gleichung mit einer geraden natürlichen Zahl n bekommt man zunächst nur eine Gleichung mit Absolutbeträgen; diese lässt sich zu zwei Gleichungen umformen, von denen möglicherweise nur eine richtig ist.
Beispiele: Aus $x^3 = -8$ folgt $\sqrt[3]{x^3} = \sqrt[3]{-8}$ und somit $x = -2$. Aus $x^2 = 4$ folgt $|x| = |2|$; dies führt zu $x = 2$ und $x = -2$, die beide Lösungen die ursprüngliche Gleichung sind. Dagegen folgt aus $(x + 1)^2 = (x - 1)^2$ durch Wurzelziehen zunächst $|x + 1| = |x - 1|$; dies

führt zu den Gleichungen $x+1 = x-1$ und $x+1 = -(x-1) = -x+1$, wobei die erste Gleichung unsinnig ist (da aus ihr $1 = -1$ gefolgert werden kann) und die zweite zur richtigen Lösung $x = 0$ führt.

Manche der aufgeführten Regeln können auch "umgekehrt angewendet" werden, jedoch nicht alle! Zum Beispiel kann man nach Anwendung von Regel 1 (Addition eines Terms auf beiden Seiten) zur alten Gleichung zurück kommen, indem man denselben Term wieder subtrahiert. Man sagt in solchen Fällen auch, es handele sich um eine **Äquivalenzumformung** der Gleichung. („Die neue Gleichung ist so gut wie die alte.") Regel 2 beschreibt keine Äquivalenzumformung: Beispielsweise bekommt man aus $x = 2$ durch Multiplikation mit Null die zweifellos richtige Gleichung $0 = 0$, jedoch kann man hieraus nicht wieder die Gleichung $x = 2$ gewinnen!

Die Lehre aus diesen Beobachtungen ist:

> Hat man eine Gleichung nach obigen Regeln nach einer Variablen aufgelöst, so müssen die ermittelten Werte nicht unbedingt die ursprüngliche Gleichung erfüllen. Man weiß nur: Wenn die Gleichung richtig ist, muss die Variable einen dieser Werte haben. Also muss man die Werte noch zur Probe in die Ausgangsgleichung einsetzen.

Beispiel 3.1.3

Aus $5x-1 = 19$ folgt nach Auflösen eindeutig $x = 4$, und dies ist offenbar eine Lösung der Gleichung.

Jedoch bekommt man aus der Gleichung $\sqrt{x-3} = \sqrt{2x+1}$ durch Quadrieren $x-3 = 2x+1$ und daraus $x = -4$; dies ist aber keine Lösung der ursprünglichen Gleichung, da für diesen Wert bereits die linke Seite $\sqrt{x-3}$ keinen Sinn ergibt – die rechte übrigens auch nicht. (Auf komplexe Zahlen, die hier eine Lösung liefern würden, gehen wir an dieser Stelle nicht ein.)
◘

Folgendes muss noch einmal festgehalten werden:

☐ Eine Gleichung muss keine Lösung haben. Z.B. besitzt die Gleichung $x^2 = -2$ keine Lösung im Bereich der reellen Zahlen.

☐ Wenn eine Gleichung lösbar ist, gibt es i. a. zwei verschiedene Arten, die Lösung(en) anzugeben: **symbolisch** oder **numerisch**. Beispielsweise kann man die Lösungen der Gleichung $x^2 = 2$ in der Form $x_1 = \sqrt{2}$ und $x_2 = -\sqrt{2}$ (symbolisch) oder aber in der Form $x_1 = 1,414214$ und $x_2 = -1,414214$ (numerisch) angeben. Prinzipiell ist die symbolische Form besser – weil genauer. Die numerische Form muss oft mit Näherungen arbeiten (z. B. bei unendlichen Dezimalzahlen, wie im Falle $\sqrt{2} \approx 1,414214$), allerdings ist diese Form in konkreten Anwendungen häufig eher gefragt.

Wie findet man also die Lösungen einer Gleichung?

Leider reichen die oben aufgeführten 7 Regeln nicht aus, um alle Gleichungen nach den gewünschten Variablen auflösen und so die Lösungen bestimmen zu können. Um die Situation zu klären, wollen wir die folgenden vier Gleichungen betrachten:

Gleichung 1: $x^2 + 1 = 2x$

Gleichung 2: $x^2 - 3 = 2x$

Gleichung 3: $x^5 = 1 - 4x$

Gleichung 4: $e^{\sin x} + \ln x = -2x$

Zunächst zu **Gleichung 1**. Wie soll man hier nach x auflösen? Es bringt leider keinen erkennbaren Fortschritt, nach x^2 aufzulösen und dann die Wurzel zu ziehen:

$$x^2 = 2x - 1$$

führt zu

$$x = \sqrt{2x-1},$$

woraus x auch nicht besser ablesbar ist als aus der Ausgangsgleichung. Hier hilft jedoch folgende Überlegung: An der umgeformten Gleichung

$$x^2 - 2x + 1 = 0$$

erkennt man, dass die linke Seite gleich $(x-1)^2$ ist (Binomische Formel!), man hat also:

$$(x-1)^2 = 0$$

Daraus folgt $x - 1 = 0$ und somit $x = 1$.

Wenn man den soeben angewendeten „Trick" weiter ausbaut, kann man auch **Gleichung 2** lösen. Zuerst wird alles auf die linke Seite gebracht:

$$x^2 - 2x - 3 = 0$$

Aus dem Lösungsweg für Gleichung 1 lernend, schreiben wir nun hin:

$$(x-1)^2 - 4 = 0$$

Jetzt wird die 4 wieder nach rechts gebracht:

$$(x-1)^2 = 4.$$

Wenn jetzt auf beiden Seiten die Wurzel gezogen wird, ergibt sich, dass entweder $x - 1 = 2$ oder $x - 1 = -2$ ist. Dies führt zu den beiden Lösungen $x_1 = 3$ und $x_2 = -1$, die beide in der Tat Lösungen der Ausgangsgleichung sind, wie man durch Einsetzen leicht nachprüft.

Die Verallgemeinerung der Vorgehensweise bei der Lösung von Gleichung 2 führt schließlich zu der berühmten **p-q-Formel**, mit der man die Lösungen einer beliebigen quadratischen Gleichung direkt hinschreiben kann:

Die Lösungen einer quadratischen Gleichung der Form

$$x^2 + px + q = 0$$

mit beliebigen reellen Zahlen p und q lauten

$$x_1 = -\frac{p}{2} + \sqrt{\frac{p^2}{4} - q} \quad \text{und} \quad x_2 = -\frac{p}{2} - \sqrt{\frac{p^2}{4} - q}\,.$$

Beispiel 3.1.4:

a) Die Gleichung $2x^2 - 6x + 4 = 0$ soll gelöst werden. Um sie in die Form der p-q-Formel zu bringen, wird erst einmal durch 2 geteilt: Man erhält $x^2 - 3x + 2 = 0$. Die Lösungen sind folglich (mit $p = -3$ und $q = 2$) $x_1 = \frac{3}{2} + \sqrt{\frac{9}{4} - 2} = 2$ und $x_2 = \frac{3}{2} - \sqrt{\frac{9}{4} - 2} = 1$.

b) Die Gleichung $12x - 12 = 3x^2$ ist gegeben. In der gewünschten Form lautet sie $x^2 - 4x + 4 = 0$. Die p-q-Formel liefert $x_1 = 2 + \sqrt{4 - 4} = 2$ und $x_2 = 2 - \sqrt{4 - 4} = 2$, d. h. $x = 2$ ist die einzige Lösung.

c) Auf die Gleichung $x^2 - 2x + 6 = 0$ kann die p-q-Formel sofort angewendet werden, es ergibt sich $x_1 = 1 + \sqrt{1 - 6} = 1 + \sqrt{-5}$ und $x_2 = 1 - \sqrt{1 - 6} = 1 - \sqrt{-5}$. Da $\sqrt{-5}$ im Bereich der reellen Zahlen nicht existiert, hat die gegebene Gleichung dort keine Lösung. (Wer den Abschnitt 1.3 über komplexe Zahlen gelesen – und verstanden – hat, weiß an dieser Stelle, dass die Lösungen $x_1 = 1 + \sqrt{5}i$ und $x_2 = 1 - \sqrt{5}i$ lauten.) ∎

Nun kommen wir zu **Gleichung 3**. Die meisten Leser wird folgendes erstaunen: Es gibt keine Formel, nach der man die Lösungen einer Gleichung bestimmen könnte, in der x^5 vorkommt (und eventuell auch x^4, x^3, x^2 und x). Dabei sieht diese Gleichung doch nicht viel anders aus als die vorige! Natürlich kann es spezielle Gleichungen geben, deren Lösungen man ermitteln kann – beispielsweise hat die Gleichung

$$x^5 = 32$$

offensichtlich $x = 2$ als Lösung. Die Aussage ist aber: Es gibt keine Formel, mit der man *jede* solche Gleichung lösen kann (wie die p-q-Formel das für „quadratische Gleichungen" leistet). Dabei ist die Aussage „Es gibt keine Formel..." wörtlich zu nehmen – man kann tatsächlich *beweisen*, dass keine solche Formel *existiert*, man braucht also auch nach keiner zu suchen. (Auf diesen Beweis gehen wir selbstverständlich nicht ein.)

Für Gleichungen dritten Grades

$$ax^3 + bx^2 + cx + d = 0$$

und solche vierten Gerades

$$ax^4 + bx^3 + cx^2 + dx + e = 0$$

gibt es übrigens noch Lösungsformeln. Diese sind jedoch so komplex, dass wir sie nicht hinschreiben wollen. Wer Interesse hat, findet in einem Extrakasten einen Hinweis, welche

Rolle die komplexen Zahlen bei der Bestimmung der reellen (!) Lösungen von Gleichungen dritten Grades spielen können.

Zur Lösung von Gleichungen dritten Grades

Als Beispiel wird die Gleichung

$$x^3 - 6x + 2 = 0$$

betrachtet. Man kann auf mehrere Weisen begründen, dass die Gleichung drei verschiedene reelle Zahlen als Lösung hat. (Die einfachste Begründung greift dem nächsten Kapitel über Funktionen vor: Wenn man ein Schaubild der Funktion $y = x^3 - 2x + 6$ erstellt, sieht man sofort, dass die Kurve drei mal die x-Achse schneidet: in der Nähe von $0,5$, ungefähr bei $2,3$ und bei $-2,5$).

Wie kommt man an diese Zahlen genauer heran?

Leider stellt sich heraus, dass man keine der Lösungen ohne weiteres durch Wurzelziehen usw. darstellen kann (wie bei der p-q-Formel). Erstaunlicherweise lässt sich jedoch nachweisen, dass man die Lösungen unter den komplexen Zahlen der Form

$$\sqrt[3]{-1+\sqrt{7}i} + \sqrt[3]{-1-\sqrt{7}i}$$

finden kann – man kommt so zu (gerundet) $0,3399$, $2,2618$ und $-2,6017$. Allgemein besagt die **Cardanosche Formel**, dass die Lösungen einer kubischen Gleichung

$$x^3 + 3px + 2q = 0$$

sämtlich in der Form $\sqrt[3]{-q+\sqrt{q^2+p^3}} + \sqrt[3]{-q-\sqrt{q^2+p^3}}$ darstellbar sind. (Da es beim Bilden der dritten Wurzel im Bereich der komplexen Zahlen immer drei Lösungen gibt[xvii], ergeben sich bei dieser Summe neun Möglichkeiten, aus denen die richtigen Lösungen noch herausgesucht werden müssen.)

Dies ist ein sehr schönes Beispiel dafür, wie man die komplexen Zahlen nutzen kann, um durchaus „handfeste" Ergebnisse (hier: interessante reelle Zahlen) zu erhalten. Historisch sind solche Beispiele, die zuerst von dem italienischen Mathematiker Cardano im Jahre 1545 untersucht wurden, tatsächlich ein Motiv zur Einführung der komplexen Zahlen gewesen!

Kommen wir zu Gleichung 3 zurück. Wie kann man denn überhaupt eine Lösung finden? In der Numerischen Mathematik sind zahlreiche Techniken für **Näherungsverfahren** entwickelt worden. (Dies wurde in Beispiel 2.2.1 schon einmal angesprochen.) Grundidee ist, ausgehend von einem Startwert, der schon einigermaßen in der Nähe einer Lösung liegen sollte, einen neuen besseren Wert zu berechnen, dann mit Hilfe dieses Wertes einen noch besseren usw.

[xvii] Eine Begründung hierfür wird am Ende von Abschnitt 6.4 geliefert.

Nichts anderes tut eine „intelligente" Mathematik-Software. Das von mir benutzte Computeralgebrasystem gibt als reelle Lösung von Gleichung 3 den Wert $x \approx 0,249757$ aus.

Nun wird der Leser nicht mehr überrascht sein, dass es für eine so „verrückte" Gleichung wie **Gleichung 4** selbstverständlich ebenfalls keine Lösungsformel gibt. Mein Computer gibt hier als Lösung $x \approx 0,198741$ aus.

3.2 Proportionen und Prozente

In diesem kleinen Abschnitt geht es um **proportional, umgekehrt proportional** und **Prozentrechnung**. Es handelt sich um Rechentechniken, die in der Schule ca. in der 7. Klasse behandelt werden und zu deren Beherrschung man nicht unbedingt Gleichungen braucht. Jedoch lässt sich alles mit **Verhältnisgleichungen** sehr leicht erklären.

Beispiel 3.2.1:

a) Ein Auto hat für 683 km Fahrtstrecke 58,2 l Benzin verbraucht. Wie hoch war der Verbrauch auf 100 km?

Man stellt die folgende Verhältnisgleichung auf:

$$100 : 683 = x : 58,2 \text{ bzw. } \frac{100}{683} = \frac{x}{58,2}$$

Hieraus ergibt sich

$$x = \frac{100}{683} \cdot 58,2 \approx 8,52 \, ,$$

der Verbrauch auf 100 km lag also bei etwa 8,52 l.

b) Für die Arbeit in einer Gartenanlage haben 3 Gärtner 8 Tage lang zu tun. Wie lange würden 4 Gärtner für die gleiche Arbeit benötigen?

Hier ist zu beachten, dass mehr Gärtner weniger Tage benötigen, es liegt ein umgekehrtes Verhältnis vor:

$$3 : 4 = x : 8 \text{ oder } \frac{3}{4} = \frac{x}{8}$$

Auflösen nach x ergibt $x = \frac{3}{4} \cdot 8 = 6$, 4 Gärtner brauchen also 6 Tage. ◘

Bei einer **Verhältnisgleichung** oder **Proportion** geht es immer darum, dass das Verhältnis zweier Größen a und b gleich dem Verhältnis von c und d ist:

$$a : b = c : d$$

oder in Bruchschreibweise

$$\frac{a}{b} = \frac{c}{d}$$

Liegt eine solche Proportion vor, und sind drei der beteiligten Größen bekannt, so kann man selbstverständlich die vierte Größe berechnen, indem man die obige Proportionsgleichung nach dieser vierten Größe auflöst – so geschehen in den beiden Fällen von Beispiel 3.2.1.

Beim Aufstellen einer Proportionsgleichung muss aufgrund des inhaltlichen Zusammenhangs der usprünglichen Problemstellung darauf geachtet werden, dass man die Gleichung „richtig herum" formuliert. Handelt es sich bei den vorkommenden Größen um eine „je-desto"-Beziehung (wie in Teil a von Beispiel 3.2.1: je mehr Kilometer, desto mehr Liter), so sagt man, die Größen seien **proportional**, und bei der Gleichung müssen entsprechende Größen (hier: 683 und 58,2) *beide* im Zähler oder *beide* im Nenner stehen. Hat man dagegen eine „je mehr-desto weniger"-Beziehung, so sind die Größen **umgekehrt proportional**, und bei der aufzustellenden Gleichung stehen entsprechende Größen „über Kreuz" (wie in Teil b von Beispiel 3.2.1, hier stehen 3 und 8 sowie 4 und x jeweils über Kreuz).

Es gibt mehrere Wege, sich das Rechnen mit Proportionen klar zu machen. In der Schule wird hierfür oft der Begriff **Dreisatz** verwendet. Die Lösung von Teil a in Beispiel 3.2.1 kann man unter anderem auch so begründen:

Wenn ich $\frac{58,2}{683}$ ausrechne, weiß ich, wieviel Liter für *einen* Kilometer gebraucht werden. Wenn ich diese Zahl noch mit 100 multipliziere, erhalte ich also die gewünschte Antwort.

Komplizierter wird die Angelegenheit, wenn von zwei Proportionen die Rede ist.

Beispiel 3.2.2:

Bei der Renovierung eines Bürogebäudes streichen 3 Maler in 8 Stunden 48 Heizkörper. Wie lange würden 4 Maler in einem ähnlichen Bürogebäude mit 72 Heizkörpern brauchen?

Man bearbeitet die Problemstellung in zwei Schritten. Ist x die Anzahl an Stunden, die 3 Maler für 72 Heizkörper brauchen würden, so gilt:

$$8 : 48 = x : 72 \quad \text{oder} \quad x = \frac{8}{48} \cdot 72 = 12$$

Bezeichnet nun y die gesuchte Anzahl von Stunden, die 4 Maler für 72 Heizkörper brauchen, so hat man das Verhältnis

$$4 : 3 = 12 : y \quad \text{(umgekehrt proportional!)}$$

bzw.

$$y = 12 \cdot \frac{3}{4} = 9 \;.$$

Die Antwort lautet also: 9 Stunden ∎

Jeder weiß: Durch die Angabe von **Prozenten** drückt man aus, wievielen Hundertstel eines Ganzen ein vorgegebener Teil entspricht. Beispielsweise machen 13 € (als Teil) von 65 € (als Ganzem) zwanzig Hundertstel aus, d. h. es sind 20 %.

Die **Prozentrechnung** kann als ein Spezialfall der Proportionen gesehen werden: Bezeichnet man die Größe, die 100 % entspricht, als den **Grundwert** g, und die Größe, die dem **Prozentsatz** p % entspricht, als **Prozentwert** w, so liegt folgende Proportion vor:

$$p : 100 = w : g \quad \text{bzw.}$$

$$\frac{p}{100} = \frac{w}{g}$$

Sind zwei der drei hier vorkommenden Größen bekannt, kann man natürlich die dritte ausrechnen.

Beispiel 3.2.3:

a) Auf eine Rechnung von 2309,45 € werden bei Barzahlung 2 % Skonto gewährt. Wieviel muss bezahlt werden?

Nach der obigen Formel ist

$$w = \frac{p}{100} \cdot g \, .$$

Einsetzen der Werte ($p = 98$, $g = 2309,45$) ergibt $w = 2263,26$. Also müssen noch 2263,26 € bezahlt werden.

b) Der Preis einer Hose ist von 65 € auf 48 € reduziert worden. Wieviel Prozent entspricht dieser Preisnachlass?

Man löst nach p auf:

$$p = \frac{w \cdot 100}{g}$$

Das ergibt $73,85\,\%$, die dem reduzierten Preis entsprechen. Der Nachlass beträgt folglich $26,15\,\%$. ◘

Für das Rechnen ist es manchmal bequemer, Prozentsätze als Zahlen zwischen 0 und 1 auszudrücken, z. B. 50 % als 0,5, 5 % als 0,05 usw. Das hat den Vorteil, dass man „40 % von 18 €" einfach als $18 \cdot 0,4$ (mit Ergebnis 7,2 €) ausdrücken kann. Besonders in der Zinsrechnung kann man damit die vorkommenden Formeln wesentlich einfacher formulieren. (Beispiele dazu kommen gelegentlich an anderen Stellen dieses Buches vor.) In Teil a unseres Beispiels 3.2.3 würde man so einfach den angegebenen Betrag mit 0,98 multiplizieren und direkt erhalten:

$$2309,45 \cdot 0,98 = 2263,26$$

3.3 Ungleichungen

Was ist eine **Ungleichung**?

Auch hier wollen wir mit einem Beispiel beginnen. Wir stellen die folgende Frage:

Welche Zahlen haben die Eigenschaft, dass ihr um 1 vermindertes Dreifaches kleiner als 10 ist?

Wird die Variable x eingeführt als Platzhalter für die Zahl bzw. – im Falle mehrerer Lösungen – für die Zahlen, die die obengenannte Eigenschaft haben, so landet man hier bei der folgenden Ungleichung:

$$3x - 1 < 8$$

Dabei steht das Zeichen < für *kleiner*, entsprechend bedeutet > *größer*. Ferner wird das Zeichen ≤ für *kleiner-gleich* (gemeint ist: kleiner oder gleich) sowie ≥ für *größer-gleich* verwendet.

Wie bei Gleichungen gibt es auch bei Ungleichungen eine Reihe erlaubter Umformungen, die es einem in der Regel einfacher machen, die Lösungsmenge der betreffenden Ungleichung zu bestimmen. Bei obigem Beispiel ergibt die Addition von 1 (auf beiden Seiten) die Ungleichung $3x < 9$, und Division durch 3 liefert schließlich $x < 3$. Es sind also alle Zahlen, die kleiner als 3 sind, Lösungen der Ungleichung – beispielsweise die Zahlen 2, 0,4, -5 etc. Für Ungleichungen ist folgendes typisch: Wenn es mehr als eine Lösung gibt, so gibt es immer schon unendlich viele.

Beispiel 3.3.1

Die Ungleichung $x + 1 < x$ hat keine Lösung, denn Subtraktion von x auf beiden Seiten führt zu der offensichtlich falschen Aussage $1 < 0$.

Die Ungleichung $x^2 \leq 0$ hat als einzige Lösung $x = 0$.

Die Ungleichung $(x-1)^2 \geq 4$ hat als Lösungen alle Zahlen x, die größer-gleich 3 oder kleiner-gleich -1 sind. ◘

Das letzte Beispiel legt nahe, sich bei der Angabe der Lösungsmengen von Ungleichungen der **Intervallschreibweise** zu bedienen. Die „Zahlen, die größer-gleich 3 oder kleiner-gleich -1 sind", stellen sich dann so dar: $(-\infty, -1] \cup [3, \infty)$

Eine Erklärung zur Intervallschreibweise findet sich in einem Extrakasten.

Wie Gleichungen kann man also auch Ungleichungen umformen, um dann möglicherweise leichter auf die Lösungen schließen zu können. Welches sind die für Ungleichungen erlaubten Umformungen?

☐ **Regel 1**: Die Lösungen einer Ungleichung ändern sich nicht, wenn man auf beiden Seiten dieselbe Zahl addiert oder subtrahiert.
Beispielsweise sind die Ungleichungen $3x - 1 < 8$ und $3x < 9$ äquivalent.

☐ **Regel 2**: Eine Ungleichung darf mit einer positiven Zahl multipliziert werden.
   Beispiel: Multiplikation der Ungleichung $\frac{1}{2}x+1 \geq 3$ mit 2 ergibt die Ungleichung
   $x+2 \geq 6$.

☐ **Regel 3**: Wird eine Ungleichung mit einer negativen Zahl multipliziert, so muss das Ungleichheitszeichen umgekehrt werden.
   Beispiel: Die Ungleichung $-\frac{1}{2}x < 1$ ergibt nach Multiplikation mit -2 die Ungleichung
   $x > -2$.

☐ Da die Division durch eine (von Null verschiedene) Zahl dasselbe ist wie Multiplikation mit ihrem Kehrwert, folgt aus den Regeln 2 und 3 sofort
   Regel 4: Eine Ungleichung darf durch eine positive Zahl dividiert werden. Wird eine Ungleichung durch eine negative Zahl dividiert, so muss das Ungleichheitszeichen umgekehrt werden.
   Beispiel: Die Ungleichung $-3x > 15$ ergibt nach Division durch -3 die Ungleichung
   $x < -5$.

☐ **Regel 5**: Sind die Seiten einer Ungleichung beide positiv oder beide negativ, so kann man auf beiden Seiten zum Kehrwert übergehen, wenn man das Ungleichheitszeichen umkehrt.
   Aus $3 < 10$ folgt $\frac{1}{3} > \frac{1}{10}$, $-5 < -3$ führt zu $-\frac{1}{5} > -\frac{1}{3}$.

Es folgt noch einmal ein ausführliches Beispiel, welches aufzeigt, wie die obigen Regeln anzuwenden sind.

Beispiel 3.3.2

Für welche x ist $\frac{x-1}{x+2} \leq 4$?

Zur Vereinfachung liegt es hier nahe, auf beiden Seiten mit $x+2$ zu multiplizieren. Da es nun darauf ankommt, ob $x+2$ größer oder kleiner als Null ist, muss man eine Fallunterscheidung machen:

$x+2 > 0$:

(Dies ist gleichbedeutend mit $x > -2$.) Multiplikation der Ungleichung mit $x+2$ führt in diesem Fall zur neuen Ungleichung $x-1 \leq 4x+8$, woraus sich leicht $-3x \leq 9$ und dann $x \geq -3$ ergibt. Da jedoch ohnehin $x > -2$ vorausgesetzt ist, bedeutet $x \geq -3$ keine zusätzliche Aussage, d. h. für $x > -2$ ist die ursprüngliche Ungleichung in jedem Fall erfüllt.

$x+2 \leq 0$:

(Dies ist gleichbedeutend mit $x \leq -2$.) Hier führt die Multiplikation der Ungleichung mit $x+2$ zu $x-1 \geq 4x+8$, was zu $-3x \geq 9$ bzw. $x \leq -3$ umgeformt werden kann.

Fazit ist also, dass die Ungleichung für $x > -2$ und für $x \leq -3$ erfüllt ist, anders gesagt ist die Lösungsmenge in Intervallschreibweise $(-\infty, -3] \cup (-2, \infty)$. ∎

Intervalle

Die Intervallschreibweise dient dazu, gewisse Mengen reeller Zahlen kurz beschreiben zu können.

Alle x mit $a < x < b$ bilden das **offene Intervall** zwischen a und b, welches mit (a,b) bezeichnet wird. $x \in (a,b)$ (gelesen „x aus (a,b)") bedeutet dann, dass x in diesem offenen Intervall liegt (also zwischen a und b). Mit dem Wort „offen" wird angedeutet, dass die „Ränder" a bzw. b ausgenommen sind. Dagegen bezeichnet man die Menge der x mit $a \le x \le b$ als das **abgeschlossene** Intervall zwischen a und b, in Zeichen: $[a,b]$.

Natürlich kann es auch vorkommen, dass man den einen Randpunkt zum Intervall zählen möchte, den anderen aber nicht – man hat dann ein **halboffenes Intervall**. So bezeichnet $[a,b)$ die Menge aller x mit $a \le x < b$, und $(a,b]$ steht für alle x mit $a < x \le b$.

Intervalle stellen sich auf der Zahlengeraden als zusammenhängende Stücke dar. Im folgenden Bild ist das halboffene Intervall $[1,3)$ herausgehoben:

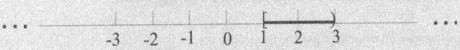

Abb. 3.1: Zahlengerade mit halboffenem Intervall

Bei Intervallen kann a auch ∞ und b auch $-\infty$ sein. (Das Zeichen ∞ steht für „Unendlich", manchmal wird dafür auch das Wort „infinity" verwendet.) Damit ist gemeint, dass sich das Intervall ohne Schranken im ersten Fall beliebig weit nach links, im zweiten Fall beliebig weit nach rechts erstreckt. Z. B. bedeutet also $x \in (-\infty, b]$ nichts anderes als die Aussage $x \le b$.

Manchmal möchte man über irgendein Intervall reden, ohne sich festzulegen, von welcher Art es sein soll. Man spricht dann einfach von einem „Intervall I". $x \in I$ bedeutet in diesem Fall, dass x in dem Intervall I liegt.

Man beachte noch den folgenden Hinweis:

Bei (halb)offenen Intervallen werden manchmal statt der runden Klammern die nach aussen gekehrten eckigen Klammern verwendet. Beispielsweise wird dann das Intervall $[1,3)$ geschrieben als $[1,3[$.

Im Zusammenhang mit Ungleichungen ist auch das Rechnen mit **Beträgen** von Interesse. (Beträge kamen bereits in Abschnitt 2.3 vor.) Den Begriff des **Betrags** einer reellen Zahl kann man gut verstehen, wenn man sich die Zahlengerade noch einmal vor Augen hält – siehe Abbildung 3.2. Unter dem Betrag $|a|$ einer Zahl a kann man sich den Abstand des Punktes a auf der Zahlengeraden zum Punkt 0 vorstellen.

Dies bedeutet also beispielsweise, dass -2 genauso wie 2 den Abstand 2 zum Punkt 0 hat. Der Betrag kann mithin nie negativ sein. Man kann es auch so ausdrücken: Man bekommt den Betrag einer Zahl, indem man das Vorzeichen auf „+" setzt.

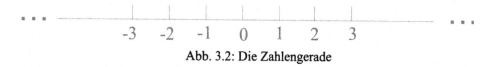

Abb. 3.2: Die Zahlengerade

Hier sind noch einmal ein paar Beispiele:

$$|-4| = 4 \quad ; \quad |8,1| = 8,1 \quad ; \quad |0| = 0$$

Die folgenden beiden Aussagen über Beträge sind häufig in Aufgabenstellungen hilfreich:

- ☐ Sind a und b beliebige reelle Zahlen, so ist $|a - b| = |b - a|$; diese Zahl gibt den **Abstand zwischen a und b** auf der Zahlengeraden an.

- ☐ Sind a und b beliebige reelle Zahlen, so gilt stets $|a + b| \le |a| + |b|$. Dies ist die sogenannte **Dreiecksungleichung**, die bereits in Abschnitt 2.3 erwähnt wurde.

Beträge kommen oft zusammen mit Ungleichungen vor.

Beispiel 3.3.3

Für welche reellen Zahlen x gilt $|x - 1| \le 3$?

Man muss hier eine Fallunterscheidung vornehmen.

1. Fall: $x \ge 1$. In diesem Fall ist $|x - 1| = x - 1$, und $x - 1 \le 3$ ist gleichbedeutend mit $x \le 4$.

2. Fall: $x < 1$. Hier ist $|x - 1| = -(x - 1) = 1 - x$, und $1 - x \le 3$ ist gleichbedeutend mit $x \ge -2$.

Zusammengefasst besteht die Lösungsmenge aus allen Zahlen zwischen -2 und 4, in Intervallschreibweise: $[-2, 4]$.

Es gibt auch eine „elegante" Lösung des Problems: Die Frage bedeutet, dass man die Zahlen sucht, die von der „1" einen Abstand von höchstens 3 haben – das sind natürlich alle Zahlen zwischen -2 und 4. ◘

Aufgaben zu Kapitel 3

Übungsaufgabe 3.1:

Man löse die folgenden Gleichungen nach x auf:

a) $12x - 8 = 9x + 4$ b) $4x - (2 - x) = 6x - 3$

c) $1,3x - 0,7 = x - 0,1$ d) $\frac{4}{5}x + \frac{2}{3} = \frac{3}{2}x - \frac{19}{3}$

Übungsaufgabe 3.2:

Man löse die folgenden Gleichungen nach x auf:

a) $(x+1)(x-2) = (x+2)(x+3)$ b) $(2x-1)((3x+1) = (x+1)(6x-5)$

c) $\frac{x+2}{x+5} = \frac{10x-5}{10x}$ d) $\frac{2x-1}{6x-1} = \frac{x+4}{3x+10}$

Sachaufgabe 3.3:

Ein Arbeiter benötigt für eine Arbeit 12 Tage, ein anderer nur 9 Tage. Wie lange benötigen sie gemeinsam?

Sachaufgabe 3.4:

Zwei verbundene Zahnräder haben 24 und 7 Zähne. Wie schnell dreht sich das Zahnrad mit 24 Zähnen, wenn das andere 1200 Umdrehungen pro Minute macht?

Sachaufgabe 3.5:

Bei der Wahl zum Vorsitzenden eines Turnvereins entfallen auf den Kandidaten A 23, auf den Kandidaten B 9 Stimmen. Wie ist die prozentuale Aufteilung der Stimmen?

Übungsaufgabe 3.6:

Zu den folgenden Gleichungen sollen alle Lösungen bestimmt werden:

a) $x^2 - 6x + 10 = 1$ b) $x^3 - 2x^2 = 0$

c) $2x^2 - 2,4x + 0,64 = 0$ d) $x^2 - 2x + 5 = 2$

Sachaufgabe 3.7:

Ein Arbeiter erhält einen Stundenlohn von 15 €. Durch zwei gleich hohe prozentuale Steigerungen soll der Lohn nach zwei Jahren 16 € pro Stunde betragen. Wie hoch ist der Prozentsatz?

Übungsaufgabe 3.8:

Für welche x sind die folgenden Ungleichungen erfüllt?

a) $6x - 5 \geq 1$ b) $3 - x \leq 2$

c) $|2x| \geq 4$ d) $|x+7| \leq 2$

4 Funktionen und ihre Ableitungen

4.1 Der Funktionsbegriff

Der Begriff der **Funktion** ist in der Mathematik von zentraler Bedeutung. Mit Hilfe von Funktionen werden Zusammenhänge zwischen verschiedenen Größen beschrieben. Die folgenden Beispiele verdeutlichen die Bedeutung des Funktionsbegriffs in unterschiedlichen Anwendungsbereichen.

Beispiel 4.1.1

Frau K. kauft an jedem Morgen in der Bäckerei nebenan einige Brötchen, das Stück zu 19 Cent. Die Anzahl gekaufter Brötchen ist nicht immer gleich, weil manchmal Gäste zum Frühstück kommen. Der für die Brötchen zu zahlende Betrag ergibt sich in eindeutiger Weise aus der Brötchenanzahl, man sagt: *Der Preis ist eine Funktion der Anzahl gekaufter Brötchen* (1 Brötchen → 19 Cent, 2 Brötchen → 38 Cent etc.)

Im folgenden Bild ist diese Funktion grafisch dargestellt:

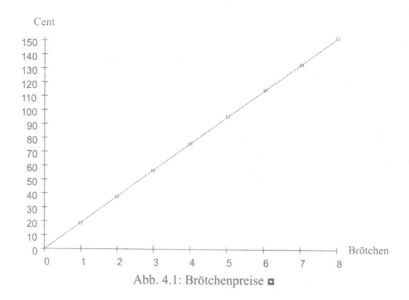

Abb. 4.1: Brötchenpreise ◘

Beispiel 4.1.2

Zieht man ein gespanntes Gummiband auseinander, so wird es länger – je mehr man zieht, desto länger wird es (jedenfalls bis zu einer gewissen Länge, ab der es nicht mehr weiter gedehnt werden kann bzw. sogar reißt). Die Länge des Bandes ist eine Funktion der beim Ziehen aufgewendeten Kraft. ◘

Beispiel 4.1.3

Die in einem Unternehmen anfallenden Produktionskosten hängen in eindeutiger Weise von der produzierten Menge ab: Wird mehr produziert, so fallen dafür mehr Kosten an. (Können die Produkte alle verkauft werden, wird dadurch u. U. ein höherer Gewinn erzielt.) Die Produktionskosten sind eine Funktion der produzierten Menge (der Gewinn übrigens auch, aber eine andere). ◘

Beispiel 4.1.4

Die zu entrichtende Einkommensteuer hängt (bei gegebenen Bedingungen wie Steuerklasse, Kinderzahl usw.) in eindeutiger Weise vom erzielten Einkommen ab. Die Einkommensteuer ist eine Funktion des Einkommens. ◘

Mit der Formulierung „in eindeutiger Weise", die in den Beispielen verwendet wird, ist gemeint, dass (am Beispiel von 4.1.1) durch die Größe „Brötchenanzahl" die Größe „zu zahlender Preis" eindeutig festgelegt ist, man kann ihn daraus *berechnen*. Der allgemeine Begriff der Funktion beinhaltet allerdings nur die eindeutige Festlegung der einen Größe durch die andere, auf die Berechenbarkeit wird notfalls verzichtet. (Dadurch fällt z. B. auch *der Stand des Thermometers an meiner Garage am 1.2.2016 in Abhängigkeit von der Uhrzeit* unter den Begriff der Funktion, obwohl man die Funktionswerte sicher nicht ausrechnen kann – und heute schon gar nicht.)

Bei den bisherigen Beispielen sind alle betrachteten Größen durch Zahlen beschreibbar (Brötchenanzahl, Preis, Länge des Gummibandes, Einkommen etc.). Der allgemeine Funktionsbegriff lässt jedoch auch die Zuordnung zwischen andersartigen Objekten zu.

Beispiel 4.1.5

Jedem in Deutschland zugelassenen Auto ist in eindeutiger Weise ein Autokennzeichen zugeordnet. Das Autokennzeichen ist eine Funktion des einzelnen betrachteten Autos. ◘

Der Funktionsbegriff lässt ferner zu, dass eine Größe von *mehreren* anderen Größen (statt nur einer) abhängig ist.

Beispiel 4.1.6

Ein Fahrradhersteller produziert zwei Fahrradvarianten. Eine Sorte Fahrräder ist etwas teurer in der Produktion, so dass die gesamten Produktionskosten von zwei Größen (Anzahl Fahrräder Typ1, Anzahl Fahrräder Typ2) in eindeutiger Weise abhängen, also: Liegen diese beiden Größen fest, so sind auch die Produktionskosten festgelegt. Die Produktionskosten sind eine Funktion der beiden Anzahlen produzierter Fahrräder. ◘

Was ist also eine Funktion?

Man hat immer zwei Gesamtheiten D (für **Definitionsbereich**) und W (für **Wertebereich**) – eine Funktion f ist dann eine Vorschrift, die jedem Objekt x aus D genau ein Objekt y aus W

zuordnet. (Statt von „Gesamtheit" und „Objekt" spricht man in der Mathematik heute meist von „Menge" und „Element".) Man sagt: y **ist eine Funktion von** x, mit der Schreibweise: $y = f(x)$, gelesen: y ist gleich f von x.[xviii]

Bei den obigen Beispielen 4.1.1 bis 4.1.4 sind, wie bereits gesagt, alle betrachteten Größen durch Zahlen beschreibbar.

Schauen wir doch beim ersten Beispiel 4.1.1 genauer hin – was sind hier Definitions- und Wertebereich? Genau genommen besteht der Definitionsbereich aus den möglichen Einkäufen von einem, zwei, drei (usw.) Brötchen, während zum Wertebereich die entsprechenden Preise gehören: 19 Cent, 38 Cent, 57 Cent usw. Nun ist allerdings die Tatsache, dass es sich hier um Brötchen und Cents handelt, aus Sicht der Mathematik völlig unerheblich, entscheidend für die weitere *mathematische* Betrachtung sind allein die Zuordnungen:

$$1 \rightarrow 19$$

$$2 \rightarrow 38$$

$$3 \rightarrow 57 \ldots$$

Daher kann man Beispiel 4.1.1 in der Weise abstrahieren, dass man sowohl für den Definitions- als auch den Wertebereich Bereiche reeller Zahlen annimmt. Mit anderen Worten geht man davon aus, dass in Beispiel 4.1.1 von der Funktion

$$y = 19 \cdot x$$

die Rede ist – dass hinter dem x eine Anzahl von Brötchen und hinter dem y zu zahlende Cents stehen, ist nicht weiter relevant.

Wenn wir im folgenden von einer Funktion sprechen, gehen wir immer davon aus, dass Definitionsbereich D und Wertebereich W aus reellen Zahlen bestehen und jedem x aus D genau ein y aus W zugeordnet ist. (Funktionen a' la Beispiel 4.1.5 oder 4.1.6 kommen im weiteren Text also nicht mehr vor.)

Die Variable x heißt **unabhängige Variable** oder auch **Argument**, y dagegen **abhängige Variable** oder **Funktionswert**. Der Grund für diese Wortwahl ist, dass x frei aus dem Definitionsbereich wählbar ist, woraufhin jedoch y nach der Wahl von x durch die Funktionszuordnung eindeutig bestimmt ist. Bezogen auf eine Anwendungssituation, die zu der vorgegebenen Funktion geführt hat, kann man hieraus jedoch nicht zwingend schließen, dass x *ursächlich* für die Ausprägung von y verantwortlich ist; andererseits: Wenn überhaupt ein kausaler Zusammenhang zwischen den betrachteten Größen vorhanden ist (oder auch nur vermutet wird), wird üblicherweise x eher mit der Ursache und y mit der Wirkung identifiziert.

Übrigens kann man statt der Variablen x und y auch beliebige andere Variablennamen benutzen. In der Physik wird z. B. meist t für die Zeit und v für die Geschwindigkeit benutzt. Für ökonomische Größen werden u. a. die Symbole K (für Kosten) und p (für Preis) verwendet. Auch die Funktionen selbst können statt mit dem Buchstaben f mit anderen Symbolen be-

---

[xviii] In späteren Kapiteln wird statt Funktion oft der allgemeinere Begriff **Abbildung** als Zuordnung zwischen beliebigen Mengen verwendet; von einer Funktion spricht man meist dann, wenn die betrachteten Mengen eine algebraische Struktur aufweisen (wie die reellen Zahlen).

zeichnet werden; beispielsweise wird bei ökonomischen Untersuchungen der Buchstabe p für eine Preis-Absatz-Funktion benutzt.

4.2 Darstellung von Funktionen

Es geht in diesem Abschnitt um die Frage, wie man eine Funktion (im Sinne einer Zuordnung zwischen Zahlen, siehe voriger Abschnitt) beschreiben kann, d. h. wie man präzise ausdrücken kann, über welche Funktion man redet. Fast immer wird dazu eine der drei folgenden Möglichkeiten verwendet:

☐ tabellarische Darstellung (**Tabelle**)

☐ analytische Darstellung (**Funktionsgleichung**)

☐ grafische Darstellung (in einem **Koordinatensystem**)

Wir zeigen dies an Beispielen auf.

Beispiel 4.2.1

Für das „Brötchenbeispiel" sehen die drei Darstellungsformen folgendermaßen aus.

Tabellarische Darstellung:

Brötchen	Cent
1	19
2	38
3	57
...	...

Analytische Darstellung:

$$y = 19 \cdot x$$

Grafische Darstellung:

Wie üblich, wird für die grafische Darstellung ein sogenanntes **kartesisches Koordinatensystem** verwendet, auf dessen x-Achse man die Werte der unabhängigen Variablen x und auf dessen y-Achse man die Werte der abhängigen Variablen y aufträgt. Ein Punkt $(a;b)$ der x-y-Ebene ist durch zwei Angaben festgelegt, nämlich durch seinen x- und seinen y-Wert. In Abbildung 4.2 sind als Beispiele die Punkte $(2;1)$ und $(-3;-1)$ eingezeichnet.

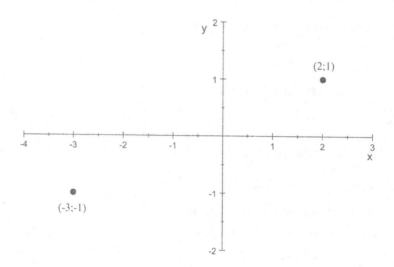

Abb. 4.2: Koordinatensystem mit zwei eingezeichneten Punkten

Um eine Funktion darzustellen, zeichnet man eine Linie ein, auf der alle Punkte $(a;b)$ liegen, die zu der Funktion gehören, d. h. für die (im vorliegenden Fall) $b = 19 \cdot a$ gilt. Man beachte, dass man die Skalierungen auf x- bzw. y-Achse frei wählen kann, um zu einer möglichst brauchbaren Grafik zu kommen.

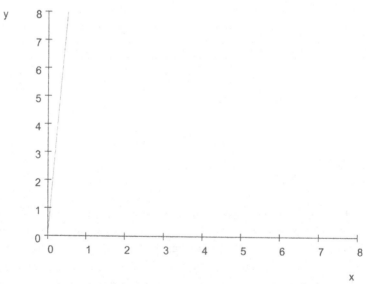

Abb. 4.3: „Brötchenpreise" mit schlechter Skalierung

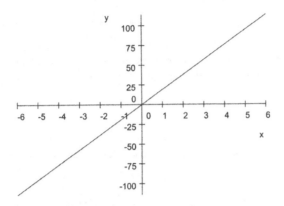

Abb. 4.4: „Brötchenpreise" mit besserer Skalierung ◻

Die Koordinatenachsen können statt mit x und y selbstverständlich auch anders benannt werden – in Abbildung 4.1 haben wir aufgrund des Zusammenhangs „Brötchen" und „Cent" an die Achsen geschrieben.

> Generell lässt sich eine Funktion nur mit der analytischen Darstellung präzise und unmissverständlich beschreiben – eine Tabelle ist in der Regel lückenhaft, die grafische Darstellung ungenau. Trotzdem kann besonders die grafische Darstellung eine große Hilfe sein, sich einen Eindruck von einer Funktion zu verschaffen.

Dem aufmerksamen Leser wird nicht entgangen sein, dass im obigen Beispiel bei der analytischen (formelmäßigen) Darstellung die Angabe von Definitions- und Wertebereich fehlt. Aus dem Beispiel heraus sind eigentlich nur die x-Werte 1, 2, 3 etc. von Interesse, die zu den y-Werten 19, 38, 57 etc. führen. Es ist jedoch üblich, sobald man sich „auf der Seite der Mathematik" befindet, den größtmöglichen Definitionsbereich zu unterstellen – für die hier vorliegende Funktion

$$y = 19 \cdot x$$

spricht nichts dagegen, als Definitionsbereich *alle* reellen Zahlen zu nehmen, die an Stelle von x eingesetzt werden dürfen. Meist wird es nicht als notwendig angesehen, zusätzlich über den Wertebereich zu sprechen, da sich dieser aus dem Definitionsbereich und der Funktionszuordnung ergibt.

Man beachte auch folgendes:

Durch diese mathematische Herangehensweise ist die Funktion

$$y = 19 \cdot x$$

nun auch für x-Werte wie $\frac{2}{3}$ oder π definiert, was für das Beispiel keinen Sinn ergibt. (Versuchen Sie mal, $\frac{2}{3}$ oder gar π Brötchen zu kaufen!) Dies spiegelt sich auch in der grafischen Darstellung wider: Statt nur die für die Anwendung relevanten Punkte haben wir eine durchgezogene Linie gezeichnet. Dies mag für die ursprüngliche Anwendung irrelevant sein, stört aber auch nicht und ist für die nach allgemeinen Regeln durchgeführte mathematische Analyse sinnvoll.

Beispiel 4.2.2

Als weiteres Beispiel wollen wir die in analytischer Darstellung gegebene Funktion

$$y = \frac{1}{x}$$

betrachten. Wie meist üblich, verzichten wir auf die explizite Angabe eines Definitionsbereichs. Damit ist gemeint, dass der *natürliche* (d. h. größtmögliche) Definitionsbereich gewählt wird, also alle x-Werte, für die der analytische Ausdruck (hier: $\frac{1}{x}$) sinnvoll gebildet werden kann. Im vorliegenden Fall bedeutet das, da man durch Null nicht dividieren darf: Der Definitionsbereich besteht aus allen reellen Zahlen x mit $x \neq 0$.

Hier ist eine Tabelle mit einigen Funktionswerten:

x	0	1	2	3	$\frac{1}{2}$	$\frac{1}{3}$	-1	-2	-3	$-\frac{1}{2}$	$-\frac{1}{3}$
y	-	1	$\frac{1}{2}$	$\frac{1}{3}$	2	3	-1	$-\frac{1}{2}$	$-\frac{1}{3}$	-2	-3

Eine grafische Darstellung der Funktion (man nennt die Kurve **Hyperbel**) zeigt Abbildung 4.5.

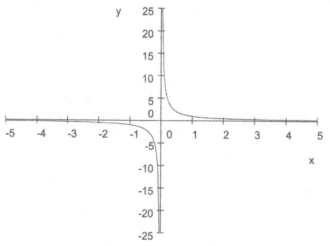

Abb. 4.5: Eine Hyperbel

Man sieht, dass für $x = 0$ kein Funktionswert existiert. Für nahe an 0 gelegene x-Werte werden die Funktionswerte sehr groß (falls $x > 0$) bzw. sehr klein (falls $x < 0$) – beispielsweise ist für $x = \frac{1}{1000}$ der Funktionswert $y = 1000$. Daher muss in der Grafik der Kurvenverlauf irgendwo „abgeschnitten" werden. ◘

4.3 Was man oft über Funktionen wissen möchte

Es gibt eine Reihe von Eigenschaften, bezüglich derer man Funktionen gemeinhin untersucht. Die meisten dieser Untersuchungen dienen dazu, sich einen Eindruck vom Verlauf dieser Funktion zu verschaffen: In welchen Punkten schneidet der Funktionsgraph die Koordinatenachsen? Wohin „bewegen" sich die Funktionswerte $f(x)$, wenn x immer größer wird? Besitzt die Funktion absolute oder relative Extremwerte – wenn ja, wo liegen diese (vgl. Abb. 4.6)?

Diese Art von Funktionsuntersuchung nennt man **Kurvendiskussion** – es handelt sich um ein Standardthema des Mathematik-Schulunterrichts der Sekundarstufe II. Anhand zweier Beispiele werden nun einige Aspekte einer solchen Kurvendiskussion angesprochen.

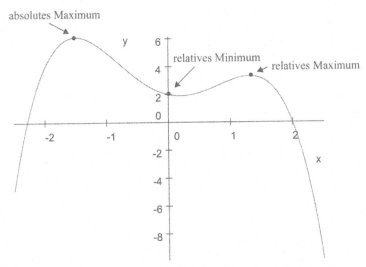

absolutes Maximum: es wird im gesamten Definitionsbereich kein größerer Funktionswert angenommen als an dieser Stelle
relatives Maximum: es wird in der näheren Umgebung dieses Punktes kein größerer Funktionswert angenommen als an dieser Stelle
absolutes/relatives Minimum: entsprechend

Abb. 4.6: Funktion mit Extremwerten

Beispiel 4.3.1

Zahlreiche ökonomische Sachverhalte werden durch quantitative Parameter (also durch Zahlen) beschrieben, so zum Beispiel Preise, Kosten, Gewinne usw. Es liegt nahe, Zusammenhänge zwischen diesen Größen durch Funktionen zu modellieren.

Beispielsweise mag die **Kostenfunktion**

$$K(x) = 0,2x^2 + 30$$

vorliegen. Dabei steht x für einen Output (etwa eine produzierte Menge in Mengeneinheiten) und K für die bei Produktion von x anfallenden Gesamtkosten. (Wie man im konkreten Einzelfall auf diese Funktionsbeschreibung kommt, ist eine wirtschaftswissenschaftliche – keine mathematische – Frage. Gleichwohl können Mathematiker bei diesem Modellierungsprozess mitwirken.)

Wie man sieht, enthält die gegebene Kostenfunktion einen vom Output unabhängigen Teil (Summand 30), den man **fixe Kosten** nennt, die auch dann anfallen, wenn überhaupt kein Output produziert wird ($x = 0$). Der von x abhängige Teil (hier $0,2x^2$) heißt **variable Kosten**. Im folgenden Diagramm (Abb. 4.7) ist die hier vorliegende Kostenfunktionskurve dargestellt.

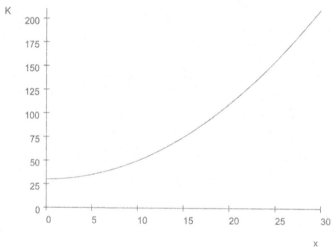

Abb. 4.7: Darstellung einer Kostenfunktion

Obwohl die Funktionsbeschreibung aus mathematischer Sicht alle x-Werte zuließe, schränkt man sich hier auf den Definitionsbereich $x \geq 0$ ein, da die Kostenfunktion für negatives x keinen Sinn ergibt. Wie man sieht, schneidet die Kurve bei $K_f = 30$ die K-Achse. K_f sind die (fixen) Kosten, die auch dann anfallen, wenn nichts produziert wird (siehe oben).

Üblicherweise nennt man – bei gegebener Kostenfunktion $K(x)$ – die Funktion

$$k(x) = \frac{K(x)}{x}$$

die **Stückkostenfunktion**. $k(x)$ gibt an, wieviel die Produktion einer Einheit kostet, wenn insgesamt x Einheiten produziert werden. Dabei ist $k(x)$ für $x = 0$ nicht definiert. In unserem Beispiel führt dies zu:

$$k(x) = \frac{0,2x^2 + 30}{x} = 0,2x + \frac{30}{x}$$

Diese Funktion ist in Abb. 4.8 gezeigt.

Man sieht: Wenn sich x dem Wert 0 nähert, werden die Stückkosten immer größer. Interessant ist auch, was für immer weiter *wachsendes* x passiert: Da dann der Term $\frac{30}{x}$ sich dem Wert 0 nähert, kommt $k(x)$ immer mehr der Funktion „$0,2x$" (die in diesem Fall eine Gerade beschreibt) nahe. Die Gerade zu der Funktion $K = 0,2x$ ist in Abbildung 4.9 zusätzlich gestrichelt eingezeichnet – man nennt diese Gerade **Asymptote** zu der ursprünglichen Kurve. ◘

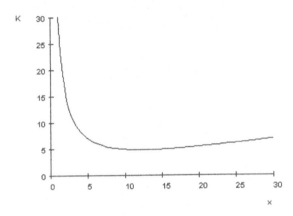

Abb. 4.8: Stückkostenfunktion

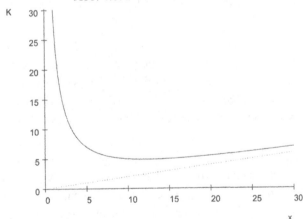

Abb. 4.9: Stückkostenfunktion mit Asymptote

Beispiel 4.3.2

Die Funktion

$$y = f(x) = x^3 - 6x + 4$$

soll untersucht werden.

Einsetzen von $x = 0$ ergibt als y-Wert 4, d. h. die Kurve schneidet die y-Achse im Punkt (0; 4). Für die Schnittpunkte mit der x-Achse ist y gleich Null zu setzen, mit anderen Worten sucht man die Lösungen der Gleichung

$$x^3 - 6x + 4 = 0.$$

Mit den Techniken zum Lösen von Gleichungen (siehe Kapitel 3) ermittelt man die Lösungen $x_1 = 2$, $x_2 = -1 + \sqrt{3}$ und $x_3 = -1 - \sqrt{3}$. Die bis hierhin bekannten Punkte sind in Abbildung 4.10 eingezeichnet.

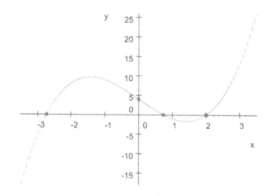

Abb. 4.10: Erwarteter Verlauf einer Funktion mit bekannten Achsenschnittpunkten

Da nun für sehr große x-Werte (man setze beispielsweise $x = 1000000$ ein) der Term „x^3" in der Funktionsgleichung überwiegt (und die anderen Terme praktisch nichts mehr zum Wert von $f(x)$ beitragen), kann man schließen, dass die Kurve (wie die zu $y = x^3$) nach „rechts oben" das Bild verlässt. Analog folgt, dass der Funktionsverlauf nach „links unten abstürzt". Die Funktion muss also ungefähr verlaufen, wie in Abbildung 4.10 gestrichelt angedeutet. ▪

Offen bleibt in dem letzten Beispiel die interessante Frage nach der genauen Lage der relativen Extremwerte, also des relativen Minimums in der Nähe von $x = 1,5$ und des relativen Maximums in der Nähe von $x = -1,5$ – um dies herauszufinden, braucht man die **Differenzialrechnung**, die sich mit dem Steigungsverhalten von Funktionen beschäftigt. Am Ende des nächsten Abschnitts zur Differenzialrechnung werden wir noch einmal auf das Thema Kurvendiskussion zurückkommen.

4.4 Differenzialrechnung: Ableitungen und Extremwerte

Wir schließen an beim zuletzt im vorigen Abschnitt behandelten Beispiel der Funktion

$$y = f(x) = x^3 - 6x + 4,$$

deren Funktionsverlauf in Abbildung 4.10 skizziert ist. Wie kann man die Lage der **relativen Extremwerte** präzise ermitteln?

Der Ansatz der Differenzialrechnung besteht darin, sich dieser Fragestellung mit der folgenden Überlegung zu nähern (siehe auch Abb. 4.11):

Links vom relativen Maximum steigt die Funktion (d h. die Funktionswerte werden größer, wenn x größer wird), zwischen dem relativen Maximum und dem relativen Minimum fällt sie, rechts vom relativen Minimum steigt sie wieder – und jetzt kommt die entscheidende Beobachtung: Genau *bei* diesen relativen Extremwerten ist sie weder steigend noch fallend, *ihre Steigung ist dort Null*!

Der weitere Weg der mathematischen Analyse sieht nun folgendermaßen aus: Es gelingt, einen formelmäßigen Ausdruck für die Steigung an einer beliebigen Stelle x anzugeben; dies ist wieder eine Funktion, die man **Ableitung** der ursprünglichen Funktion nennt; dann muss man feststellen, an welchen x-Stellen diese neue Funktion (Steigung) den Wert Null hat und hat die Kandidaten für relative Extrema gefunden.

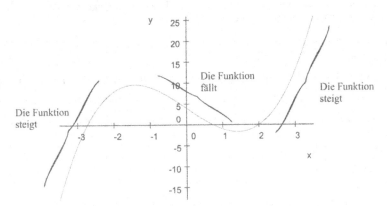

Abb. 4.11: Verlauf einer Funktion

Als erstes müssen wir uns nun intensiver mit dem Begriff der **Steigung** auseinandersetzen. Die Steigung einer Funktion ist ein Maß dafür, wie sehr sich die Funktionswerte $f(x)$ ändern, wenn eine Änderung der x-Werte erfolgt. Am einfachsten ist dies anhand von Geraden zu erläutern. In der folgenden Abbildung 4.12 sind die Funktionen $y = g_1(x) = 2x + 1$ und $y = g_2(x) = 6x - 5$ dargestellt:

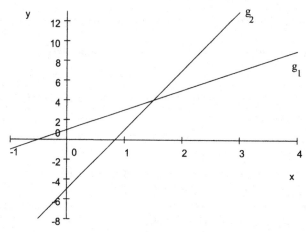

Abb. 4.12: Zwei Geraden

Offensichtlich ist g_2 „steiler" und steigt stärker als g_1. Wie kann man dies zahlenmäßig erfassen? Die Idee ist einfach und aus dem Straßenverkehr bekannt, wo man mit einer Prozentangabe die Steigung einer Straße beschreibt (z. B. „13% Steigung"): Man gibt an (und zwar in Prozent), welchen Höhenunterschied man überwindet, wenn man eine gewisse Strecke zurücklegt; 13% Steigung bedeutet also, dass man auf 1 Meter Strecke 13 cm an Höhe gewinnt oder auf 100 Meter 13 Meter Höhenunterschied.

Will man dies nun mathematisch genauer beschreiben, so muss man über **Steigungsdreiecke** reden. In Abbildung 4.13 ist eine Gerade $y = f(x)$ zu sehen, ferner ist ein x-Wert x_0 ausgewählt. Vom Punkt $P_0 = (x_0; f(x_0))$ ausgehend ist ein Dreieck eingezeichnet, welches sich ergibt, wenn von P_0 aus zunächst parallel zur x-Achse eine Strecke der Länge α eingezeichnet wird und sodann parallel zur y-Achse ein Stück der Länge β, bis man wieder auf die Gerade stößt.

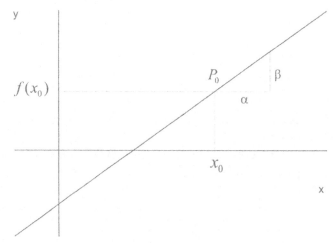

Abb. 4.13: Gerade mit Steigungsdreieck

Das Verhältnis

$$\frac{\beta}{\alpha}$$

nennt man die **Steigung der Geraden** an der Stelle x_0 bzw. im Punkt $P_0 = (x_0; f(x_0))$. Dieses Verhältnis hängt nicht von der Größe des gewählten Dreiecks ab – anders gesagt: für ein α' mit entsprechendem, sich daraus ergebendem β' (siehe Abb. 4.14) ergibt sich dasselbe Verhältnis, es gilt:

$$\frac{\beta'}{\alpha'} = \frac{\beta}{\alpha}$$

(Wieso dies so ist, begründen wir nicht näher. Man kann hier z. B. mit dem aus der Geometrie bekannten Strahlensatz argumentieren.)

Jede Gerade hat eine Funktionsgleichung der Form $y = f(x) = mx + b$, wobei m und b beliebige, jedoch für diese Gerade feste charakteristische Zahlen sind. Wer es noch nicht wusste, hat folgendes nun sicher vermutet:

> Die Gerade $y = f(x) = mx + b$ hat an jeder Stelle x_0 die Steigung m.

Dies kann durch eine kurze Rechnung mathematisch bewiesen werden, die sich der Leser in einem Extrakasten ansehen kann.

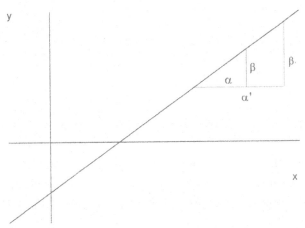

Abb. 4.14: Gerade mit zwei Steigungsdreiecken

Für die eingangs betrachteten Geraden g_1 und g_2 bedeutet das: g_1 hat die Steigung 2, g_2 die Steigung 6. Anschaulich kann man dies auch so ausdrücken: Immer wenn man von einem Punkt P_1 der Geraden g_1 ausgehend um eine Einheit „nach rechts geht", so muss man „2 nach oben" gehen, um wieder auf die Gerade zu stoßen (siehe Abb. 4.12) – für g_2 gilt entsprechendes mit 6 statt 2.

Die Steigung einer Geraden

Betrachtet wird eine Gerade $y = f(x) = mx + b$ an der Stelle x_0. Für das im folgenden Bild eingezeichnete Steigungsdreieck gilt:

$$\beta = f(x_0 + \alpha) - f(x_0)$$

Einsetzen der Formel für $f(x)$ ergibt:

$$\beta = (m(x_0 + \alpha) + b) - (mx_0 + b) = m\alpha$$

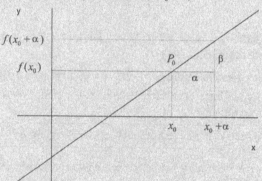

Abb. 4.15: Steigung einer Geraden

Für die Steigung ergibt sich daraus:

$$\frac{\beta}{\alpha} = \frac{m\alpha}{\alpha} = m$$

Man beachte, dass der Wert x_0 für dieses Ergebnis keine Relevanz hat – die Steigung der Geraden ist überall gleich m.

Ist m negativ, wie z. B. in der Funktionsgleichung $y = f(x) = -2x + 1$, so „fällt" die Gerade – sie hat negative Steigung. Alle Aussagen und Rechenregeln gelten weiter – mit dem einzigen Unterschied, dass in den Steigungsdreiecken das entsprechende β „nach unten" abzutragen ist (vgl. hierzu Abb. 4.16).

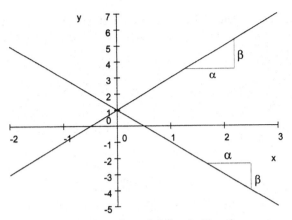

Abb. 4.16: Steigende und fallende Gerade

Wir kommen nun zu der Frage, was das bisher Gesagte für Funktionen bedeutet, die *keine* Geraden sind. Was ist dort die Steigung?

Bei der in Abbildung 4.17 dargestellten Funktion $y = f(x)$ wird man sicher sagen, dass sie im Punkt P_2 stärker steigt als im Punkt P_1 – bei Geraden war dies ja überall gleich!

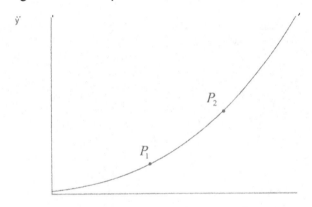

Abb. 4.17: Funktionskurve mit zwei Punkten verschiedener Steigung

Um hier zu einer klaren mathematischen Begriffsbildung zu kommen, bedient man sich der **Tangenten** an die Funktionskurven. In Abbildung 4.18 mit einem Bild derselben Kurve sind die Tangenten T_1 und T_2 bei P_1 und P_2 eingezeichnet. Unter der Tangente bei einem Punkt der Kurve kann man sich eine Gerade vorstellen, die sich der Kurve an dieser Stelle „anschmiegt". Man sagt nun einfach, die Steigung der Funktion im Punkt P_1 sei dasselbe wie die Steigung der Tangente T_1 an die Kurve im Punkte P_1 – da die Tangente eine Gerade ist, ist deren Steigung ja bereits erklärt. (Dies ist ein weiteres Beispiel für das typische Vorgehen in der Mathematik: immer weiter neue Begriffe auf bereits erklärten aufzubauen, um so zu einem immer komplexer werdenden Begriffsgebäude zu kommen. Man beachte auch den „Historischen Hinweis" in einem Extrakasten.) Diese Vorgehensweise sollte man sich an einem Beispiel in Ruhe ansehen.

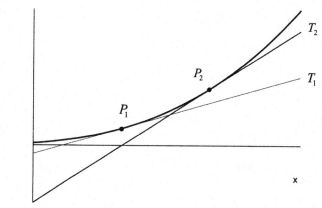

Abb. 4.18: Funktionskurve mit zwei Tangenten

Historischer Hinweis

Die Differenzialrechnung, welche sich mit dem Steigungsverhalten von Funktionen beschäftigt und vielfältige Anwendungen innerhalb und ausserhalb der Mathematik besitzt, wurde im 17. Jahrhundert von den Mathematikern Leibniz und Newton unabhängig voneinander entwickelt.

In der exakten mathematischen Grundlegung wird die Steigung einer Funktion in einem Punkt als Grenzwert definiert, der sich ergibt, wenn man die angelegten Steigungsdreiecke immer kleiner werden lässt. Der von uns gewählte anschauliche Zugang über die Tangenten hat den Nachteil, dass wir den Begriff der Tangente nicht genau definiert haben – man könnte dies zwar in streng mathematischer Weise tun, doch würde dies hier zu weit führen.

Man beachte auch den Extrakasten zu „Geschwindigkeit als Ableitung".

Beispiel 4.4.1

Wir betrachten die sogenannte **Normalparabel** $y = f(x) = x^2$ an den Stellen $x_1 = 1$ und $x_2 = 2$, also in den Punkten $(1;1)$ und $(2;4)$. Die Steigung soll jeweils bestimmt werden.

In Abbildung 4.19 sind neben der Funktion auch die Tangenten $f_1(x) = 2x - 1$ (Tangente im Punkt $(1;1)$) und $f_2(x) = 4x - 4$ (Tangente im Punkt $(2;4)$) eingezeichnet. Daran sieht man: Die Funktion $y = f(x) = x^2$ hat an der Stelle $x_1 = 1$ die Steigung 2 und an der Stelle $x_2 = 2$ die Steigung 4. ◻

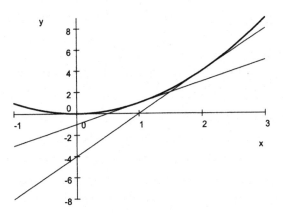

Abb. 4.19: Parabel mit zwei Tangenten

Das Beispiel wirft nun einige Fragen auf.

☐   Gibt es immer eine Tangente?

☐   Wie wird die Funktionsgleichung einer Tangente bestimmt?

☐   Kann man auch die Steigung einer Tangente bestimmen, ohne ihre Funktionsgleichung vollständig ermitteln zu müssen?

Eine Antwort auf die zweite Frage erübrigt sich, da die dritte zum Glück mit JA beantwortet werden kann:

> Die Bestimmung der Steigung der Tangente an einem vorgegebenen Punkt einer beliebigen Funktion $y = f(x)$ ist die Hauptaufgabe der Differenzialrechnung. Diese Steigung kann man in der Regel leicht rechnerisch bestimmen, ohne die ganze Tangente konstruieren zu müssen.

Die Steigung der Tangente an der Stelle x_1 heisst auch **Ableitung von** $f(x)$ **an der Stelle** x_1. Schauen wir noch einmal auf das Beispiel der Funktion $y = f(x) = x^2$. Wir haben gesehen, dass diese Funktion

☐   an der Stelle $x_1 = 1$ die Ableitung 2,

☐   an der Stelle $x_2 = 2$ die Ableitung 4

hat.

Die Zuordnung der Ableitung an den unterschiedlichen x-Stellen ergibt wieder eine Funktion, die man die **Ableitungsfunktion** nennt und mit $f'(x)$ bezeichnet. Für das Beispiel bedeutet dies, dass $f'(1) = 2$ und $f'(2) = 4$ ist. In der Tat lässt sich nachweisen, was man an dieser Stelle vielleicht schon vermutet hat:

$$y = f(x) = x^2$$

besitzt die Ableitungsfunktion

$$y' = f'(x) = 2x \ .$$

(Wir werden diesen Nachweis hier nicht führen.) Statt von der **Ableitungsfunktion** spricht man üblicherweise vereinfachend auch von der **Ableitung** – und meint dabei die ganze Funktion.

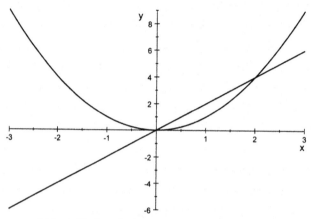

Abb. 4.20: Parabel und ihre Ableitung

In Abbildung 4.20 sind für dieses Beispiel $f(x)$ und $f'(x)$ eingezeichnet. Für jeden x-Wert gibt $f'(x)$ die Steigung der Kurve $f(x)$ im Punkt $(x; f(x))$ an.

Die meisten Funktionen, denen man in Anwendungen begegnet, besitzen überall eine Tangente und somit eine Steigung – man sagt, sie seien überall **differenzierbar**. Für das Berechnen der Ableitungsfunktionen gibt es einige Regeln, die man **Ableitungsregeln** nennt.

Die einfachsten Funktionen sind die **Polynome** wie $y = f(x) = x^2 + 2x + 3$, $y = f(x)$ $= 3x^4 - 2x^2 + x + 1$ etc. Diese werden „abgeleitet", indem man bei jedem Summanden den Exponenten als multiplikativen Faktor davor schreibt und in der Potenz um Eins erniedrigt, also:

☐   aus x^2 wird $2x$

☐   aus $3x^2$ wird $6x$

☐   aus x^5 wird $5x^4$

☐   aus $2x^5$ wird $10x^4$

etc., allgemein:

☐   aus $\alpha \cdot x^n$ wird $\alpha \cdot n \cdot x^{n-1}$

Dies ergibt beispielsweise für $y = f(x) = 3x^4 - 2x^2 + x + 1$ die Ableitung $y' = f'(x) = 12x^3 - 4x + 1$.

In der folgenden Tabelle sind die Ableitungen der wichtigsten elementaren Funktionen aufgeschrieben. Über weitergehende Techniken des Differenzierens (also des Bildens von Ableitungen) kann sich der interessierte Leser in einem Extrakasten informieren.

Funktion	Ableitung der Funktion
$f(x) = a, a \in \mathbb{R}$	$f'(x) = 0$
$f(x) = x^r, r \in \mathbb{R}$	$f'(x) = r \cdot x^{r-1}$
$f(x) = e^x$	$f'(x) = e^x$
$f(x) = \ln x$	$f'(x) = \dfrac{1}{x}$
$f(x) = \sin x$	$f'(x) = \cos x$

Technik des Differenzierens

Die Technik des Differenzierens beruht auf zwei Säulen:

☐ Man kennt die Ableitungsfunktionen der wichtigsten elementaren Funktionen.

☐ Man wendet Ableitungsregeln an, nach denen die Ableitungen zusammengesetzter Funktionen aus den einzelnen Ableitungen ermittelt werden können.

Die relevanten Ableitungsregeln sind:

☐ **Summenregel**
Ist $f(x) = g(x) + h(x)$, so gilt $f'(x) = g'(x) + h'(x)$. Ist $f(x) = g(x) - h(x)$, so gilt $f'(x) = g'(x) - h'(x)$.
Also ist die Ableitung einer Summe (Differenz) zweier Funktionen gleich der Summe (Differenz) ihrer Ableitungsfunktionen.

☐ **Faktorregel**
Kennt man die Ableitung $f'(x)$ einer Funktion $f(x)$, so gilt für die Ableitung der Funktion $g(x) = a \cdot f(x)$ (a ist eine konstante reelle Zahl): $g'(x) = a \cdot f'(x)$. Ein konstanter Faktor bleibt also beim Differenzieren unverändert.

☐ **Produktregel**
Ist $f(x) = g(x) \cdot h(x)$, so gilt: $f'(x) = g'(x) \cdot h(x) + g(x) \cdot h'(x)$. In Kurzform schreibt man hierfür auch oft: $(gh)' = g'h + gh'$

☐ **Quotientenregel**
Die Ableitung einer Funktion, die sich als Quotient zweier Funktionen in der Form

$$f(x) = \frac{g(x)}{h(x)}$$

darstellen lässt, erhält man nach der Quotientenregel: $f'(x) = \dfrac{g'(x) \cdot h(x) - g(x) \cdot h'(x)}{(h(x))^2}$.

In Kurzform schreibt man hierfür auch: $\left(\dfrac{g}{h}\right)' = \dfrac{g'h - gh'}{h^2}$

☐ **Kettenregel**

Ist $k(x) = g(f(x))$ eine verkettete (zusammengesetzte) Funktion, so gilt: $k'(x) = g'(f(x)) \cdot f'(x)$. $g'(f(x))$ nennt man die äußere, $f'(x)$ die innere Ableitung von $k(x)$.

Da die Ableitungsfunktion $f'(x)$ einer Funktion $f(x)$ selbst eine Funktion ist, kann diese auch wieder abgeleitet werden – man untersucht dann sozusagen „die Steigung der Steigung" von $f(x)$. Man kommt so zur zweiten Ableitung, die mit $f''(x)$ bezeichnet wird, und kann ebenso die dritte, vierte usw. Ableitung bilden. All dies ist keine mathematische Spielerei – die Bedeutung der zweiten Ableitung wird beispielsweise bei der Untersuchung von Extremwerten deutlich.

Beispiel 4.4.2

In Abbildung 4.21 sind zwei mögliche Weg-Zeit-Funktionen $s = f_1(t)$ und $s = f_2(t)$ dargestellt. Man überlege sich: Was bedeutet es physikalisch, dass es sich bei $f_1(t)$ um ein Geraden- und bei $f_2(t)$ um ein Parabelstück handelt?

Die Ableitung $s' = f'(t)$ einer Weg-Zeit-Funktion beschreibt gerade die Geschwindigkeit (wieder in Abhängigkeit von der Zeit t), die zweite Ableitung entspricht der Beschleunigung – siehe dazu auch den Extrakasten zu „Geschwindigkeit und Ableitung". Hier wird durch $s = f_1(t)$ eine Bewegung mit konstanter Geschwindigkeit beschrieben, bei $s = f_2(t)$ handelt es sich um eine linear beschleunigte Bewegung (denn da es sich um eine Parabel handelt, wird die Ableitung bzw. Geschwindigkeit durch eine Gerade mit positiver Steigung dargestellt). ◫

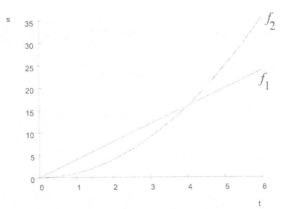

Abb. 4.21: Zwei Weg-Zeit-Funktionen

Geschwindigkeit als Ableitung

Wie jeder weiß, wird die Geschwindigkeit üblicherweise in „Weg pro Zeit" gemessen –
ein Auto, welches in einer Stunde 50 km zurück legt, fährt mit der Geschwindigkeit
$50 \frac{km}{h}$. Nun fährt ein Auto in der Regel eine Strecke von $50\,km$ nicht mit konstanter
Geschwindigkeit, sondern bewegt sich mal schneller, mal langsamer. Wir haben uns daran gewöhnt, auch von der *Geschwindigkeit in einem bestimmten Augenblick* (d. h. zu einem Zeit*punkt*) zu sprechen, z. B. in einer Aussage wie „Als ich geblitzt wurde, fuhr ich
gerade $83,7 \frac{km}{h}$ ". Jeder Mensch akzeptiert eine solche Aussage, wobei den meisten
nicht bewusst ist, dass sie hier über eine Ableitung reden! Das kann man so erklären:

Eine Weg-Zeit-Abhängigkeit modelliert man üblicherweise durch eine Funktion
$s = f(t)$, wobei s für den zurückgelegten Weg (z. B. in km, ab einem festgelegten Startpunkt) und t für die Zeit (z. B. in h, ab einem festgelegten Startzeitpunkt) steht. Die Einheiten kann man natürlich immer ineinander umrechnen, z. B. km in m und h in sec. Unter
Geschwindigkeit versteht man „Weg pro Zeit". Wenn ein Auto an einem Blitzgerät vorbei
fährt, könnte man beispielsweise während einer Sekunde des Vorbeifahrens den zurückgelegten Weg in Metern messen und daraus die Geschwindigkeit des Autos in dieser Sekunde ausrechnen – das ist aber nicht genau die Geschwindigkeit zum Zeit*punkt* des Vorbeifahrens! Genauer wird es, wenn man das Ganze nur für eine Zehntelsekunde des Vorbeifahrens misst usw. Man sieht jetzt, worauf es hinausläuft: Indem man die Zeitintervalle, für die man die Geschwindigkeit misst, immer kleiner werden bzw. „gegen Null gehen" lässt, kommt man zur Geschwindigkeit *im Augenblick* des Vorbeifahrens. Für die
Weg-Zeit-Funktion $s = f(t)$ bedeutet dies, dass man Steigungsdreiecke hat immer klei-

ner werden lassen und im Grenzwert[xix] die Geschwindigkeit als Ableitung bekommt (vgl. Abb. 4.22).

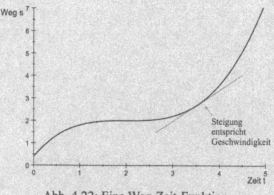

Abb. 4.22: Eine Weg-Zeit-Funktion

Für den praktisch orientierten Leser bleibt jetzt die Frage, wie denn ein Tachometer beim Auto oder Fahrrad die Geschwindigkeit misst. (Kann der ableiten?) In Wirklichkeit wird hier mit unterschiedlichen Techniken gemessen, wie oft sich ein Rad in einem bestimmten Zeitintervall dreht – früher mit Hilfe einer biegsamen Welle, heute mit einem Sensor. Mit Hilfe des Radumfangs ergibt sich dann die Geschwindigkeit. (Besonders genau kann das nicht sein, denn es spielt ja eine Rolle, wie stark der Reifen aufgepumpt ist!)

Die Ableitung einer Funktion kann auch dazu verwendet werden, um Funktionswerte zu schätzen. Grob gesagt geht es um folgendes: Kennt man den Funktionswert $f(x_0)$ an einer Stelle x_0 und die Steigung $f'(x_0)$ an dieser Stelle, so kann man den Funktionswert $f(x)$ für in der Nähe von x_0 gelegene x-Werte abschätzen. Dies ist natürlich nur ein Vorteil, wenn es rechnerisch recht aufwändig wäre, die Werte $f(x)$ exakt zu berechnen. Hierzu betrachten wir ein ökonomisches Beispiel.

Beispiel 4.4.3

Ein Unternehmen, das ein Produkt P produziert, besitzt die **Kostenfunktion**

$$K(x) = 0,2x^3 - 5x^2 + 100x + 12000 .$$

Man mag sich etwa vorstellen, dass x eine Mengenangabe in Tonnen ist und $K(x)$ in Tausend Euro gemessen wird.

[xix] An dieser Stelle stoßen wir – wie an vielen Stellen des Buches – auf das Unendliche in der Mathematik, dieses mal allerdings nicht das „unendlich große“, sondern das „unendlich kleine“, indem man Größen (hier: Zeitintervalle) immer weiter schrumpfen und „gegen Null gehen“ lässt.

Für die Ableitung gilt:

$$K'(x) = 0,6x^2 - 10x + 100$$

Man nennt diese Ableitung auch **Grenzkostenfunktion** der gegebenen Kostenfunktion, denn für eine Stelle x_0 gibt $K'(x_0)$ näherungsweise den Kostenzuwachs an, der bei der Erhöhung der Produktionsmenge um eine Einheit entsteht. Hier hat man an der Stelle $x = 10$ die Werte $K(10) = 12700$ und $K'(10) = 60$. Also ist $K(11)$ näherungsweise gleich der Summe 12760. Der exakte Wert ist in diesem Beispiel $K(11) = 12761,2$. ◼

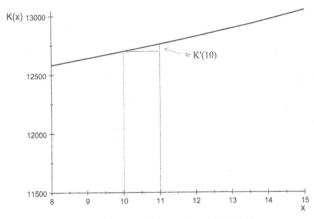

Abb. 4.23: Eine weitere Kostenfunktion

Wir kehren nun zum Problem der Bestimmung relativer Extremwerte – einem Hauptanwendungsgebiet der Differenzialrechnung – zurück. In Abbildung 4.11 hatten wir ein Schaubild der Funktion

$$y = f(x) = x^3 - 6x + 4$$

dargestellt und die Frage nach der präzisen Lage der Extremwerte aufgeworfen.

Wenn ein relativer Extremwert vorliegt, muss an der betreffenden Stelle die erste Ableitung notwendigerweise den Wert 0 haben. Ist folglich eine Funktion $y = f(x)$ gegeben, so ermittelt man durch Nullsetzen der Ableitung $f'(x)$ die Punkte, die für ein lokales (relatives) Extremum in Frage kommen. Allerdings bedeutet $f'(x_0) = 0$ für einen Wert x_0 noch nicht unbedingt, dass dort ein Extremum vorliegt, wie die Funktion $f(x) = x^3$ zeigt (siehe Abb. 4.24). Hier liegt bei $x_0 = 0$ *kein* lokales Extremum vor, obwohl $f'(x_0) = 0$ gilt. In der Tat hat die Funktion dort eine waagerechte Tangente.

Wir stellen fest:

> Man kann mit Hilfe der ersten Ableitung nur eine Vorauswahl der Kandidaten treffen, die für ein lokales Extremum in Frage kommen, nicht aber entscheiden, ob dort ein Extremum wirklich vorliegt. Um dies endgültig entscheiden zu können, muss eine zweite (hinreichende) Bedingung erfüllt sein.

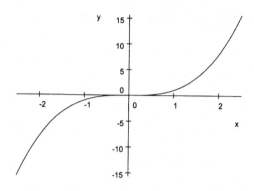

Abb. 4.24: Schaubild der Funktion $f(x) = x^3$

Es folgt nun die präzise mathematische Aussage dazu, die ausnahmsweise als „Satz" formuliert wird:

> **Satz 4.4.4**
>
> Die reelle Funktion $y = f(x)$ sei an einer Stelle x_0 ihres Definitionsbereichs sowie in einer Umgebung[xx] von x_0 zweimal differenzierbar, ferner gelte $f'(x_0) = 0$. Ist $f''(x_0) \neq 0$, so liegt bei x_0 ein **relativer Extremwert** vor, und zwar
>
> ☐ ein **relatives Maximum**, falls $f''(x_0) < 0$,
>
> ☐ ein **relatives Minimum**, falls $f''(x_0) > 0$.

Die Aussage des Satzes wird plausibel, wenn man sich klar macht, dass $f''(x_0) < 0$ bedeutet „die Steigung der Steigung ist negativ" bzw. „die Steigung nimmt ab" (ist beim Maximum der Fall) und $f''(x_0) > 0$ „die Steigung der Steigung ist positiv" bzw. „die Steigung nimmt zu" (ist bei einem Minimum der Fall).

Wir wollen den Satz auch anhand der bereits mehrfach betrachteten Funktion $y = f(x) = x^3 - 6x + 4$ nachprüfen. Nach den Ableitungsregeln gilt hier $f'(x) = 3x^2 - 6$ und

---

[xx] *Umgebung* bedeutet, dass mindestens ein Intervall um x_0 herum dazugehört.

$f''(x) = 6x$. Nullstellen der Ableitung sind $x_1 = \sqrt{2}$ und $x_2 = -\sqrt{2}$. Die obige mathematische Aussage ergibt wegen $f''(x_1) > 0$, dass dort ein lokales Minimum vorliegt, bei x_2 handelt es sich wegen $f''(x_2) < 0$ um ein lokales Maximum. All dies stimmt mit dem Schaubild der Funktion (siehe oben) überein.

Wenn man sich den Satz 4.4.4 noch einmal anschaut, so liegt natürlich die Frage auf der Hand, was denn los ist, wenn außer $f'(x_0) = 0$ auch $f''(x_0) = 0$ gilt. Offenbar muss dann kein relativer Extremwert vorliegen, wie das obige Beispiel der Funktion $y = f(x) = x^3$ mit $x_0 = 0$ deutlich macht. Man hat es hier mit einem **Wendepunkt** zu tun: vor diesem Punkt (also bezogen auf die x-Achse „links davon") sinkt die Steigung, nach diesem Punkt steigt sie. Man kann sich den Wendepunkt anschaulich klar machen, wenn man sich vorstellt, man würde mit einem Auto von links nach rechts auf der Funktionskurve entlang fahren – vor dem Wendepunkt fährt man in einer Rechtskurve, danach in einer Linkskurve, der Wendepunkt markiert also den Übergang.

Die Eigenschaften $f'(x_0) = 0$ und $f''(x_0) = 0$ bedeuten allerdings nicht *zwangsläufig*, dass man es mit einem Wendepunkt zu tun hat: Schaut man auf die Funktion $y = g(x) = x^4$ an der Stelle $x_0 = 0$, so gilt zwar $g'(x_0) = 0$ und $g''(x_0) = 0$, trotzdem liegt ein lokales Minimum vor. Der korrekte Zusammenhang lautet folgendermaßen:

Nehmen mehrere Ableitungen an der fraglichen Stelle x_0 den Wert 0 an, so muss man so lange ableiten, bis zum ersten mal eine Ableitung an dieser Stelle einen von Null verschiedenen Wert besitzt. Handelt es sich dabei um eine ungerade Ableitung[xxi], so liegt ein Wendepunkt vor, ansonsten (also wenn es eine gerade Ableitung ist) ein relativer Extremwert.

Im letzten Beispiel dieses Abschnitts greifen wir das Thema **Kurvendiskussion** noch einmal auf. Eine moderne Kurvendiskussion kann sich dabei der Unterstützung durch Computer bedienen und anders als bislang üblich vorgehen.

Beispiel 4.4.5

Die für alle reellen Zahlen x definierte Funktion

$$y = f(x) = x^4 - x^2$$

soll untersucht werden.

Wir beginnen mit einem Funktionsgraphen, den man sich von einer entsprechenden Mathematik-Software darstellen lassen kann – etwa einem Computeralgebrasystem oder einem der zahlreichen im Internet verfügbaren „Plotter" (meist JavaApplets):

[xxi] Das ist so gemeint: Die erste Ableitung ist eine ungerade Ableitung, die zweite eine gerade, die dritte wieder eine ungerade usw.

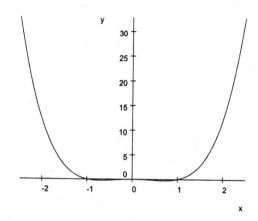

Abb. 4.25: Funktionsgraph zu $f(x) = x^4 - x^2$

An dem Bild ist zu erkennen,

☐ dass die Funktion für sehr große wie auch für sehr kleine (negative) x-Werte „ins Positiv-Unendliche läuft", d. h. die Funktionswerte wachsen ebenfalls über alle Grenzen. (Dies ist nicht verwunderlich, da für große x-Werte der Term x^4 den Term x^2 dominiert und die Funktion $g(x) = x^4$ sich so verhält.)

☐ dass alles „Interessante" (also Nullstellen, relative Extrema) sich etwa zwischen $x = -1,1$ und $x = 1,1$ abspielt.

Aufgrund des zweiten Punktes macht es Sinn, sich ein weiteres Schaubild zu erzeugen, welches einen vergrößerten Ausschnitt des interessanten Bereiches zeigt – siehe Abbildung 4.26.

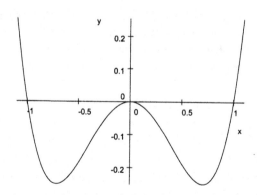

Abb. 4.26: Vergrößerter Ausschnitt der Kurve zu $f(x) = x^4 - x^2$

Das Bild legt nahe, dass Nullstellen bei $x = -1$, $x = 0$ und $x = 1$ vorliegen. Dies wird durch Rechnen schnell bestätigt: Die Gleichung

$$x^4 - x^2 = 0 \text{ bzw. } x^2(x^2 - 1) = 0$$

hat genau diese drei Lösungen.

Das Schaubild legt ferner nahe, dass es bei $x = 0$ ein relatives Maximum und ungefähr bei $x = 0{,}7$ bzw. $x = -0{,}7$ relative Minima gibt. Um dies genau nachzurechnen, werden die erste und die zweite Ableitung gebildet:

$$y' = f'(x) = 4x^3 - 2x$$
$$y'' = f''(x) = 12x^2 - 2$$

Nun müssen die Nullstellen der ersten Ableitung ermittelt werden:

$$4x^3 - 2x = x(4x^2 - 2) = 0$$

hat die drei Lösungen $x_1 = 0$, $x_2 = \sqrt{\frac{1}{2}}$ und $x_3 = -\sqrt{\frac{1}{2}}$.

Einsetzen dieser drei Lösungen in die zweite Ableitung ergibt:

$$f''(x_1) = -2 < 0$$
$$f''(x_2) = 4 > 0$$
$$f''(x_3) = 4 > 0$$

Dies besagt, dass bei $x_1 = 0$ ein lokales Maximum vorliegt, bei $x_2 = \sqrt{\frac{1}{2}}$ (der Wert beträgt als Kommazahl ungefähr 0,71) wie auch bei $x_3 = -\sqrt{\frac{1}{2}}$ handelt es sich um ein lokales Minimum. Die drei relativen Extrempunkte sind somit $(0;0)$ (Maximum) sowie $(\sqrt{\frac{1}{2}}; -\frac{1}{4})$ und $(-\sqrt{\frac{1}{2}}; -\frac{1}{4})$ (beides Minima). ◘

4.5 Nullstellen, Gleichungen und Ungleichungen

In diesem Abschnitt wird vom Thema „Nullstellen von Funktionen" noch einmal eine Brücke geschlagen zum vorigen Kapitel über Gleichungen und Ungleichungen.

Für eine Funktion $y = f(x)$ ist immer die Frage interessant, an welchen Stellen ihr Graph die x- bzw. y-Achse schneidet. Dies hat zwei Gründe:

☐ Grund 1: Die Kenntnis dieser Schnittpunkte kann helfen, sich den groben Verlauf der Funktionskurve vorzustellen.

☐ Grund 2: Die betreffenden Schnittpunkte sind in Anwendungen oft besonders interessant.

Die Schnittpunkte mit der x-Achse bzw. deren x-Werte werden **Nullstellen** genannt. Die beiden Gründe wollen wir an zwei Beispielen verdeutlichen.

Beispiel 4.5.1

Es wird die Funktion $y = f(x) = x^3 + x^2 - 4x - 4$ betrachtet. Um den möglichen Schnittpunkt mit der y-Achse zu ermitteln, setzt man $x = 0$ ein und bekommt den zugehörigen y-Wert. Also ist der Punkt $(0; -4)$ der Schnittpunkt mit der -Achse.

Für die Schnittpunkte mit der x-Achse gilt, dass deren y-Werte Null sind - mit anderen Worten müssen die Lösungen der Gleichung $x^3 + x^2 - 4x - 4 = 0$ ermittelt werden. Als Lösungen ergeben sich hier $x_1 = -1$, $x_2 = -2$ und $x_3 = 2$. Dies bedeutet, dass der Graph der Funktion die x-Achse in den drei Punkten $P_1 = (-1; 0)$, $P_2 = (-2; 0)$ und $P_3 = (2; 0)$ schneidet. Die ermittelten Schnittpunkte sind im folgenden Bild eingetragen:

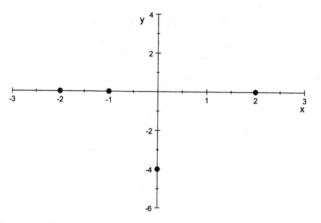

Abb. 4.27: Schnittpunkte einer Funktionskurve mit den Achsen

Nun weiß man allgemein, dass Funktionen der Form

$$y = f(x) = a_n x^n + a_{n-1} x^{n-1} + \ldots + a_1 x + a_0$$

(genannt **Polynome**) immer stetig sind, d. h. einen glatten Verlauf ohne Sprünge haben. Da in der formelmäßigen Beschreibung der Funktion $y = f(x) = x^3 + x^2 - 4x - 4$ für immer mehr wachsende x-Werte der x^3-Term dominiert, d. h. auch die Funktionswerte gegen ∞ streben, und da analog für $x \to -\infty$ die Werte gegen $-\infty$ streben, kann der Graph der Funktion nur ungefähr so verlaufen, wie in Abbildung 4.28 gezeigt. (Die genaue Lage der lokalen Extremwerte – der „Berge" und „Täler" – kennt man an dieser Stelle noch nicht; um dies auszurechnen, braucht man die Differenzialrechnung!) ◘

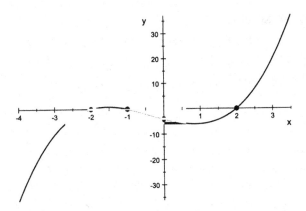

Abb. 4.28: Ungefährer erwarteter Verlauf der Funktionskurve

Beispiel 4.5.2

Die folgende Fragestellung gehört zum Thema **Finanzmathematik**.

Jemand zahlt dreimal zum Jahresende jeweils 1000 EUR auf ein Sparbuch. Die Bank gewährt in der ersten Zinsperiode (also im zweiten Jahr) 8% Zinsen, in der zweiten Periode 9%. Die Entwicklung des Guthabens ist in der folgenden Tabelle dargestellt:

Jahr t	Guthaben zu Beginn des Jahres	Zinsen im Jahr t	Einzahlung am Jahresende	Guthaben zum Jahresende
1	0	0	1000	1000
2	1000	80	1000	2080
3	2080	187	1000	3267

Welchen konstanten Zinssatz hätte die Bank für die beiden Verzinsungsperioden gewähren müssen, damit am Ende des dritten Jahres das Guthaben ebenfalls 3267 EUR beträgt? (Man spricht hier auch vom **durchschnittlichen Zinssatz**.)

Zur Beantwortung dieser Frage könnte man spontan auf die Idee kommen, dass die Antwort „8,5%" lautet; man rechnet aber leicht nach, dass dies am Ende nur zu 3262,23 EUR führt. Zum korrekten Ergebnis kommt man mit folgender Überlegung: Ist p der gesuchte Zinssatz und $q = 1 + p$ der zugehörige Aufzinsungsfaktor (z.B. ist für $p = 8\%$ der Aufzinsungsfaktor $q = 1,08$), so beträgt das Guthaben am Ende von Jahr 2 genau $G_2 = 1000q + 1000$ EUR; am Ende des dritten Jahres ist das Guthaben dann $G_3 = G_2 q + 1000$.

Einsetzen von 3267 für G_3 führt nun zu der Gleichung $3267 = G_2 q + 1000$

oder

$$3267 = (1000q + 1000)q + 1000 = 1000q^2 + 1000q + 1000.$$

Diese Gleichung kann umgeformt werden zu

$$2,267 = q^2 + q \text{ oder } q^2 + q - 2,267 = 0 .$$

Wie groß ist nun q? Der gesuchte Wert ist offenbar eine Nullstelle der Funktion $f(x) = x^2 + x - 2,267$. Die Funktion ist in Abbildung 4.29 dargestellt.

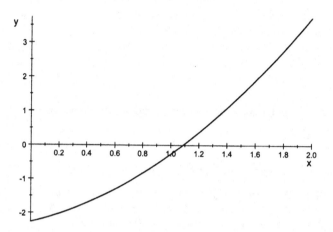

Abb. 4.29: Eine quadratische Funktion

Da man die Lage der Nullstelle nur schwer erkennen kann, ist in Abbildung 4.30 noch einmal ein vergrößerter Ausschnitt zu sehen.

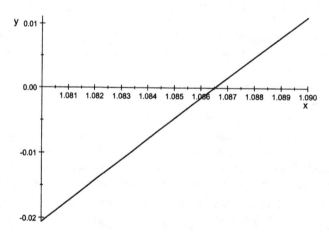

Abb. 4.30: Vergrößerter Ausschnitt der Kurve einer quadratischen Funktion

Man vermutet die Nullstelle in der Nähe von 1,087. Genauere Rechnung ergibt ca. 1,0865, d. h. einen gesuchten Zinssatz von 8,65%. ◼

An dem letzten Beispiel ist deutlich geworden, dass man es bei der Nullstellensuche von Funktionen und dem Lösen von Gleichungen mit demselben Problem zu tun hat:

> Ist eine Funktion $y = f(x)$ gegeben und eine Nullstelle gesucht, und wird der Funktionszusammenhang vollständig durch einen von der Variablen x abhängigen Term $T(x)$ beschrieben (d. h. durch eine „Formel"), so bedeutet die Nullstellenbestimmung für $f(x)$ dasselbe wie das Lösen der Gleichung $T(x) = 0$.

Beispielsweise bedeutet die Nullstellensuche bei $f(x) = x^2 + x - 2,267$ das Lösen der Gleichung $x^2 + x - 2,267 = 0$.

> Ist eine Gleichung der Form $T_1(x) = T_2(x)$ gegeben, die nach x aufgelöst werden soll, so kann stattdessen die Funktion $f(x) = T_1(x) - T_2(x)$ betrachtet werden; die Lösungen der Gleichung sind die Nullstellen dieser Funktion.

Beispielsweise entsprechen die Lösungen der Gleichung $x^2 = 3^{x-1}$ den Nullstellen der Funktion $f(x) = x^2 - 3^{x-1}$.

Mit ähnlichem Blick wollen wir noch einmal auf Ungleichungen schauen.

Bei der Bestimmung der Lösungsmengen von Ungleichungen sind immer die Lösungen der zugehörigen Gleichungen interessant. Dies verdeutlicht das folgende Beispiel.

Beispiel 4.5.3

Wir möchten wissen, für welche reellen Zahlen x die Ungleichung $x^2 + 1 \geq 4$ gilt. Die Ungleichung ist offenbar gleichbedeutend mit $x^2 \geq 3$. Die Lösungen der zugehörigen Gleichung $x^2 = 3$ sind $x_1 = \sqrt{3}$ und $x_2 = -\sqrt{3}$. Damit leuchtet unmittelbar ein, dass die Lösungen der Ungleichung alle $x \leq -\sqrt{3}$ sowie alle $x \geq \sqrt{3}$ sind, d. h. die Lösungsmenge ist die Vereinigung der Intervalle $(-\infty, -\sqrt{3}]$ und $[\sqrt{3}, \infty)$. ∎

Da die Lösungen einer Gleichung stets auch die Nullstellen einer geeignet gewählten Funktion sind, kann man noch einen Schritt weiter gehen und die Kenntnisse über Funktionen und Nullstellen ausnutzen.

Fortsetzung des Beispiels 4.5.3

Die gegebene Ungleichung formen wir um zu $x^2 - 3 \geq 0$. Betrachten wir nun die Funktion $y = f(x) = x^2 - 3$, so ist also die Frage, für welche x gilt $f(x) \geq 0$, d. h. wo die Funktion oberhalb der x-Achse verläuft. Dies ist offensichtlich für $x \leq -\sqrt{3}$ und für $x \geq \sqrt{3}$ der Fall (siehe auch Abb. 4.31). ◻

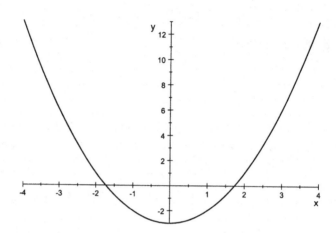

Abb. 4.31: Funktionskurve zu $f(x) = x^2 - 3$

Allgemein kann man folgendermaßen vorgehen.

Gegeben sei eine Ungleichung in der Form $T_1(x) > T_2(x)$, wobei $T_1(x)$ und $T_2(x)$ Terme in der Variablen x sind. (Analog geht man vor, wenn eine andere Ungleichheitsbeziehung wie $\leq$ etc. vorliegt.) Als Funktionen der Variablen x seien $T_1(x)$ und $T_2(x)$ stetig. (Dies ist in der Regel der Fall.) Wir betrachten die Funktion

$$y = f(x) = T_1(x) - T_2(x).$$

Die Lösungen der ursprünglich gegebenen Ungleichung entsprechen nun offenbar denjenigen x-Werten, für die die Funktion $y = f(x)$ oberhalb der x-Achse verläuft.

$x_1, x_2, ..., x_n$ seien die Nullstellen der Funktion. Zwischen zwei aufeinander folgenden Nullstellen muss die Funktion komplett ober- oder unterhalb der x-Achse verlaufen, denn bei einem Vorzeichenwechsel müsste sie aus Stetigkeitsgründen in diesem Bereich auch die x-Achse schneiden, was eine weitere Nullstelle bedeutete. Man muss also nur je irgendeinen Wert aus den offenen Intervallen zwischen den Nullstellen darauf prüfen, ob der Funktionswert positiv oder negativ ist, um dies für das gesamte Intervall zu schließen.

Beispiel 4.5.4

Die Ungleichung $x^3 \leq x^2 + x$ soll untersucht werden. Man bildet zunächst die Funktion $y = f(x) = x^3 - x^2 - x$. Deren Nullstellen sind (von links nach rechts – also auf der Zahlengeraden – geordnet) $x_1 = \frac{1}{2} - \frac{1}{2}\sqrt{5}$, $x_2 = 0$ und $x_3 = \frac{1}{2} + \frac{1}{2}\sqrt{5}$. Wir testen vier Funktionswerte:

$x = -2$ als Wert unterhalb x_1: $f(-2) = -10 < 0$

$x = -\frac{1}{2}$ als Wert in (x_1, x_2): $f(-\frac{1}{2}) = \frac{1}{8} > 0$

$x = 1$ als Wert in (x_2, x_3): $f(1) = -1 < 0$

$x = 3$ als Wert oberhalb von x_3: $f(3) = 15 > 0$

Man sieht, dass $f(x) \leq 0$ für alle $x \leq \frac{1}{2} - \frac{1}{2}\sqrt{5}$ und für $0 \leq x \leq \frac{1}{2} + \frac{1}{2}\sqrt{5}$ gilt, d. h. die Lösungsmenge der Ungleichung ist $(-\infty, \frac{1}{2} - \frac{1}{2}\sqrt{5}] \cup [0, \frac{1}{2} + \frac{1}{2}\sqrt{5}]$. Dies wird durch ein Schaubild der Funktion $f(x)$ (Abb. 4.32) bestätigt. ◘

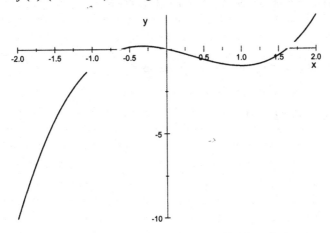

Abb. 4.32: Funktionskurve zu $f(x) = x^3 - x^2 - x$

Aufgaben zu Kapitel 4

Übungsaufgabe 4.1

Man bestimme den größtmöglichen Definitionsbereich der folgenden Funktionen:

a) $f(x) = x^2 - x + 3$

b) $g(z) = \dfrac{1}{z^2 + 1}$

c) $h(p) = \dfrac{1}{p-2} + \dfrac{1}{p-3}$

d) $l(q) = \sqrt{q} + 1$

Übungsaufgabe 4.2

Welche der Punkte $(0;1)$, $(1;2)$, $(-1;3)$, $(3;16)$ liegen auf der Kurve der Funktion $f(x) = 2x^2 - x + 1$?

Übungsaufgabe 4.3

Man bestimme die Gleichung der Geraden, die die x-Achse bei $x = 5$ schneidet und durch den Punkt $P = (3;-4)$ verläuft.

Übungsaufgabe 4.4

Man bestimme den Schnittpunkt der beiden Geraden $f(x) = 3x - 2$ und $g(x) = 2x + 1$.

Übungsaufgabe 4.5

Gesucht sind alle Nullstellen der folgenden Funktionen.

a) $f(x) = 7x + 1$

b) $k(p) = (p+2)(p^2-9)(p^4+1)$

c) $f(x) = 10^x$

d) $z(t) = \sqrt{t^2 - 9}$

Übungsaufgabe 4.6

Man bestimme (mit Verwendung der Tabelle der Ableitungen elementarer Funktionen) die erste Ableitung der folgenden Funktionen:

a) $f(x) = 15 + \pi^2$

b) $g(x) = x^{-3}$

c) $f(p) = p^5$

d) $f(x) = \dfrac{1}{\sqrt[4]{x^9}}$

Übungsaufgabe 4.7

Gesucht ist das absolute Minimum und das absolute Maximum der Funktion $f(x) = x^2 + 2$ in dem Intervall $[2,8]$.

Sachaufgabe 4.8

Klaus möchte sich beim Mobilfunkanbieter F-Minus ein Handy beschaffen. In der Regel wird er damit wochentags ins Festnetz telefonieren (zum sogenannten „Sunshine-Tarif"). Er überlegt nun, ob er sich ein Kartenhandy oder eins mit Vertrag anschaffen soll, wobei der Preis des Gerätes selbst keine Rolle spielt. Die laufenden Kosten stellen sich so dar:

	mit Vertrag	mit Prepaid-Karte
Grundgebühr im Monat	9,95 €	0
Minutenpreis	0,49 €	0,77 €

Ab wie vielen Gesprächsminuten pro Monat lohnt sich das Vertragshandy?

Sachaufgabe 4.9

Man bestimme das Betriebsminimum eines Betriebes, der mit der Kostenfunktion $K(x) = x^3 - 6x^2 + 20x + 48$ arbeitet. (Zum Begriff *Betriebsminimum*: Hier werden die variablen Stückkosten minimiert.)

Sachaufgabe 4.10

Jemand will einen Pkw mieten, um die Strecke von Wuppertal nach Kiefersfelden (Streckenlänge 700 km) zurück zu legen. Der Treibstoffverbrauch y (in Liter pro 100 km) hängt dabei von der Fahrgeschwindigkeit x (in km/h) gemäß folgender Formel ab:

$$y = f(x) = \frac{x}{10} - 3 + \frac{240}{x}$$

a) Welche konstante Geschwindigkeit x sollte gefahren werden, um den Treibstoffverbrauch zu minimieren?

b) Der Mietpreis für den Pkw beträgt 12 €/h sowie zusätzlich 50 € Grundgebühr. Der Treibstoff kostet 1,20 €/l. Weitere Kosten entstehen nicht. Stellen Sie eine Kostenfunktion für die Fahrt nach Kiefersfelden auf, in der die Fahrgeschwindigkeit x als unabhängige Variable auftritt. Die Kostenfunktion summiert dabei alle obengenannten Kosten.

c) Welche Geschwindigkeit sollte gefahren werden, um die Kosten zu minimieren?

5 Gleichungssysteme

5.1 Bestimmung mehrerer unbekannter Größen

In Kapitel 3 ging es darum, eine unbekannte Größe zu bestimmen, über die man eine Information in Form einer Gleichung (oder auch einer Ungleichung) besitzt. Man kann ebenso vor dem Problem stehen, *mehrere Größen* bestimmen zu wollen – damit das gelingt, braucht man freilich auch *mehrere Informationen*. Liegen diese in Form mehrerer Gleichungen vor, spricht man von einem **Gleichungssystem**. Am besten macht man sich das an einigen Beispielen klar.

Beispiel 5.1.1

Frau K. hat ihren zehnjährigen Sohn zum Einkaufen geschickt, für 2 l Milch und 250 g Butter waren 2,05 € fällig. Leider hat der Sohn den Kassenzettel verloren. Kann Frau K. trotzdem ausrechnen, welcher Betrag für einen Liter Milch bezahlt wurde? Natürlich nicht: Es ist beispielsweise möglich, dass die Milch 46 Cent und die Butter 1,13 € gekostet hat ($2 \cdot 0,46 + 1,13 = 2,05$), aber es sind auch 48 Cent für die Milch und 1,09 € für die Butter möglich ($2 \cdot 0,48 + 1,09 = 2,05$).

Anders nach dem nächsten Tag, wo der Sohn noch mal einkaufen ging und nun 3,14 € für 2 l Milch und 500 g Butter bezahlte (und wieder den Kassenzettel verlor). Da beim zweiten Einkauf 1,09 € mehr bezahlt wurden, muss dies offenbar der Preis für 250 g Butter sein, womit dann auch klar ist, dass eine Milchtüte 48 Cent gekostet hat. Man sieht: Es sind zwei Informationen nötig (zwei Einkäufe), um zwei unbekannte Größen bestimmen zu können (Preis für Milch bzw. Butter). ◘

Beispiel 5.1.2

Jemand hat einen Euro-Betrag auf ein Sparkonto eingezahlt, auf dem zu einem festen jährlichen Zinssatz verzinst wird (mit Zinseszinsen). Nach zwei Jahren hatte das Konto einen Stand von 1113,98 €, nach vier Jahren waren es 1269,76 €. Wie hoch war der Anfangsbetrag, zu welchem Zinssatz wurde verzinst?

Wie in der Finanzmathematik üblich, nennen wir die hier vorliegenden unbekannten Größen Anfangskapital K_0 und Zinssatz i. Die vorhandenen Informationen lassen sich dann offenbar in Form der folgenden beiden Gleichungen hinschreiben:

$$K_0 \cdot (1+i)^2 = 1113,98$$
$$K_0 \cdot (1+i)^4 = 1269,76$$

Wie macht man weiter? Eine Möglichkeit ist das **Einsetzungsverfahren**: Gelingt es, eine der Gleichungen nach einer der Unbekannten aufzulösen, so kann man den erhaltenen Ausdruck für diese Unbekannte in die andere(n) Gleichung(en) einsetzen. Im vorliegenden Beispiel lösen wir die erste Gleichung nach K_0 auf:

$$K_0 = \frac{1113,98}{(1+i)^2}$$

Diesen Ausdruck für K_0 setzen wir in die zweite Gleichung ein:

$$\frac{1113,98}{(1+i)^2} \cdot (1+i)^4 = 1296,76$$

Die weitere Rechnung ergibt nun:

$$1113,98 \cdot (1+i)^2 = 1296,76$$

$$(1+i)^2 = \frac{1296,76}{1113,98} \approx 1,1641$$

$$1+i \approx 1,0789$$

$$i \approx 0,0789$$

Dies bedeutet, dass der Zinssatz etwa 7,89 % beträgt. Damit kann jetzt noch das Anfangskapitel berechnet werden:

$$K_0 \approx \frac{1113,98}{1,0789^2} \approx 957,01$$

Man kann also davon ausgehen, dass das Anfangskapitel ca. 957,01 € betrug. ◾

Beispiel 5.1.3

Ein Rennwagen startet mit einer konstanten Beschleunigung, mit der er nach drei Sekunden 50 Meter zurück gelegt hat. Wie lange braucht er für die ersten 200 Meter?

Obwohl hier nur nach einer Unbekannten gefragt wird, steckt natürlich auch die konstante-Beschleunigung als unbekannte Größe in dem Problem. Wird diese Beschleunigung b genannt (gemessen in Metern pro Quadratsekunde), so bekommt man die folgenden beiden Gleichungen[xxii]:

$$\frac{1}{2} \cdot b \cdot 3^2 = 50$$

$$\frac{1}{2} \cdot b \cdot t_{200}^2 = 200$$

Aus der ersten Gleichung bekommt man sofort

$$b = \frac{100}{9}\frac{m}{\sec^2} \, ,$$

nach Einsetzen in die zweite Gleichung ergibt sich damit:

$$t_{200} = 6\sec \; ◾$$

[xxii] Hier muss man wissen, dass bei einer Bewegung mit konstanter Beschleunigung b das Weg-Zeit-Gesetz lautet: $s = \frac{1}{2}bt^2$

Diejenigen Leser, welche angesichts der Beispiele 5.1.2 und 5.1.3 nervös geworden sind, können wir erst einmal beruhigen: Wir werden uns in diesem Kapitel hauptsächlich mit **linearen Gleichungssystemen** beschäftigen (siehe nächster Abschnitt). Damit ist gemeint, dass die vorkommenden Unbekannten nur quasi „pur" vorkommen, also nicht potenziert werden, aus ihnen keine Wurzeln gezogen werden etc. Ein lineares Gleichungssystem aus zwei Gleichungen mit zwei Unbekannten x und y sieht also so aus:

$$a \cdot x + b \cdot y = c$$
$$d \cdot x + e \cdot y = f$$

Dabei können a, b, c, d, e und f irgendwelche reellen Zahlen sein, jedoch werden sie als gegeben angenommen und sind insofern keine Unbekannten. Konkret steckt in Beispiel 5.1.1 das folgende Gleichungssystem:

$$2x + y = 2,05$$
$$2x + 2y = 3,14$$

(x steht also für den Preis von 1 l Milch, y für 250 g Butter.) Entscheidend für das Adjektiv „linear" ist, dass die Unbekannten nur linear (d. h. in der ersten Potenz) vorkommen. Sollen für die Unbekannten konkrete Werte eingesetzt werden, so ist das Verständnis dabei, dass für eine Unbekannte in allen Gleichungen derselbe Wert eingesetzt wird – anders gesagt: Eine **Lösung des Gleichungssystems** liegt dann vor, wenn man einen konkreten Wert für x und einen für y hat, die in alle gegebenen Gleichungen eingesetzt werden können, so dass sämtliche dieser Gleichungen stimmen.

Für die Lösung linearer Gleichungssysteme hat man ein leicht verständliches algorithmisches Verfahren, das in den nächsten beiden Abschnitten behandelt wird. Damit kann man „im Prinzip" jedes lineare Gleichungssystem lösen. Die Einschränkung „im Prinzip" bezieht sich darauf, dass man bei sehr vielen Gleichungen und sehr vielen Unbekannten (sagen wir: 200 Gleichungen mit 180 Unbekannten) heute selbstverständlich Hilfsmittel wie Computer heranzieht. Dies ist jedoch nicht anders als beim simplen Rechnen: Auch hier kann man „im Prinzip" beliebig große Zahlen miteinander multiplizieren – aber: Wer rechnet heute das Produkt zweier 30-stelliger Zahlen mit der Hand aus?

Jetzt dürfte auch klar sein, was ein **nichtlineares Gleichungssystem** ist: Hier taucht mindestens einmal eine der Variablen als Potenz, Wurzel oder etwa auch in einem Logarithmus auf – wie in den Beispielen 5.1.2 und 5.1.3. Selbstverständlich stellt die Mathematik auch hier Lösungsmethoden bereit, jedoch gibt es keinen so „schönen" und einfachen Algorithmus wie für den linearen Fall. Oft muss hier mit **iterativen Verfahren** gearbeitet werden, mit denen man sich der Lösung immer weiter annähert. Auf dieses Thema gehen wir in diesem Buch nicht weiter ein.

5.2 Lösung linearer Gleichungssysteme mit zwei Unbekannten

Im vorliegenden Abschnitt behandeln wir nur lineare Gleichungssysteme mit zwei Unbekannten, der allgemeine Fall mit beliebig vielen Unbekannten ist dann Gegenstand des nächsten Abschnitts. Aus rein *mathematischer Sicht* wäre es nicht nötig, den Spezialfall zweier Unbekannter separat zu behandeln, da er im allgemeinen Fall enthalten ist. Aus *didaktischer Sicht* ist diese Vorgehensweise jedoch sinnvoll, da sich der Leser anhand dieses übersichtlichen Falles schon an das Lösungsverfahren gewöhnen kann, welches dann im nächsten Abschnitt in allgemeiner Form vorgestellt wird.

Eine lineare Gleichung mit zwei Unbekannten sieht z. B. so aus:

$$2x + 3y = 8$$

Als **Lösung** dieser Gleichung bezeichnet man üblicherweise jede Kombination konkreter x- und y-Werte, die in diese Gleichung eingesetzt werden können, so dass es stimmt. Beispielsweise bilden also $x = 1$ und $y = 2$ eine Lösung, denn

$$2 \cdot 1 + 3 \cdot 2 = 8 \,.$$

Noch einmal: Die Terminologie ist, dass $x = 1$ und $y = 2$ *zusammen* eine Lösung bilden, es wäre falsch zu sagen, $x = 1$ sei eine Lösung (und $y = 2$ dann möglicherweise die andere). Um diese Zusammengehörigkeit zu verdeutlichen, ist es üblich, das Paar $(1; 2)$ als eigenes Objekt zu betrachten, welches eine Lösung der Gleichung darstellt; das Verständnis ist dann, dass die erste Komponente dieses Paares (hier die „1") für einen x-Wert steht, die zweite für y.

Nun kann man leicht sehen, dass $x = 1$ und $y = 2$ nicht die einzige Lösung der Gleichung bilden – beispielsweise sind auch $x = 2{,}5$ und $y = 1$ möglich, denn

$$2 \cdot 2{,}5 + 3 \cdot 1 = 8 \,.$$

So stellt sich natürlich die Frage, wieviele solche Lösungen es denn gibt und wie man sich eine Übersicht dieser Möglichkeiten verschaffen kann. Die entscheidende Idee, die an dieser Stelle weiter hilft, ist nun, sich die Lösungspaare als Punkte im x-y-Koordinatensystem vorzustellen!

An dieser Stelle müsste es beim Leser eigentlich zu einem Aha-Erlebnis kommen. Welche Punkte $(x; y)$ im Koordiantensystem liefern Lösungen zur obigen Gleichung? Um dies zu beantworten, lösen wir die Gleichung nach y auf:

$$y = -\frac{2}{3}x + \frac{8}{3}$$

Wir erinnern an das Kapitel über Funktionen: Dies ist die Gleichung einer Geraden, in Abb. 5.1 ist ein Schaubild zu sehen. Die Koordinaten x und y eines jeden Punktes auf dieser Geraden erfüllen die Ausgangsgleichung und bilden somit eine Lösung – locker könnte man so sagen: „Die Lösungen der Gleichung sind die Punkte auf der Geraden."

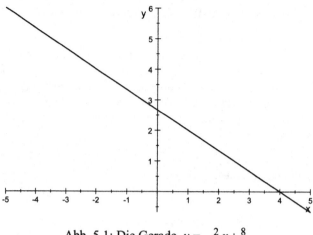

Abb. 5.1: Die Gerade $y = -\frac{2}{3}x + \frac{8}{3}$

Allgemein hat eine lineare Gleichung mit zwei Unbekannten folgende Form:

$$a \cdot x + b \cdot y = c$$

a, b und c sind dabei irgendwelche reellen Zahlen. Aufgrund der soeben am konkreten Beispiel aufgezeigten Situation dürfte klar sein, dass die Lösungen (fast) immer eine Gerade im x-y-Koordinatensystem bilden.

Leider ist die Einschränkung „fast" nötig. Das liegt daran, dass die Zahlen a, b oder c auch den Wert Null haben können und dann einige Sonderfälle auftreten. Beispielsweise hat die Gleichung

$$0 \cdot x + 0 \cdot y = 5$$

überhaupt keine Lösung (also auch keine Gerade), denn auf der linken Seite kommt immer Null heraus, egal was man für x oder y einsetzt – die Gleichung kann also nie stimmen! Wir wollen diese verrückten Sonderfälle jetzt aber nicht ausdiskutieren, sie werden ohnehin im allgemeinen Verfahren (siehe nächster Abschnitt) mit abgedeckt.

Wir haben die Lösungen *einer linearen Gleichung* mit zwei Unbekannten recht ausführlich diskutiert, da dies das Verständnis der nächsten Schritte wesentlich erleichtert. Ein **lineares Gleichungssystem** liegt stets vor, wenn von mehr als einer Gleichung die Rede ist. Ein lineares Gleichungssystem aus *zwei* Gleichungen mit zwei Unbekannten sieht also folgendermaßen aus:

$$a \cdot x + b \cdot y = c$$
$$d \cdot x + e \cdot y = f$$

Da man nun Punkte der x-y-Ebene sucht, deren Koordinaten *beide* Gleichungen erfüllen, und da die Lösungen *einer* Gleichung den Punkten der mit der Gleichung assoziierten Geraden entsprechen, dürfte aufgrund der obigen Argumentation klar sein:

Die Lösungen des Gleichungssystems entsprechen den Schnittpunkten zweier Geraden!

Wieviele solcher Schnittpunkte kann es geben?

Fangen wir noch einmal anders an.

Angenommen, wir hätten zwei Geradengleichungen in der x-y-Ebene. Dann gibt es prinzipiell drei Möglichkeiten:

☐ Die beiden Geradengleichungen beschreiben dieselbe Gerade. Dann haben die „beiden" durch die Gleichungen gegebenen Geraden (in Wirklichkeit ist es nur eine!) unendlich viele „Schnittpunkte", nämlich alle Punkte auf dieser Geraden.

☐ Es handelt sich um zwei unterschiedliche Geraden. Diese können parallel sein und schneiden sich in diesem Falle gar nicht.

☐ Es handelt sich um zwei unterschiedliche Geraden, die *nicht* parallel sind. Dann schneiden sie sich in genau einem Punkt.

Fazit aus dieser Überlegung ist:

> Für zwei lineare Gleichungen mit zwei Unbekannten gibt es stets entweder keine, genau eine oder unendlich viele Lösungen. Eine andere Möglichkeit existiert nicht.

Wir greifen nun das Beispiel 5.1.1 noch einmal auf, um diese fundamentale Aussage zu verdeutlichen.

Beispiel 5.2.1 (Fortsetzung von 5.1.1)

Wie bereits gesagt, führt Beispiel 5.1.1 auf das folgende lineare Gleichungssystem:

$$2x + y = 2,05$$
$$2x + 2y = 3,14$$

Löst man jeweils nach y auf, so erhält man die beiden Geradengleichungen

$$y = -2x + 2,05$$

und

$$y = -x + 1,57 \, .$$

In Abbildung 5.2 sind die beiden Geraden eingezeichnet. Sie schneiden sich offenbar in der Nähe von $x = 0,5$ und $y = 1,1$. Dies steht mit dem korrekten Ergebnis $x = 0,48$ und $y = 1,09$ (siehe in 5.1.1) im Einklang.

Nun ändern wir das Beispiel ab und gehen davon aus, dass Frau K.s Sohn am zweiten Tag 4 Liter Milch und 500 Gramm Butter einkauft und dafür 4,10 € bezahlt. Die beiden Gleichungen (für die beiden Einkäufe) lauten dann:

$$2x + y = 2,05$$
$$4x + 2y = 4,10$$

Die Geradengleichung zur zweiten Gleichung lautet nun

$$2y = -4x + 4,10$$

bzw.

$$y = -2x + 2,05\,,$$

also genauso wie die erste Gleichung! Die zweite Gleichung (der zweite Einkauf) hat also keine neue Information gebracht – was kein Wunder ist: Für den doppelten Einkauf wurde das Doppelte bezahlt – worin sollte also die neue Information bestehen? Da man es folglich immer noch mit nur einer Geraden zu tun hat, gibt es nach wie vor unendlich viele Lösungen, nämlich alle Punkte auf der einzigen Geraden g_1. Dabei sind natürlich nur einige der „mathematisch korrekten" unendlich vielen Lösungen für die reale Problemstellung interessant – beispielsweise bilden zwar $x = ,001$ und $y = 2,048$ eine Lösung, die jedoch für das reale Beispiel recht abwegig ist: Ein Liter Milch würde 0,1 Cent kosten, 250 Gramm Butter 2,048 €. (Noch schlimmer ist beispielsweise die „Lösung" $x = \frac{\pi}{6}$ und $y = 2,05 - \frac{\pi}{3}$!)

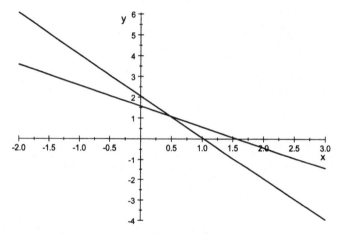

Abb. 5.2: Die Geraden g_1 zur Gleichung $2x + y = 2,05$ und g_2 zu $2x + 2y = 3,14$

Jetzt ändern wir das Beispiel nochmals ab und nehmen an, Frau K.s Sohn habe am zweiten Tag für 6 Liter Milch und 750 Gramm Butter 5,40 € bezahlt. Die zum zweiten Einkauf gehörende Gleichung ist jetzt

$$6x + 3y = 5,40\,,$$

nach y aufgelöst als Geradengleichung:

$$y = -2x + 1,80$$

In Abbildung 5.3 sind die Geraden zu den beiden jetzt aktuellen Gleichungen zu sehen. Die Geraden sind offenbar parallel und haben somit keinen Schnittpunkt. (In dem Bild ist ein vergrößerter Maßstab verwendet, da die beiden Geraden sonst schlecht zu unterscheiden wären.) Das Gleichungssystem

$$2x + y = 2,05$$
$$6x + 3y = 5,40$$

hat mithin keine Lösung. Auch das ist natürlich kein Wunder: Der Junge hat das Dreifache eingekauft, aber nicht das Dreifache bezahlt! Unter der (von uns stillschweigend gemachten) Voraussetzung, dass sich die Preise vom einen Tag zum anderen nicht geändert haben, sind die Daten widersprüchlich, es kann keine Lösung geben! ◘

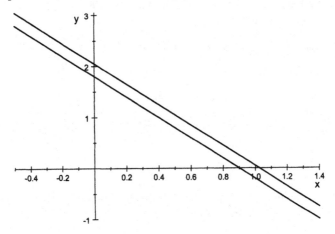

Abb. 5.3: Die Geraden g_1 zur Gleichung $2x + y = 2,05$ und g_3 zu $6x + 3y = 5,40$

Nun steht noch die Frage im Raum, wie es sich hinsichtlich der Lösungen verhält, wenn mehr als zwei Gleichungen mit zwei Unbekannten gegeben sind – also drei Gleichungen, vier oder noch mehr. Aufgrund der bisherigen geometrischen Betrachtungen liegt die Antwort auf der Hand: Auch drei oder mehr Geraden in der x-y-Ebene werden entweder keinen, genau einen oder aber unendlich viele Punkte gemeinsam haben. (Im letzten Fall hat man sozusagen „dreimal dieselbe Gerade".)

Die bisherigen geometrischen Betrachtungen dienten dazu, beim Leser ein Verständnis für die fundamentale Tatsache zu erzeugen, dass ein lineares Gleichungssystem stets entweder keine, genau eine oder aber unendlich viele Lösungen besitzt. Dies ist auch bei beliebig vielen Gleichungen und Unbekannten so, wie sich im nächsten Abschnitt zeigen wird. Beim Lösen konkret gegebener linearer Gleichungssysteme verzichtet man allerdings in der Regel auf diese geometrische Interpretation (bei mehr als drei Unbekannten wäre das sowieso schwierig), sondern fängt sofort an zu rechnen. Das üblicherweise angewendete allgemeine Lösungsverfahren wird im nächsten Abschnitt vorgestellt. Zur Überleitung beenden wir diesen Abschnitt mit einem weiteren Beispiel.

Beispiel 5.2.2

Das folgende lineare Gleichungssystem soll gelöst werden:

$$3x - y = 3$$
$$x + 2y = 8$$

Den ersten Lösungsweg bietet das **Einsetzungsverfahren**: Man löst (z. B.) die zweite Gleichung nach y auf und setzt den für y gewonnen Ausdruck in die erste Gleichung ein. Man erhält so aus der zweiten Gleichung

$$y = -\tfrac{1}{2}x + 4 \,,$$

eingesetzt in die erste führt dies zu:

$$3x - (-\tfrac{1}{2}x + 4) = 3$$
$$\tfrac{7}{2}x - 4 = 3$$
$$\tfrac{7}{2}x = 7$$
$$x = 2$$

Einsetzen von $x = 2$ in eine der beiden Gleichungen führt dann sofort zu $y = 3$. Als einzige Lösung wurde also $(x; y) = (2; 3)$ ermittelt.

Das Einsetzungsverfahren entspricht bei genauem Hinsehen der Vorgehensweise bei der Bestimmung des Schnittpunktes zweier Geraden, die durch Funktionsgleichungen gegeben sind. Insofern schließt sich hier der Kreis zu den obigen geometrischen Betrachtungen.

Nun zum **Additionsverfahren**, das darauf beruht, dass man eine Gleichung auf beiden Seiten mit einer Zahl multiplizieren und dass man zwei Gleichungen addieren darf (das heisst: linke Seiten addieren, rechte Seiten addieren). Man macht dies so, dass dabei in einer Gleichung eine der Unbekannten wegfällt. In unserem Beispiel ist es angeraten, die zweite Gleichung mit 3 zu multiplizieren. Dann sieht das Gleichungssystem so aus:

$$3x - y = 3$$
$$3x + 6y = 24$$

Nun kann man die zweite Gleichung von der ersten abziehen, dann fällt x weg, und erhält als neue Gleichung

$$-7y = -21 \,,$$

in der die Unbekannte x nicht vorkommt. Hieraus ist sofort $y = 3$ zu bestimmen. Einsetzen dieses Wertes in die erste (oder auch die zweite) Gleichung liefert $x = 2$. ◾

Das im nächsten Abschnitt behandelte allgemeine Lösungsverfahren ist nichts anderes als die konsequente Umsetzung des im letzten Beispiel angewendeten Additionsverfahrens – also das Addieren und Multiplizieren von Gleichungen mit dem Ziel der Vereinfachung durch den Wegfall von Unbekannten.

5.3 Systeme mit beliebig vielen Unbekannten

In diesem Abschnitt wird der **Gaußsche Algorithmus** zur Lösung eines beliebigen linearen Gleichungssystems beschrieben. Seine Grundidee beruht auf dem **Additionsverfahren**, das für den Fall zweier Unbekannter im vorigen Abschnitt angesprochen wurde. Kern des Ganzen ist die Überlegung, welche Umformungen man mit einem linearen Gleichungssystem vornehmen kann, ohne dass sich die Lösungen ändern. Diese Umformungen werden **erlaubte Umformungen** genannt. In dem Algorithmus wird dann versucht, das Gleichungssystem mit Hilfe erlaubter Umformungen so zu verändern, dass die Lösungen leicht abgelesen werden können.

Welches sind die erlaubten Umformungen?

Offenbar darf man zwei Gleichungen vertauschen, d. h. in einer anderen Reihenfolge untereinander schreiben, dies hat keinen Einfluss auf die Lösungen. Weiter darf man irgendeine der Gleichungen mit einer beliebigen reellen Zahl $\lambda \neq 0$ multiplizieren (damit ist gemeint: beide Seiten der Gleichung mit λ multiplizieren), ohne dass sich die Lösungsmenge verändert. Schließlich darf man zu einer beliebigen Gleichung des Gleichungssystems eine andere Gleichung des Systems addieren (damit ist gemeint: man addiert jeweils die linken und die rechten Seiten).

Wenn man die beiden letzten Aussagen noch in eine zusammenfasst, kommt man schließlich zu dem folgenden Ergebnis, welches wir ausnahmsweise als Satz formulieren wollen:

Satz 5.3.1

Die Lösungsmenge eines linearen Gleichungssystems ändert sich nicht, wenn folgende Umformungen vorgenommen werden:

☐ Vertauschen zweier Gleichungen

☐ Ersetzen einer Gleichung durch die Summe aus dem λ_1-fachen dieser Gleichung und dem λ_2-fachen einer anderen Gleichung ($\lambda_1 \neq 0$)

Die Grundidee des Gaußschen Algorithmus besteht darin, die in dem Satz angesprochenen erlaubten Umformungen in systematischer Weise solange anzuwenden, bis genügend oft Unbekannte aus den Gleichungen weggefallen sind, so dass man die Lösungen leicht ablesen kann. Bevor wir den Algorithmus in allgemeiner Form beschreiben, illustrieren wir den Ablauf an drei Beispielen.

Beispiel 5.3.2

Wir gehen von dem folgenden System von drei Gleichungen mit drei Unbekannten aus:

$$x_1 - x_2 + 2x_3 = 9$$
$$2x_1 + x_2 \qquad = 3$$
$$x_1 + 2x_2 - x_3 = -3$$

Das Ziel ist nun, Vielfache dieser Gleichungen so zueinander zu addieren (erlaubte Umformungen), dass dabei einfachere Gleichungen heraus kommen. Um dies durchzuführen, ersetzt man das Gleichungssystem zunächst einmal durch ein rechteckiges Schema, in dem nur die **Koeffizienten** der Unbekannten x_i (das sind die Zahlen *vor* den x_i) und die Zahlenwerte der rechten Seiten aufgeführt sind:

$$\begin{array}{rrr|r} 1 & -1 & 2 & 9 \\ 2 & 1 & 0 & 3 \\ 1 & 2 & -1 & -3 \end{array}$$

Wie man sieht, sind in dem 3×3-Schema links des senkrechten Striches die Koeffizienten der x_i aus den drei Gleichungen zeilenweise aufgeführt, rechts des Striches stehen die rechten Seiten der drei Gleichungen. (Man beachte: Da in der zweiten Gleichung x_3 nicht vorkommt, steht dort eigentlich „$0 \cdot x_3$", d. h. an die betreffende Stelle kommt eine Null.) Bei diesem rechteckigen Schema spricht man von der **Matrix-Schreibweise**, gelegentlich wird auch der Begriff **Tableau** verwendet.

Die Zeilen des Schemas stehen also für die Gleichungen. Indem man nun die erlaubten Umformungen auf die Zeilen dieses Schemas anwendet, hat man eine Menge Schreibarbeit gespart, denn man muss nicht dauernd die „x_i" mitschleppen. Ziel ist es, in systematischer Weise in dem Schema „Nullen" zu erzeugen, denn das bedeutet ja, dass in den Gleichungen Unbekannte wegfallen.

Jetzt wollen wir endlich weiterrechnen.

Wir ersetzen die zweite Zeile durch „zweite Zeile minus 2 mal erste Zeile" und die dritte Zeile durch „dritte Zeile minus erste Zeile" und erhalten als neues Schema:

$$\begin{array}{rrr|r} 1 & -1 & 2 & 9 \\ 0 & 3 & -4 & -15 \\ 0 & 3 & -3 & -12 \end{array}$$

Nun ersetzen wir die dritte Zeile durch „dritte Zeile minus zweite Zeile" und erhalten:

$$\begin{array}{rrr|r} 1 & -1 & 2 & 9 \\ 0 & 3 & -4 & -15 \\ 0 & 0 & 1 & 3 \end{array}$$

Das 3×3-Schema links des senkrechten Striches ist nun in „Dreiecksform" – man meint damit, dass unterhalb der Diagonalen von links oben nach rechts unten nur noch Nullen stehen. An dieser Stelle geht man zurück zur Schreibweise als Gleichungen. Die Gleichungen lauten nun:

$$x_1 - x_2 + 2x_3 = 9$$
$$3x_2 - 4x_3 = -15$$
$$x_3 = 3$$

Bei diesem Gleichungssystem, welches dieselben Lösungen hat wie das zu Beginn gegebene System, kann man nun die Lösungen schnell bestimmen: $x_3 = 3$ steht schon da. Setzt man dies in die zweite Gleichung ein, bekommt man $x_2 = -1$. Einsetzen dieser beiden Werte für x_2 und x_3 in die erste Gleichung liefert schließlich $x_1 = 2$. Das zu Beginn gegebene Gleichungssystem hat also als einzige Lösung: $x_1 = 2, x_2 = -1, x_3 = 3$ ◘

Beispiel 5.3.3

Es wird das folgende System von drei Gleichungen mit drei Unbekannten betrachtet:

$$\begin{aligned} x_1 - x_2 + 2x_3 &= 9 \\ 2x_1 + x_2 &= 3 \\ x_1 + 2x_2 - 2x_3 &= -6 \end{aligned}$$

Wie im vorigen Beispiel schreiben wir das zuerst in Matrixform hin:

$$\left.\begin{array}{ccc|c} 1 & -1 & 2 & 9 \\ 2 & 1 & 0 & 3 \\ 1 & 2 & -2 & -6 \end{array}\right. \quad \begin{array}{l} \\ II - 2 \cdot I \\ III - I \end{array}$$

Im ersten Schritt müssen nun unterhalb der „1" ganz oben links in der ersten Spalte Nullen hergestellt werden. Dazu wird die zweite Zeile ersetzt durch „zweite Zeile minus 2 mal erste Zeile" ($II - 2 \cdot I$) und die dritte Zeile durch „dritte Zeile minus erste Zeile" ($III - I$). Damit man hinterher noch nachvollziehen kann, welche Zeilenoperationen man ausgeführt hat, ist es üblich, rechts neben den Zeilen (wie oben geschehen) zu notieren, wodurch man diese als nächstes ersetzen will. Resultat der ersten Runde ist hier:

$$\left.\begin{array}{ccc|c} 1 & -1 & 2 & 9 \\ 0 & 3 & -4 & -15 \\ 0 & 3 & -4 & -15 \end{array}\right. \quad \begin{array}{l} \\ \\ III - II \end{array}$$

Wie bereits neben der dritten Zeile notiert, subtrahiert man im nächsten Schritt die zweite von der dritten Zeile, um an der zweiten Position der dritten Zeile eine Null zu erzeugen und so eine „Dreiecksgestalt" hinzubekommen – das Ergebnis sieht so aus:

$$\left.\begin{array}{ccc|c} 1 & -1 & 2 & 9 \\ 0 & 3 & -4 & -15 \\ 0 & 0 & 0 & 0 \end{array}\right.$$

Wie man sieht, sind plötzlich mehr Nullen entstanden, als beabsichtigt war – die ganze dritte Zeile besteht nur noch aus Nullen! Dies bedeutet, dass man nicht – wie im vorigen Beispiel – aus der dritten Zeile direkt x_3 bestimmen kann, vielmehr kann man mit der dritten Zeile gar nichts anfangen. Die dritte Zeile bedeutet nämlich

$$0 \cdot x_1 + 0 \cdot x_2 + 0 \cdot x_3 = 0,$$

was *immer richtig* ist – sie liefert also „Null Information", man kann sie jetzt ebenso gut weglassen! Das neue Schema ist dadurch kleiner geworden:

$$\begin{array}{ccc|c} 1 & -1 & 2 & 9 \\ 0 & 3 & -4 & -15 \end{array}$$

Man könnte nun wieder versuchen, die „3" in der zweiten Zeile durch eine Null zu ersetzen, damit eine Zeile entsteht, in der nur noch x_3 vorkommt, so dass der x_3-Wert direkt ausgerechnet werden kann. Bei genauerer Überlegung stellt man aber fest, dass dies nicht möglich ist: Sobald man die zweite Gleichung ersetzt durch eine Kombination der derzeitigen zweiten mit der ersten, handelt man sich in der ersten Position der neuen dritten Zeile wieder eine von Null verschiedene Zahl ein, m. a. W. bringt man x_1 wieder ins Spiel.

Fazit ist nun, dass das System nicht weiter vereinfacht werden kann. Es gibt unendlich viele Lösungen. Man kann aufgrund der zweiten Zeile passende Werte für x_2 und x_3 wählen und mit diesen aus der ersten Gleichung dann x_1 berechnen. Praktisch geht man so vor, dass man den Wert einer Unbekannten vorgibt und dann eine „Lawine" in Gang setzt, die alle Werte bestimmt:

☐   Wählt man z. B. $x_3 = 1$, so folgt aus der zweiten Gleichung $x_2 = -\frac{11}{3}$ und damit aus der ersten $x_1 = \frac{10}{3}$.

☐   Wählt man $x_3 = 0$, so folgt $x_2 = -5$ und $x_1 = 4$.

Man sieht: Hat man x_3 gewählt, so kann man die anderen beiden Werte ausrechnen, die zusammen mit x_3 eine Lösung bilden. Es ist nun üblich, diese funktionale Abhängigkeit vom x_3-Wert *allgemein* hinzuschreiben:

☐   Aus der zweiten Gleichung $3x_2 - 4x_3 = -15$ folgt $x_2 = \frac{4}{3}x_3 - 5$.

☐   Aus der ersten Gleichung $x_1 - x_2 + 2x_3 = 9$ folgt damit $x_1 = -\frac{2}{3}x_3 + 4$.

In **Vektorschreibweise** sagt man, die Lösungen sähen alle so aus[xxiii]:

$$\begin{pmatrix} x_1 \\ x_2 \\ x_3 \end{pmatrix} = \begin{pmatrix} -\frac{2}{3}x_3 + 4 \\ \frac{4}{3}x_3 - 5 \\ x_3 \end{pmatrix}$$

(Das Beispiel wird auf der übernächsten Seite fortgesetzt.)

[xxiii] Die Vektorschreibweise wird in einem Extrakasten kurz erklärt.

Vektoren

Das lineare Gleichungssystem aus Beispiel 5.2.2 besitzt die eindeutige Lösung $x = 2$, $y = 3$. Dies kann man auch so ausdrücken:

$$\begin{pmatrix} 2 \\ 3 \end{pmatrix}$$ ist eindeutiger **Lösungsvektor**.

Man fasst also mehrere Zahlen zu einem Objekt zusammen, das man einen **Vektor** nennt. Mit den Vektoren der gleichen „Dimension" (der obige hat Dimension 2) kann man auch „rechnen", z. B. kann man zwei Vektoren addieren (indem man ihre einzelnen Komponenten addiert) oder einen Vektor mit einer Zahl multiplizieren (indem man jede Komponente damit multipliziert).

Der Vektorbegriff hängt eng damit zusammen, dass ein Punkt im x-y-Koordinatensystem ebenfalls durch zwei Zahlen charakterisiert ist: Hier wird der Punkt, der die x-Koordinate 2 und die y-Koordinate 3 hat, mit (2;3) bezeichnet. Rein mathematisch gesehen ist es nicht einmal notwendig, zwischen Vektoren und Punkten (in der Ebene oder einem Raum höherer Dimension) zu unterscheiden. Die geometrische Deutung des Vektors

$$\begin{pmatrix} 2 \\ 3 \end{pmatrix}$$

ergibt sich, wenn man im Koordinatensystem einen Pfeil vom Koordinatenursprung zum Punkt (2;3) zeichnet (vgl. Abb. 5.4). Auf die Eigenschaften und Bedeutung solcher **Ortsvektoren** kommen wir im nächsten Kapitel zurück.

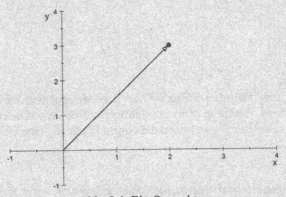

Abb. 5.4: Ein Ortsvektor

Einen Vektor kann man auch als Spezialfall einer **Matrix** (als rechteckiges Schema von Zahlen) auffassen. In der **Linearen Algebra** untersucht man Rechenoperationen für Matrizen und Vektoren, mit deren Hilfe man einfacher mit linearen Gleichungssystemen umgehen kann.

Etwas eleganter kann man das so hinschreiben:

$$\begin{pmatrix} x_1 \\ x_2 \\ x_3 \end{pmatrix} = \begin{pmatrix} 4 \\ -5 \\ 0 \end{pmatrix} + x_3 \begin{pmatrix} -\frac{2}{3} \\ \frac{4}{3} \\ 1 \end{pmatrix}$$

Man sagt, dies sei die **allgemeine Lösung** des Gleichungssystems – jede Lösung sieht so aus, wobei für x_3 ein beliebiger konkreter Wert eingesetzt werden kann. Um diese Abhängigkeit aller drei Unbekannten von der freien Wahl *einer Zahl* noch deutlicher zu machen, führt man eine weitere Variable ein (z. B. λ), die man den **freien Parameter** nennt, und schreibt das obige Ergebnis folgendermaßen hin:

$$\begin{pmatrix} x_1 \\ x_2 \\ x_3 \end{pmatrix} = \begin{pmatrix} 4 \\ -5 \\ 0 \end{pmatrix} + \lambda \begin{pmatrix} -\frac{2}{3} \\ \frac{4}{3} \\ 1 \end{pmatrix}$$

Dies bedeutet: Wenn man für λ irgendeine Zahl einsetzt und entsprechend dieser Gleichung x_1, x_2 und x_3 berechnet, so bilden diese eine Lösung. Und: Auf diese Weise bekommt man alle Lösungen.

Im allerletzten Schritt kann man jetzt noch etwas „Kosmetik" betreiben und die Brüche wegbekommen, indem man den letzten Vektor (den hinter dem λ) mit 3 multipliziert – da für λ jede beliebige reelle Zahl eingesetzt werden darf, ändert dies natürlich die Lösungsmenge nicht! Damit sind wir bei der folgenden allgemeinen Lösung unseres Gleichungssystems angekommen:

$$\begin{pmatrix} x_1 \\ x_2 \\ x_3 \end{pmatrix} = \begin{pmatrix} 4 \\ -5 \\ 0 \end{pmatrix} + \lambda \begin{pmatrix} -2 \\ 4 \\ 3 \end{pmatrix}$$

Wenn man möchte, kann man dieses Ergebnis auch wieder geometrisch deuten: Fasst man nämlich die Vektoren als Punkte in einem dreidimensionalen Koordinatensystem auf (siehe dazu den Extrakasten „Vektoren"), so bilden die obigen Lösungen eine Gerade. ▫

Beispiel 5.3.4

Nun wird das im vorigen Beispiel untersuchte Gleichungssystem leicht abgewandelt:

$$\begin{aligned} x_1 - x_2 + 2x_3 &= 9 \\ 2x_1 + x_2 \quad &= 3 \\ x_1 + 2x_2 - 2x_3 &= 2 \end{aligned}$$

Als Matrixschema erhält man hier:

$$
\begin{array}{ccc|c}
1 & -1 & 2 & 9 \\
2 & 1 & 0 & 3 \quad II - 2 \cdot I \\
1 & 2 & -2 & 2 \quad III - I
\end{array}
$$

Im nächsten Schritt landet man bei folgendem System:

$$
\begin{array}{ccc|c}
1 & -1 & 2 & 9 \\
0 & 3 & -4 & -15 \\
0 & 3 & -4 & -7 \quad III - II
\end{array}
$$

Schließlich gelangt man zu:

$$
\begin{array}{ccc|c}
1 & -1 & 2 & 9 \\
0 & 3 & -4 & -15 \\
0 & 0 & 0 & 8
\end{array}
$$

Auffällig ist die letzte Zeile, in der links des Trennungsstriches lauter Nullen stehen, rechts davon jedoch eine von Null verschiedene Zahl. Das ist immer ein Zeichen dafür, dass es für das Gleichungssystem *keine Lösung* gibt! Dies ist leicht einzusehen, wenn man sich die Situation klar macht: Mit Hilfe erlaubter Umformungen hat man eine Zeile bzw. Gleichung bekommen, die als Gleichung hingeschrieben bedeutet:

$$
0 \cdot x_1 + 0 \cdot x_2 + 0 \cdot x_3 = 8
$$

Da auf der linken Seite stets Null herauskommt – egal, welche Werte man für die x_i einsetzt, ist diese Gleichung in sich widersprüchlich, denn auf der rechten Seite steht „8". Dieser Widerspruch lässt nur einen einzigen logischen Schluss zu: dass nämlich das gegebene Gleichungssystem keine Lösung besitzt. ◘

Anhand der drei Beispiele 5.3.2 bis 5.3.4 wurden noch einmal die prinzipiellen Möglichkeiten aufgezeigt, die bei einem linearen Gleichungssystem hinsichtlich der Lösungen auftreten können: genau eine Lösung, unendlich viele Lösungen, oder keine Lösung. Bei gegebenem linearen Gleichungssystem kann es je nach rechnerischer Vorgehensweise unterschiedlich lange dauern, bis man feststellen kann, welcher der drei Fälle denn nun konkret vorliegt.

Die in den drei Beispielen angewendete Vorgehensweise, die sich der Matrixschreibweise bedient und versucht, das System „auf Dreiecksgestalt zu bringen", wird **Gaußsches Verfahren** oder auch, wenn die Einzelschritte noch stärker systematisiert und allgemein hingeschrieben werden, **Gaußscher Algorithmus** genannt.

Wir zeigen nun auf, wie die allgemeine Formulierung des Gaußschen Algorithmus aussieht.

Angenommen, man hat m viele lineare Gleichungen mit n Unbekannten gegeben:

$$a_{11}x_1 + a_{12}x_2 + ... + a_{1n}x_n = b_1$$
$$a_{21}x_1 + a_{22}x_2 + ... + a_{2n}x_n = b_2$$
$$...$$
$$a_{m1}x_1 + a_{m2}x_2 + ... + a_{mn}x_n = b_m$$

Dabei sind die a_{ij} und die b_k irgendwelche fest gegebenen reellen Zahlen. a_{ij} ist der Koeffizient von x_j in der i-ten Gleichung.

Man geht nun über zur **Matrixschreibweise**:

$$\begin{array}{cccc|c} a_{11} & a_{12} & ... & a_{1n} & b_1 \\ a_{21} & a_{22} & ... & a_{2n} & b_2 \\ ... & & & & ... \\ a_{m1} & a_{m2} & ... & a_{mn} & b_m \end{array}$$

Jetzt wird versucht, dieses Schema durch erlaubte Umformungen in Dreiecksgestalt zu überführen...

Hier brechen wir ab.

Es ist aber klar, wie es weiter geht: Man erzeugt in der ersten Spalte unterhalb von a_{11} lauter Nullen usw. All dies kann man in allgemein gültigen Schritten formulieren – das *muss* man natürlich auch, wenn man ein Computerprogramm schreiben will, welches nach Eingabe der a_{ij} und der b_k den Gaußschen Algorithmus ausführt und die Lösungen ausgibt (oder sagt, dass es keine gibt). Solche Computerprogramme werden heute für große Gleichungssysteme verwendet, die in unterschiedlichen Anwendungsbereichen auftreten.

In einem abschließenden Beispiel wollen wir noch einmal die drei prinzipiellen Fälle illustrieren, bei denen man nach Anwendung des Gaußschen Algorithmus landen kann.

Beispiel 5.3.5

a) Angenommen, mit den erlaubten Umformungen hat man ein System aus fünf Gleichungen mit vier Unbekannten in folgende Dreiecksgestalt überführen können:

$$\begin{array}{cccc|c} 2 & 1 & -1 & 0 & 5 \\ 0 & 3 & 0 & 1 & 7 \\ 0 & 0 & -2 & 1 & 3 \\ 0 & 0 & 0 & 3 & 3 \\ 0 & 0 & 0 & 0 & 0 \end{array}$$

Es folgt aus der vierten Zeile $x_4 = 1$, damit aus der dritten $x_3 = -1$, damit aus der zweiten $x_2 = 2$, und schließlich aus der ersten $x_1 = 1$. Diese vier Werte bilden die eindeutige Lösung des Gleichungssystems.

b) Angenommen, man ist bei folgendem Schema gelandet:

$$\begin{array}{cccc|c} 2 & 1 & -1 & 0 & 5 \\ 0 & 3 & -1 & 1 & 7 \\ 0 & 0 & 0 & 0 & 0 \\ 0 & 0 & 0 & 0 & 0 \\ 0 & 0 & 0 & 0 & 0 \end{array}$$

Wie man sieht, sind durch die erlaubten Umformungen drei komplette Nullzeilen entstanden. Diese drei Zeilen sagen nichts aus und könnten jetzt auch weggelassen werden. Dadurch, dass keine komplette Dreiecksform erreicht wurde, sondern eine „Treppengestalt", weiß man mit Blick auf die zweite Zeile, in der links des Trennungsstriches noch drei von Null verschiedene Zahlen stehen, dass unendlich viele Lösungen existieren – man hat sogar „zwei Freiheitsgerade". Um die Lösungen zu beschreiben, setzt man $x_3 = \lambda$ und $x_4 = \mu$ (freie Parameter). Die zweite Zeile besagt dann:

$$3x_2 - \lambda + \mu = 7 \quad \text{bzw.} \quad x_2 = \tfrac{1}{3}\lambda - \tfrac{1}{3}\mu + \tfrac{7}{3}$$

Aus der ersten Zeile folgt:

$$2x_1 + \tfrac{1}{3}\lambda - \tfrac{1}{3}\mu + \tfrac{7}{3} - \lambda = 5 \quad \text{bzw.} \quad x_1 = \tfrac{1}{3}\lambda + \tfrac{1}{6}\mu + \tfrac{4}{3}$$

Die allgemeine Lösung des Gleichungssystems lautet folglich

$$\begin{pmatrix} x_1 \\ x_2 \\ x_3 \\ x_4 \end{pmatrix} = \begin{pmatrix} \tfrac{1}{3}\lambda + \tfrac{1}{6}\mu + \tfrac{4}{3} \\ \tfrac{1}{3}\lambda - \tfrac{1}{3}\mu + \tfrac{7}{3} \\ \lambda \\ \mu \end{pmatrix} = \begin{pmatrix} \tfrac{4}{3} \\ \tfrac{7}{3} \\ 0 \\ 0 \end{pmatrix} + \lambda \begin{pmatrix} \tfrac{1}{3} \\ \tfrac{1}{3} \\ 1 \\ 0 \end{pmatrix} + \mu \begin{pmatrix} \tfrac{1}{6} \\ -\tfrac{1}{3} \\ 0 \\ 1 \end{pmatrix}$$

Aus Gründen der Kosmetik kann man jetzt noch (muss man aber nicht!) das Drei- bzw. Sechsfache der Vektoren hinter λ bzw. μ einsetzen und erhält als allgemeine Lösung

$$\begin{pmatrix} x_1 \\ x_2 \\ x_3 \\ x_4 \end{pmatrix} = \begin{pmatrix} \tfrac{4}{3} \\ \tfrac{7}{3} \\ 0 \\ 0 \end{pmatrix} + \lambda \begin{pmatrix} 1 \\ 1 \\ 3 \\ 0 \end{pmatrix} + \mu \begin{pmatrix} 1 \\ -2 \\ 0 \\ 6 \end{pmatrix}.$$

(Zusätzliche Bemerkung: Da zwei freie Parameter vorkommen, handelt es sich bei der Lösungsmenge geometrisch um eine Ebene im „vierdimensionalen Raum".)

c) Nun wird angenommen, man habe nach den Umformungen das folgende Schema erhalten:

$$
\begin{array}{cccc|c}
2 & 1 & -1 & 0 & 5 \\
0 & 3 & 0 & 1 & 7 \\
0 & 0 & -2 & 1 & 3 \\
0 & 0 & 0 & 0 & 3 \\
0 & 0 & 0 & 0 & 0
\end{array}
$$

An der vierten Zeile („links lauter Nullen, rechts keine Null") sieht man sofort, dass das System keine Lösung besitzt. ▪

Aufgaben zu Kapitel 5

Übungsaufgabe 5.1:

Bestimmen Sie die Lösungen des folgenden Gleichungssystems:

$$
x^2 + y^2 = 4
$$
$$
y - 2x = 1
$$

Sachaufgabe 5.2:

Ein Kapital K_0 wird für zwei Jahre angelegt, wobei im zweiten Jahr mit einem um 2 % höheren Zinssatz verzinst wird als im ersten Jahr. Der durchschnittliche Zinssatz beträgt 3,5 %. Wie hoch ist der Zinssatz im ersten bzw. im zweiten Jahr?

Übungsaufgabe 5.3:

Man bestimme die Lösungen der folgenden linearen Gleichungssysteme:

a)
$$
\begin{aligned}
2x_1 + 3x_2 &= 7 \\
x_1 - x_2 &= 1
\end{aligned}
$$

b)
$$
\begin{aligned}
2x_1 + 3x_2 &= 7 \\
4x_1 + 6x_2 &= 14
\end{aligned}
$$

c)
$$
\begin{aligned}
2x_1 + 3x_2 &= 7 \\
4x_1 + 6x_2 &= 5
\end{aligned}
$$

d)
$$
\begin{aligned}
0,5x_1 - \sqrt{2}x_2 &= 1,2 \\
1,3x_1 + \sqrt{2}x_2 &= 2,4
\end{aligned}
$$

Sachaufgabe 5.4:

Zwei Vororte A und B bilden mit dem Zentrum Z einer Großstadt ein Dreieck. Von A über Z nach B beträgt die Entfernung 9 km, wobei B 1 km weiter vom Zentrum entfernt ist als A. Wie weit sind die beiden Vororte vom Zentrum entfernt?

Übungsaufgabe 5.5:

Lösen Sie das folgende lineare Gleichungssystem mit drei Unbekannten:

$$x_1 + 2x_2 - x_3 = 8$$
$$2x_1 - x_2 + x_3 = -2$$
$$-x_1 + x_2 - 2x_3 = 4$$

Übungsaufgabe 5.6:

Beschreiben Sie alle Lösungen des folgenden linearen Gleichungssystems:

$$x_1 + x_2 + x_3 + x_4 = 4$$
$$2x_1 - x_2 - x_3 - x_4 = 0$$
$$-x_1 + 2x_2 + x_3 + 3x_4 = 6$$
$$4x_1 - 2x_2 - x_3 - 3x_4 = -2$$

Sachaufgabe 5.7:

Die Bevölkerung eines Landes beträgt heute 10 Millionen Menschen. Man hat festgestellt, dass sich die Bevölkerung etwa alle 20 Jahre verdoppelt. Mit welcher Anzahl ist in 10 Jahren zu rechnen?

Sachaufgabe 5.8:

Zwei Arbeiter sollen einen großen Garten umgraben. Wenn beide zusammen arbeiten, benötigen sie drei Tage. Arbeitet der erste nur einen Tag und der zweite zwei Tage, so schaffen sie $\frac{7}{12}$ der Arbeit. Wie lange würde jeder allein für die Arbeit benötigen?

6 Geometrie

6.1 Punkte, Geraden und so weiter

In dem vorliegenden ersten Abschnitt werden grundlegende Fragen zum Charakter der Geometrie und zur axiomatischen Methode angesprochen. Diejenigen Leser, die eher an den praktisch direkt verwertbaren Grundlagen der Euklidischen sowie der Analytischen Geometrie interessiert sind, können diesen ersten Abschnitt problemlos überspringen.

In der **Geometrie** geht es zunächst nicht um Zahlen, um das Rechnen mit Zahlen, das Aufstellen von Gleichungen oder das Hantieren mit Funktionen, vielmehr konzentriert man das Interesse auf *geometrische Objekte* wie Punkte, Geraden, Figuren wie Dreiecke und vieles mehr. Allerdings ergeben sich bei der Beschäftigung mit der Geometrie sehr bald Verbindungen zu den anderen mathematischen Teilbereichen: Beim Messen einer Strecke will man ihr eine Zahl zuordnen, die als Länge bezeichnet wird; will man die Abhängigkeit der Länge einer Seite im Dreieck von der Größe des gegenüberliegenden Winkels ausdrücken, so geschieht dies mit Hilfe einer Funktion.

Was *ist* ein Punkt, was *ist* eine Gerade?

Man ist hier in einer ähnlichen Situation wie bei der in Kapitel 1 gestellten Frage, was eine Zahl eigentlich sei: Es handelt sich um eine Abstraktion, die einem hilft, Eigenschaften realer Objekte zu beschreiben. Dabei geht es in der Geometrie primär um räumliche Eigenschaften von Figuren und Körpern (wie „rechter Winkel", „sich schneidende Geraden" usw.).

Der griechische Mathematiker **Euklid** (ca. 365-300 v. Chr.) hat noch den Versuch unternommen, die Begriffe Punkt und Gerade zu *definieren*, indem er beispielsweise formulierte:

> *Ein Punkt ist, was keinen Teil hat.*

In einigen Axiomen formulierte er ferner die einfachsten Eigenschaften von Punkten und Geraden, die der Anschauung entnommen wurden, um aus diesen Eigenschaften mit Hilfe logischer Schlüsse weitere richtige Aussagen zu erhalten. Diese Vorgehensweise – von einigen Axiomen auszugehen und daraus rein logisch weitere Eigenschaften abzuleiten – ist auch für die moderne Mathematik typisch. Dabei versucht man allerdings seit **Hilbert**[xxiv] gar nicht mehr, die Grundbegriffe, von denen man ausgeht (wie „Zahl" oder „Punkt"), zu *definieren*, sondern setzt *undefinierte Grundbegriffe* voraus, deren grundlegende Eigenschaften man in den Axiomen erfasst. Anders gesagt:

> *In der Auffassung der modernen axiomatischen Methode ist es für die Mathematik nicht wichtig, was eine Zahl (oder ein Punkt, eine Gerade usw.) „ist", sondern wie ein solches Objekt „sich verhält".*

[xxiv] Der deutsche Mathematiker David Hilbert (1862-1943) begegnet uns an mehreren Stellen dieses Buches.

Die Analogie zum Schachspiel macht den Gedanken noch einmal deutlich:

„Ich muss nicht wissen, was ein König oder eine Dame „ist", sondern nur, nach welchen Regeln sie ziehen und schlagen dürfen. "[xxv]

David Hilbert soll diese radikale Abwendung der Geometrie von der Physik einmal drastisch so formuliert haben: „Man muss jederzeit an Stelle von Punkten, Geraden und Ebenen Tische, Stühle und Bierseidel sagen können."

Diese Loslösung der Mathematik (hier: der Geometrie) von der realen Welt ist sicher (mit)verantwortlich dafür, dass viele Menschen, die (bisher) keine „Mathematik-Geniesser" sind, die Beschäftigung mit diesen Abstraktionen für unnütz und versponnen halten. Dabei ist es in Wahrheit im Gegenteil so, dass erst diese Abstraktionen es ermöglichen, generelle Einsichten zu gewinnen, die auf mehrere unterschiedliche reale Situationen anwendbar sind! Bei den natürlichen Zahlen akzeptiert das ja auch jeder Mensch – wir erinnern an das erste Kapitel:

$2 + 2 = 4$ *ist eine abstrakte Aussage über Zahlen.*

Damit weiß man ein für allemal, dass zwei Autos plus zwei Autos vier Autos ergeben, zwei Äpfel plus zwei Äpfel vier Äpfel etc.

Die Vorgehensweise der axiomatischen Methode haben wir bereits im Abschnitt 2.3 über Rechengesetze kennen gelernt: Man will nur die allgemeinsten Gesetze hinschreiben, aus denen alle übrigen richtigen Aussagen durch korrekte logische Schlüsse gefolgert werden können. Die Grundaussagen bzw. Axiome selbst werden an den Anfang gestellt und müssen nicht weiter begründet werden.

Das hört sich sehr elegant an: Man entwirft ein logisch perfektes Gedankengebäude, in dem aus wenigen Grundaussagen alle Wahrheiten abgeleitet werden können. Leider gibt es bei der Konstruktion eines solchen Gebäudes ein Problem: Wie findet man die richtigen Axiome? Genauer gesagt stellt sich oft die folgende Frage:

Folgt eine als wahr erkannte Aussage (z. B. ein Rechengesetz) bereits aus den anderen Axiomen, oder (wenn nicht) muss diese Aussage als weiteres Axiom hinzugenommen werden?

Historisch gibt es eine Reihe von Beispielen, wo eine Frage dieser Art für mehrere Jahrhunderte offen geblieben ist. Ein Beispiel ist das **Parallelenproblem**, welches wir für besonders Interessierte in einem Extrakasten erläutert haben. Hiermit sind wir also zur Geometrie zurückgekehrt.

[xxv] Zitat aus „Albrecht Beutelspacher: Mathematik für die Westentasche" (vgl. Literaturhinweise)

Das Parallelenproblem

Bereits der griechische Mathematiker Euklid (ca. 365-300 v. Chr.) hat sich den Kopf darüber zerbrochen, ob das „Parallelenaxiom" aus den übrigen Axiomen der ebenen Geometrie bereits gefolgert werden kann. Um dies zu erläutern, vereinfachen wir den Begriff der **ebenen Geometrie** mit Hilfe folgender Axiome[xxvi]:

(A1) Zu zwei verschiedenen Punkten gibt es stets genau eine Gerade, die beide enthält.

(A2) Es gibt drei Punkte, die nicht gemeinsam auf einer Geraden liegen.

(A3) Sind A, B und C drei verschiedene Punkte, die nicht alle auf einer Geraden liegen, und ist g eine Gerade, die keinen dieser drei Punkte enthält, jedoch die Gerade durch A und B schneidet, so schneidet g auch die Gerade durch A und C oder die durch B und C.

Axiom (A2) ist nötig, um sicherzustellen, dass es sich insgesamt nicht nur um eine Gerade mit den auf ihr liegenden Punkten handelt (das wäre ohne (A2) möglich). (A3) ist in Bild 6.1 illustriert; dieses Axiom stellt sicher, dass sich alles innerhalb einer Ebene abspielt. (Im dreidimensionalen Raum könnte g senkrecht zu dem Dreieck verlaufen und müsste folglich weder AC noch BC schneiden.)

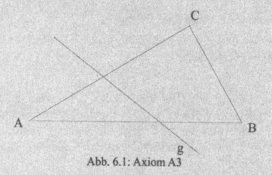

Abb. 6.1: Axiom A3

Das Parallelenaxiom lautet nun folgendermaßen:

(P)   Liegt der Punkt P nicht auf der Geraden g, dann gibt es genau eine Gerade durch den Punkt P, die g nicht schneidet (Parallele zu g).

Unter dem **Parallelenproblem** verstehen wir jetzt die folgende Frage:

Ist (P) eine logische Folgerung aus (A1) bis (A3)?

Erst mehr als 2000 Jahre nach Euklid, im Zuge des Aufkommens der axiomatischen Herangehensweise, hat sich herausgestellt, dass die Antwort auf diese Frage NEIN lautet. Die Begründung steckt in Abbildung 6.2. Dort ist eine „Ebene" aus sieben Punkten A bis G und sieben Geraden, die jeweils aus drei Punkten bestehen, dargestellt (der eingezeichnete Kreis ist ebenfalls eine „Gerade", man denke an die Bierseidel!). Es handelt sich um eine frei ausgedachte (abstrakte) Struktur, die mit einer Ebene unserer Anschauung nichts zu tun hat. Die sieben Geraden sind (wir schreiben jeweils die drei auf ihnen liegenden Punkte hin) A-E-C, A-G-D, A-F-B, F-G-C, B-D-C, B-G-E und E-D-F. Wichtig ist zunächst folgendes: Die Punkte und Geraden dieser Struktur erfüllen die obigen Axiome (A1) bis (A3). Dies sieht man nicht auf einen Blick, kann es aber bei Bedarf leicht nachprüfen. Man beachte dabei, dass z. B. durch E und D die „Gerade" E-D-F verläuft! Entscheidend ist nun, dass diese Ebene das Axiom (P) *nicht* erfüllt, denn in dieser „Ebene" schneiden sich je zwei verschiedene Geraden in einem Punkt, d. h. es gibt keine Parallelen! Da in dieser Ebene (A1) bis (A3) gelten, aber (P) nicht gilt, kann (P) selbstverständlich keine logische Folge von (A1) bis (A3) sein.

[xxvi] Wir sind an dieser Stelle nicht historisch exakt – können allerdings den entscheidenden Punkt so leichter verdeutlichen.

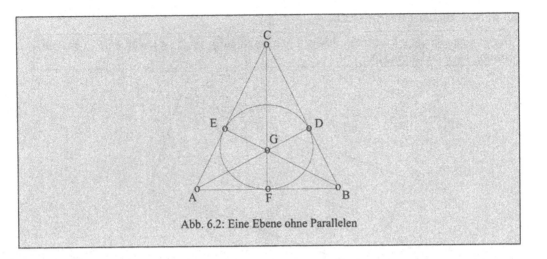

Abb. 6.2: Eine Ebene ohne Parallelen

6.2 Elementargeometrie, Trigonometrie und ein Wunder

Die uns allen gewohnte Geometrie, die sich mit Punkten, Geraden, Kreisen, Winkeln und Größenverhältnissen zwischen Strecken beschäftigt, wird im allgemeinen als **Euklidische Geometrie** bezeichnet.

Man geht von den Grundbegriffen **Punkt** und **Gerade** aus. Ein Punkt kann auf einer Geraden liegen oder auch nicht. Zur Veranschaulichung werden dabei Bilder benutzt wie das folgende:

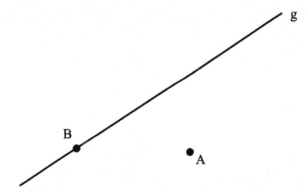

Abb. 6.3: Der Punkt *A* liegt nicht auf der Geraden *g*, *B* jedoch liegt auf *g*

Die wichtigste Grundaussage über Punkte und Geraden ist die folgende:

> Durch zwei verschiedene Punkte ist genau eine Gerade bestimmt, auf der beide Punkte liegen.

Dies hat natürlich sofort zur Konsequenz, dass zwei verschiedene Geraden höchstens einen Punkt gemeinsam haben können, der auf beiden liegt (genannt: **Schnittpunkt** der beiden Geraden).

Ein weiterer zentraler Begriff ist **Ebene**.

Durch eine Gerade g und einen Punkt A, der nicht auf g liegt, ist genau eine Ebene bestimmt, die g und A enthält.

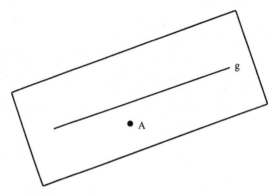

Abb. 6.4: Von g und A erzeugte Ebene

Zwei Geraden, die in einer Ebene liegen, sich jedoch nicht schneiden (d. h. keinen Punkt gemeinsam haben), heißen **parallel**. Zwei sich schneidende Geraden liegen stets gemeinsam in einer Ebene und schließen einen **Winkel** ein; durch den Winkel wird die „Öffnung" zwischen den beiden Geraden gemessen (siehe Bild 6.5).

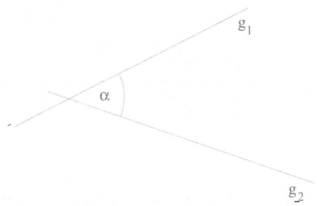

Abb. 6.5: g_1 und g_2 schließen den Winkel α ein

Winkel werden in **Grad** gemessen. Ein **rechter Winkel**, den zwei aufeinander senkrecht stehende Geraden bilden, hat die Größe 90° (90 Grad) – siehe Abb. 6.6. Dies hat zur Folge, dass ein Winkel bis zu 360° haben kann („einmal ganz herum"), ab 360° fängt man also wieder bei 0° an.

Abb. 6.6: g_1 und g_2 bilden einen rechten Winkel

Für viele Rechnungen mit Winkeln ist es allerdings von Vorteil, die Größe eines Winkels im **Bogenmaß** anzugeben. Um dies zu verstehen, stelle man sich einen Kreis mit Radius 1 vor (einen sogenannten „**Einheitskreis**")[xxvii]:

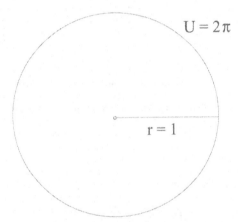

Abb. 6.7: Ein Kreis mit Radius 1 und Umfang 2π

Eine bekannte Formel der Elementargeometrie besagt, dass der Umfang dieses Kreises (also die Länge des Kreisbogens)

$$U = 2\pi$$

beträgt, folglich ungefähr $6,28$ (siehe Abb. 6.7). Im folgenden Bild sieht man, dass zu einem beliebigen Winkel α, dessen Größe zwischen 0 und 360 Grad liegt, immer ein Stück U_α des Kreisbogens gehört:

[xxvii] Mit „Radius 1" meint man: Je nach Geschmack kann dafür 1 cm, 1 m oder irgendeine andere Einheit eingesetzt werden – an den späteren Stellen der Rechnung muss man dann natürlich dieselbe Grundeinheit verwenden (z. B. auch für den Umfang des Kreises).

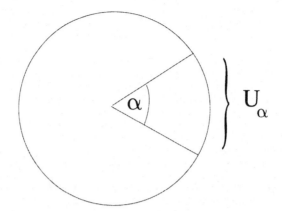

Abb. 6.8: Winkel mit zugehörigem Bogenstück im Einheitskreis

Offenbar ist

$$\frac{U_\alpha}{2\pi} = \frac{\alpha}{360°}$$

und somit

$$U_\alpha = 2\pi \cdot \frac{\alpha}{360°}.$$

Durch die Angabe von U_α kann man also den Winkel α eindeutig „im Bogenmaß" beschreiben.

Beispiel 6.2.1

Der Winkel $\alpha = 90°$ lautet im Bogenmaß

$$2\pi \cdot \frac{90°}{360°} = \frac{\pi}{2} \approx 1,57 \, .$$

$\beta = 20°$ ist im Bogenmaß

$$2\pi \cdot \frac{20°}{360°} = \frac{\pi}{9} \approx 0,35 \, . \; \blacksquare$$

Das nächste Thema sind **Dreiecke**. Im Geometrieunterricht der Schule werden üblicherweise eine Reihe von Sätzen behandelt, auf die wir nur kurz eingehen wollen.

Begonnen wird immer mit folgendem Lehrsatz:

Die Winkelsumme im Dreieck beträgt 180°.

Ferner gibt es eine Reihe von Sätzen der folgenden Art:

Die Höhen eines Dreiecks schneiden sich in einem Punkt.

Unter Dreiecken spezieller Form sind die **rechtwinkligen Dreiecke** von besonderer Bedeutung. Man versteht darunter ein Dreieck, welches einen Winkel von 90° besitzt. (Da die Winkelsumme 180° ist, müssen die beiden anderen Winkel kleiner sein.) Die dem rechten Winkel gegenüberliegende Seite wird **Hypotenuse** genannt, die beiden anderen heißen **Katheten** (siehe Abb. 6.9).

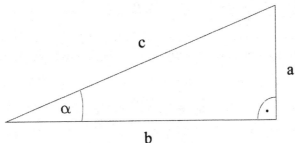

Abb. 6.9: Ein rechtwinkliges Dreieck mit Hypotenuse c sowie Katheten a und b

---

Der berühmte **Satz des Pythagoras**[xxviii] besagt, dass für die Längen a, b und c eines rechtwinkligen Dreiecks (wie in Abbildung 6.9) stets gilt:

$$a^2 + b^2 = c^2$$

Es gibt wenige mathematische Sätze, die so häufig angewendet werden wie der Satz des Pythagoras.

Beispiel 6.2.2

Wie lang ist die Diagonale eines Quadrats von 1 m Seitenlänge? In Abbildung 6.10 sieht man, dass aufgrund des Satzes von Pythagoras – angewendet auf das fett gezeichnete Dreieck – gelten muss $1^2 + 1^2 = d^2$, folglich ist $d = \sqrt{2}$ m.

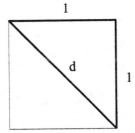

Abb. 6.10: Quadrat mit Diagonale ∎

[xxviii] Dieser bekannteste Satz der Mathematik wird den Pythagoräern (ca. 500 v. Chr.) zugeschrieben, allerdings war er schon 1000 Jahre zuvor den Babyloniern bekannt.

Im Zusammenhang der **Ähnlichkeit von Dreiecken** (wenn sie gleiche Winkel haben) sind besonders die **Strahlensätze** von Bedeutung. Eine wichtige Konsequenz für rechtwinklige Dreiecke, die Grundlage der trigonometrischen Funktionen ist, lautet folgendermaßen:

In einem rechtwinkligen Dreieck hängen (mit den Bezeichnungen aus Abb. 6.9) alle möglichen Seitenverhältnisse $\frac{b}{a}$, $\frac{b}{c}$ und $\frac{a}{c}$ nur von α ab.

Dies kann man auch so formulieren: Vergrößert man das Dreieck aus Abb. 6.9 wie in Abb. 6.11 gezeigt, so gilt

$$\frac{b'}{a'}=\frac{b}{a}, \ \frac{b'}{c'}=\frac{b}{c} \ \text{und} \ \frac{a'}{c'}=\frac{a}{c}.$$

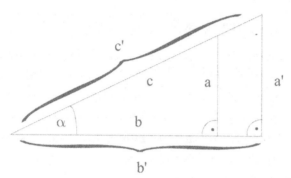

Abb. 6.11: Vergrößertes rechtwinkliges Dreieck

Die **Winkelfunktionen** sind nun nichts anderes als Funktionen, die diese Verhältnisse in Abhängigkeit von α darstellen. Mit den Bezeichnungen aus Abb. 6.9 gilt für einen Winkel α (mit $0° < \alpha < 90°$):

Sinus von $\alpha = \dfrac{Gegenkathete}{Hypotenuse}$, in Kurzform: $\sin \alpha = \dfrac{a}{c}$

Kosinus von $\alpha = \dfrac{Ankathete}{Hypotenuse}$, in Kurzform: $\cos \alpha = \dfrac{b}{c}$

Tangens von $\alpha = \dfrac{Gegenkathete}{Ankathete}$, in Kurzform: $\tan \alpha = \dfrac{a}{b}$

Kotangens von $\alpha = \dfrac{Ankathete}{Gegenkathete}$, in Kurzform: $\cot \alpha = \dfrac{b}{a}$

Beispiel 6.2.3

Wie groß ist der Sinus von 30°?

Man kann dies an irgendeinem rechtwinkligen Dreieck sehen, welches einen Winkel von 30° besitzt – in Abb. 6.12 ist eines zu sehen.

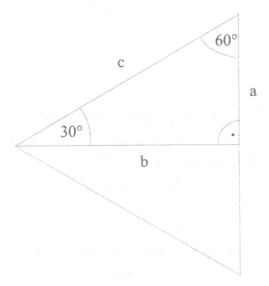

Abb. 6.12: Ein rechtwinkliges Dreieck mit Winkel von 30°

In der Abbildung ist auch (gestrichelt) angedeutet, dass die Verdopplung dieses Dreiecks zu einem gleichseitigen Dreieck (mit drei Winkeln von je 60°) führt. Damit ist klar, dass a halb so lang ist wie c, folglich:

$$\sin 30° = \frac{1}{2}$$

Mit Hilfe von Abb. 6.10 sieht man sofort, dass

$$\sin 45° = \frac{1}{\sqrt{2}},$$

also $\sin 45° \approx 0,71$. ◻

Da man die entsprechenden Größen auch für β bilden kann (aus Sicht von β ist allerdings b die Gegen- und a die Ankathete, siehe Abb. 6.13), folgt sofort:

$$\sin \beta = \frac{b}{c} = \cos \alpha$$

Da $\alpha + \beta = 90°$ ist, kann statt β auch $90° - \alpha$ eingesetzt werden, und man kann die obige Gleichung so formulieren:

$$\sin(90° - \alpha) = \cos\alpha$$

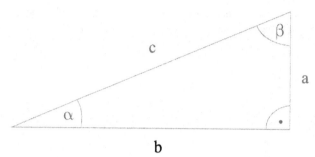

Abb. 6.13: Rechtwinkliges Dreieck mit Winkeln α und β

Mit Hilfe ähnlicher Schlüsse ergibt sich ferner:

$$\cos(90° - \alpha) = \sin\alpha$$
$$\tan(90° - \alpha) = \cot\alpha$$
$$\cot(90° - \alpha) = \tan\alpha$$

Zusätzlich sind folgende Beziehungen zwischen den Winkelfunktionen erkennbar:

$$\tan\alpha = \frac{\sin\alpha}{\cos\alpha}$$

$$\cot\alpha = \frac{\cos\alpha}{\sin\alpha}$$

Nutzt man noch den Satz des Pythagoras aus, so folgt schließlich:

$$(\sin\alpha)^2 + (\cos\alpha)^2 = 1$$

(Man sieht dies leicht ein, wenn man für $\sin\alpha$ das Verhältnis $\frac{a}{c}$ und für $\cos\alpha$ entsprechend $\frac{b}{c}$ einsetzt.)

Den praktischen Nutzen der Winkelfunktionen wollen wir uns anhand des berühmten „Kirchturmbeispiels" verdeutlichen.

Beispiel 6.2.4

Wie hoch ist ein Kirchturm, zu dem man aus 100 Metern Entfernung unter einem Winkel von 20° auf die Spitze blickt (siehe Abb. 6.14)?

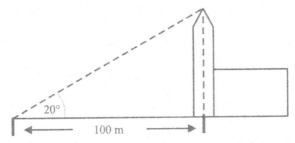

Abb. 6.14: Bestimmung der Höhe eines Kirchturms

Offenbar gilt hier:

$$\tan 20° = \frac{a}{100}$$

Mit $\tan 20° = \frac{\pi}{9} \approx 0,364$ ergibt sich eine Höhe a von ca. 36,40 Metern. ◘

Das Beispiel macht deutlich, dass es für Anwendungen sinnvoll ist, wenn man sich die Werte $\sin \alpha$, $\cos \alpha$, $\tan \alpha$ und $\cot \alpha$ für Winkel zwischen 0° und 90° auf bequeme Weise besorgen kann[xxix]. Früher hatte man dafür Tabellen, die in der Regel zusammen mit Logarithmentafeln in einem Büchlein vereinigt waren – heute nimmt man selbstverständlich seinen Taschenrechner, der üblicherweise eine „Sinus-Taste" usw. besitzt.

Im nächsten Schritt werden nun die Winkelfunktionen am Einheitskreis (also einem Kreis mit Radius 1, siehe oben) betrachtet. Das hat mehrere Vorteile:

☐ Man kann auf naheliegende Weise $\sin \alpha$ etc. für beliebige Winkel α erklären (nicht nur für $0° < \alpha < 90°$).

☐ Alle vier relevanten Größen (also $\sin \alpha$, $\cos \alpha$, $\tan \alpha$, $\cot \alpha$) finden sich direkt als Längen gewisser Strecken wieder.

In Abbildung 6.15 ist der Einheitskreis dargestellt. Man sieht: Ähnlich wie bei den in Kapitel 4 verwendeten Koordinatensystemen sind zwei senkrecht zueinander stehende Achsen eingezeichnet, die hier **Strahlen** s_1, s_2, $s_1{'}$ und $s_2{'}$ heißen. $s_1{'}$ und $s_2{'}$ sind quasi die negativen Achsen – d. h. Strecken, die auf diesen Strahlen liegen, erhalten ein negatives Vorzeichen.

[xxix] Der Leser überlege sich selbst, wieso man aufgrund der Formeln auf dieser und der vorigen Seite mit zwei Tabellen auskommt.

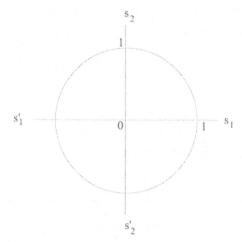

Abb. 6.15: Der Einheitskreis

Worauf wir hinaus wollen, ist nun in Abbildung 6.16 zu betrachten:

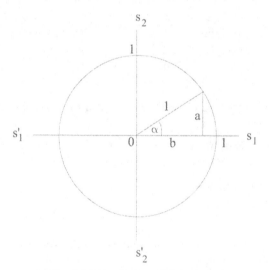

Abb. 6.16: Dreieck im Einheitskreis

Da in dem eingezeichneten Dreieck c (die Hypotenuse) die Länge 1 hat, ist wegen $\sin\alpha = \frac{a}{c}$ offenbar

$$\sin\alpha = a\,,$$

d. h. $\sin\alpha$ ist direkt als Streckenlänge ablesbar! Analog ergibt sich

$$\cos\alpha = b\,.$$

Nun ist aber naheliegend, wie man die Winkelfunktionen für Winkel erklärt, die größer sind als 90° – siehe Abbildung 6.17.

Wie man sieht, ist

$$\sin\alpha = a \geq 0, \text{ falls } 0° \leq \alpha \leq 180°,$$

$$\sin\alpha = a \leq 0, \text{ falls } 180° \leq \alpha \leq 360°.$$

Für den Kosinus gilt

$$\cos\alpha = b \geq 0, \text{ falls } 0° \leq \alpha \leq 90° \text{ oder } 270° \leq \alpha \leq 360°,$$

$$\cos\alpha = b \leq 0, \text{ falls } 90° \leq \alpha \leq 270°.$$

Es macht nun offenbar nichts aus, auch $\alpha > 360°$ bei den Winkelfunktionen zuzulassen, man fängt ab 360° „wieder bei Null an", d. h. es ist beispielsweise

$$\sin 370° = \sin 10°$$

etc. Man kann dies auch so sagen:

> Die Funktion $\sin\alpha$, die jedem Winkel α die Zahl $\sin\alpha$ zuordnet, ist **periodisch** mit **Periode** 360°. Es gilt also immer:
>
> $$\sin(\alpha + 360°) = \sin\alpha$$
>
> Dies trifft auch für die Funktionen $\cos\alpha$, $\tan\alpha$ und $\cot\alpha$ zu.

Im letzten Schritt geht man nun dazu über, die Winkelfunktionen nicht mit dem in Grad gemessenen Winkel als unabhängiger Variabler aufzufassen, sondern die Funktion

$$f(x) = \sin x$$

zu betrachten, wobei x eine beliebige reelle Zahl sein darf: $\sin x$ ist als der Sinus desjenigen Winkels erklärt, der den Wert x als Bogenmaß besitzt. Außerhalb des Bereiches zwischen 0 und 2π (bzw. 0° und 360°) wird periodisch fortgesetzt. Beispielsweise ist also

$$\sin\frac{\pi}{2} = 1,$$

denn zu $\frac{\pi}{2}$ gehört der Winkel 90°, und $\sin 90° = 1$. Die periodische Fortsetzung hat zum Beispiel

$$\sin\frac{9\pi}{2} = 1$$

zur Folge.

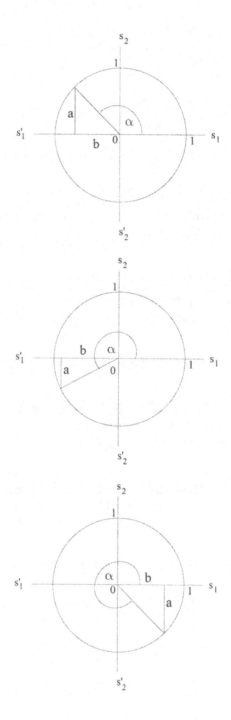

Abb. 6.17: Sinus und Kosinus für beliebige Winkel am Einheitskreis

Die nun für alle reellen Zahlen x definierte Funktion $f(x) = \sin x$ besitzt das bekannte Schaubild, welches in Abbildung 6.18 dargestellt ist.

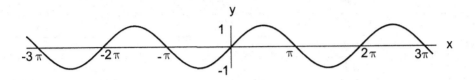

Abb. 6.18: Die Funktion $f(x) = \sin x$

Wie man sieht, setzt sich der Funktionsverlauf auf sehr harmonische Weise beliebig weit nach rechts ($x \to \infty$) und nach links ($x \to -\infty$) fort, wobei für jeden x-Wert, der ein Vielfaches der Zahl π ist (also $\pi, 2\pi, 3\pi,...,0, -\pi, -2\pi,...$ etc.) der Funktionswert 0 ist, d. h. die x-Achse geschnitten wird.

Für mich (hier spricht der Autor dieses Buches) ist es eines der größten „Weltwunder der Mathematik", dass *für jede reelle Zahl x* der Wert $\sin x$ folgendermaßen ausgerechnet werden kann:

$$x - \frac{x^3}{3!} + \frac{x^5}{5!} - \frac{x^7}{7!} + \frac{x^9}{9!} - ... \quad {}^{\text{xxx}}$$

Das bedeutet zweierlei:

☐ Für jedes x ergibt diese **unendliche Reihe** einen bestimmten Wert (die Punkte bedeuten: man muss immer weiter rechnen und bekommt den Wert immer genauer).

☐ Werden für x immer größere Werte eingesetzt, so schwanken die Werte dieser Reihe in harmonischer Weise (eben wie die Sinuswerte) zwischen -1 und +1 – bis ins Unendliche. Wenn das kein Wunder ist!

Damit der Leser sich das besser vorstellen kann, sind in der folgenden Tabelle für einige x-Werte (die in der Nähe von Vielfachen von $\frac{\pi}{2}$ liegen) neben dem exakten Wert von $\sin x$ die Näherungen

$$n_1(x) = x - \frac{x^3}{3!} + \frac{x^5}{5!} - \frac{x^7}{7!} + \frac{x^9}{9!} \quad \text{und}$$

$$n_2(x) = x - \frac{x^3}{3!} + \frac{x^5}{5!} - \frac{x^7}{7!} + \frac{x^9}{9!} - \frac{x^{11}}{11!} + \frac{x^{13}}{13!} - \frac{x^{15}}{15!}$$

eingetragen (alles auf vier Stellen hinter dem Komma gerundet). Man sieht: Je größer die x-Werte werden, desto mehr Summanden muss man nehmen, um eine akzeptable Näherung zu bekommen.

[xxx] Dabei steht 3! (gesprochen: 3-*Fakultät*) für $1 \cdot 2 \cdot 3$, 5! für $1 \cdot 2 \cdot 3 \cdot 4 \cdot 5$ usw. (siehe auch Seite 156).

x	$n_1(x)$	$n_2(x)$	$\sin x$
0	0	0	0
1,5	0,9975	0,9975	0,9975
3,14	0,0085	0,0016	0,0016
4,71	-0,4474	-1,0007	-1,0
6,28	11,83	-0,0956	-0,0032

6.3 Analytische Geometrie

Geraden, Parabeln, Hyperbeln usw. sind uns bereits im Kapitel 4 über Funktionen begegnet. Der Grund ist, dass die Schaubilder der einfachsten Funktionen im x-y-Koordinatensystem diese geometrischen Gebilde ergaben. In der Analytischen Geometrie untersucht man die Eigenschaften geometrischer Gebilde anhand ihrer analytischen (also: formelmäßigen) Darstellung im x-y- oder einem höherdimensionalen Koordinatensystem.

Reden wir zuerst über **Geraden**.

Eine Gerade ist durch zwei Punkte festgelegt. Da nun von Geraden in der x-y-Ebene die Rede ist, in der man mit der x- und der y-Achse ein festes Bezugssystem zur Verfügung hat, können zur Festlegung einer Geraden auch andere Größen wie etwa die Steigung ins Spiel gebracht werden.

Beispiel 6.3.1

a) Welche Gerade geht durch die beiden Punkte $(-1; 2)$ und $(2; 5)$?

Bei der einfachsten Methode, die gesuchte Geradengleichung

$$y = mx + b$$

zu ermitteln, setzt man die Koordinaten der beiden Punkte in die Funktionsgleichung ein: Man erhält so die folgenden beiden Gleichungen:

$$2 = -m + b$$
$$5 = 2m + b$$

Hieraus errechnet sich leicht: $m = 1, b = 3$

Die gesuchte Geradengleichung ist also $y = f(x) = x + 3$.

b) Welche Gerade geht durch den Punkt $(2; 3)$ und hat die Steigung $\frac{1}{2}$?

Hier hat man es noch einfacher: Die Geradengleichung hat die Form $y = \frac{1}{2}x + b$, nur b ist noch zu bestimmen. Einsetzen der Koordinaten des gegebenen Punktes ergibt

$3 = \frac{1}{2} \cdot 2 + b$ und somit $b = 2$, die Gerade hat folglich die Gleichung $y = f(x) = \frac{1}{2} \cdot x + 2$.

In Abbildung 6.19 sind die beiden Geraden aus a und b dargestellt. ◘

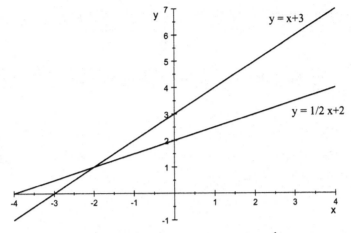

Abb. 6.19: Die Geraden $y = x + 3$ und $y = \frac{1}{2} \cdot x + 2$

Je nach der Steigung einer Geraden bildet diese mit der x-Achse dort, wo die Gerade die x-Achse schneidet, einen unterschiedlich großen Winkel. Wie hängen Steigung und Winkel zusammen? Mit Hilfe der im vorigen Abschnitt behandelten Winkelfunktionen kann man dies genau sagen (siehe Abb. 6.20):

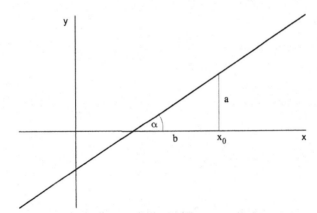

Abb. 6.20: Steigung einer Geraden und Winkel mit der x-Achse

Die in dem Bild gezeigte Stelle x_0 kann beliebig rechts des Schnittpunktes der Geraden mit der x-Achse gewählt werden. Für die Steigung der Geraden gilt nach Abschnitt 4.4

$$m = \frac{a}{b}.$$

Andererseits ist (siehe voriger Abschnitt, Thema Winkelfunktionen)

$$\tan \alpha = \frac{a}{b}.$$

Damit folgt $\tan \alpha = m$. Mit anderen Worten ist der gesuchte Winkel α derjenige Winkel, für den $\tan \alpha = m$ gilt.[xxxi]

Beispiel 6.3.2

Die Gerade $y = 2x - 1$ schneidet die x-Achse in einem Winkel von $\alpha = 63,43°$, denn $\tan 63,43° = 2$ (siehe Abb. 6.21). ◘

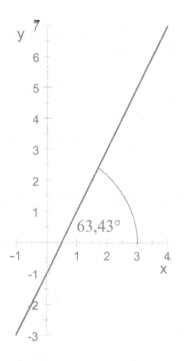

Abb. 6.21: Die Gerade $y = 2x - 1$

Resultat dieser Überlegungen ist, dass man statt der Steigung auch einen Winkel zur Festlegung einer Geraden verwenden kann.

[xxxi] Da die Umkehrfunktion von „tan" die Funktion „arctan" (gesprochen: Arcustangens) ist, ist dies gleichbedeutend mit $\alpha = \arctan m$.

Beispiel 6.3.3

Welche Gerade geht durch den Punkt $(-2;-1)$ und schneidet die x-Achse in einem Winkel von 30°?

Wegen $\tan 30° = \frac{\sqrt{3}}{3}$ hat die gesuchte Gerade die Gleichung

$$y = \frac{\sqrt{3}}{3} \cdot x + k$$

mit noch unbekanntem k. Einsetzen des Punktes $(-2;-1)$ ergibt $-1 = \frac{\sqrt{3}}{3} \cdot (-2) + k$ und daraus $k = \frac{2}{3} \cdot \sqrt{3} - 1$.

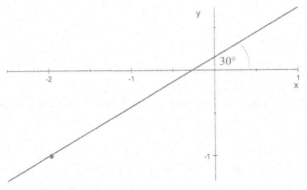

Abb. 6.22: Die Gerade $y = \frac{\sqrt{3}}{3} \cdot x + \frac{2}{3} \cdot \sqrt{3} - 1$

Die Geradengleichung lautet also

$$y = \frac{\sqrt{3}}{3} \cdot x + \frac{2}{3} \cdot \sqrt{3} - 1. \quad \blacksquare$$

Im Kapitel über Funktionen (Kapitel 4) haben wir nach den Geraden die **Parabeln** behandelt, weil diese nach den Geraden die nächst einfachste formelmäßige Beschreibung besitzen:

$$y = f(x) = ax^2 + bx + c$$

Aus Sicht der Geometrie sind jedoch die *Kreise* einfacher. Jeder weiß:

> Ein **Kreis** ist die Menge aller Punkte, die von einem festen Punkt, dem Mittelpunkt M, einen gleichen Abstand haben.

Die formelmäßige Beschreibung eines Kreises im x-y-Koordinatensystem, dessen Mittelpunkt im Ursprung des Koordinatensystems liegt und der den Radius r besitzt, lautet (siehe Abbildung 6.23):

$$x^2 + y^2 = r^2$$

Dies ist eine unmittelbare Folge des Satzes von Pythagoras, wie man an dem Bild unschwer erkennen kann.

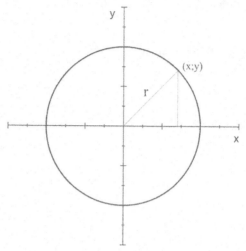

Abb. 6.23: Kreis um den Ursprung des Koordinatensystems mit Radius r

Man beachte: Mit der Formel $x^2 + y^2 = r^2$ hat man ein Auswahlkriterium derjenigen Punkte $(x; y)$ in der x-y-Ebene, die zusammen diesen Kreis ergeben, jedoch handelt es sich in diesem Falle nicht um die Beschreibung einer *Funktion* – man kann nämlich die Gleichung nicht eindeutig nach y auflösen! Der Versuch des Auflösens führt zu

$$y^2 = r^2 - x^2$$

und dann

$$y = \pm\sqrt{r^2 - x^2} \, ,$$

zu einem x-Wert gehören sozusagen zwei y-Werte. Das ist aber bei einer Funktion nicht erlaubt! Dies ist allerdings nicht weiter dramatisch, denn wir sind in diesem Abschnitt primär an der analytischen Beschreibung geometrischer Gebilde interessiert (und das haben wir hier!), weniger an Funktionen.

Man möchte auch Kreise beschreiben, deren Mittelpunkt irgendwo anders angesiedelt ist – nicht notwendigerweise im Nullpunkt des Koordinatensystems. Hier gilt folgendes:

> Die **Gleichung des Kreises** mit Mittelpunkt (x_M, y_M) und Radius r lautet
>
> $$(x - x_M)^2 + (y - y_M)^2 = r^2 .$$

Beispiel 6.3.4

a) Der Kreis um den Punkt $(2;3)$ mit Radius 2 (Abb. 6.24) hat die Gleichung

$$(x-2)^2 + (y-3)^2 = 4.$$

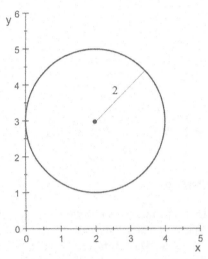

Abb. 6.24: Kreis um $(2;3)$ mit Radius 2

b) Wie lautet die Gleichung des Kreises mit dem Mittelpunkt $(2;0)$, auf dem der Punkt $(3;4)$ liegt?

Ein Kreis um $(2;0)$ mit Radius r hat die Gleichung $(x-2)^2 + y^2 = r^2$.

Einsetzen des Punktes $(3;4)$ ergibt

$$(3-2)^2 + 4^2 = r^2$$

und daraus $r = \sqrt{17}$. Die gesuchte Kreisgleichung lautet also

$$(x-2)^2 + y^2 = 17$$

(siehe auch Abbildung 6.25). $\blacksquare$

Zum Abschluss eine Bemerkung zu **Ellipsen, Parabeln** und **Hyperbeln**: Ähnlich wie bei Kreisen („Alle Punkte mit dem gleichen Abstand vom Mittelpunkt") gibt es auch bei diesen geometrischen Gebilden eine geometrische Definition, zum anderen eine analytische Beschreibung im x-y-Koordiantensystem. Darauf gehen wir jedoch nicht weiter ein.

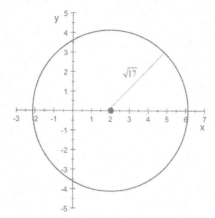

Abb. 6.25: Kreis um $(2; 0)$ mit Radius $\sqrt{17}$

6.4 Die Rolle von Vektoren

Viele Größen unserer realen Umwelt sind nicht nur durch eine *Zahl* bestimmt (wie die Temperatur in einem Raum, der Preis von einem Liter Milch oder die Höhe eines Baumes), sondern haben auch noch eine *Richtung*. Das einfachste Beispiel hierfür ist die Schwerkraft: Wenn ich einen Ball in der Hand halte, spüre ich einerseits sein Gewicht, welches üblicherweise durch einen Betrag (Zahl) in Kilogramm bzw. (wie die Physiker sagen) in Kilopond angegeben wird – ich spüre aber auch, dass der Ball durch die Schwerkraft *nach unten* gezogen wird! Wenn nun im Vergleich dazu jemand meine Hand ergreift und mit einer gleich großen Kraft diese waagerecht zu einer Seite zu ziehen versucht, wirkt auf meine Hand die „gleiche" Kraft – aber eben in eine andere Richtung, nämlich zur Seite!

Um solche „Größen mit Richtung" zu beschreiben, bedient man sich der **Vektoren**. Vektoren sind uns im vorigen Kapitel schon einmal begegnet (bei der Beschreibung von Lösungen linearer Gleichungssysteme) – die Verbindung hierzu werden wir bald herstellen.

Wie kann man eine Richtung angeben? Es liegt nahe, dies durch einen *Pfeil* zu tun. Man schaue auf Abbildung 6.26, wo die auf einen Ball wirkende Schwerkraft sowie die beim Wurf eines Balles auf diesen ausgeübte Kraft dargestellt sind.

Wie sicher sofort einleuchtet, wird man einen schwereren Ball durch einen Vektor darstellen wollen, der die *gleiche Richtung* hat wie der hier (im linken Bild) eingezeichnete, jedoch einfach *länger* ist. Man nennt die Länge auch den **Betrag** eines Vektors.

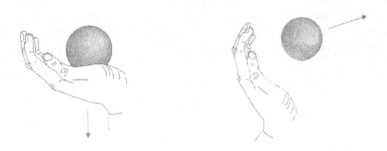

Abb. 6.26: Kräfte mit verschiedenen Richtungen

Zur präzisen Beschreibung von solchen „gerichteten Größen" unserer engeren physikalischen Umwelt stellt man Vektoren am einfachsten in einem dreidimensionalen x-y-z-Koordinatensystem dar. Man schaue auf Abbildung 6.27:

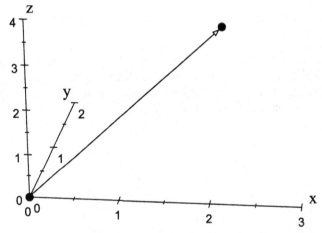

Abb. 6.27: Ein Vektor im dreidimensionalen Koordinatensystem

Durch solche Vektoren/Pfeile, die am Nullpunkt des Koordinatensystems beginnen und mit ihrer Spitze irgendwohin zeigen, können offenbar alle Richtungen dargestellt werden, die im Raum möglich sind. Wegen der Anbindung an den Nullpunkt (hierfür könnte auch irgendein anderer fester Punkt genommen werden) spricht man von **Ortsvektoren**.

Je nach dem Anwendungshintergrund, mit dem man zu tun hat, mag es auch genügen, Vektoren nur im zweidimensionalen x-y-Koordiantensystem zu betrachten. In Abbildung 6.28 ist ein Ortsvektor (mit Anbindung an den Nullpunkt) sowie ein zweiter Vektor zu sehen, der den gleichen Betrag (Länge) und die gleiche Richtung hat, jedoch an einer anderen Stelle anfängt.

Wenn man die Anbindung an einen Startpunkt aufgibt, spricht man allgemein von **Vektoren,** manchmal auch von **freien Vektoren**. Man sagt dann, die in der Abbildung gezeigten zwei Pfeile würden *denselben* freien Vektor beschreiben. Diese Unterscheidung zwischen Ortsvektoren und freien Vektoren ist auf den ersten Blick sicher verwirrend (und bleibt lästig), sie spielt jedoch zum Glück meistens keine große Rolle.

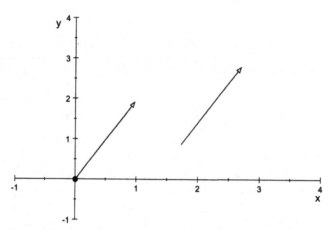

Abb. 6.28: Vektoren im zweidimensionalen Koordinatensystem

Vektoren kann man addieren. Dies kennt man aus dem Physikunterricht: Wirken zwei Kräfte auf einen Gegenstand, so kann die **resultierende Kraft** als Summe der zugehörigen Vektoren beschrieben werden; man hat ein **Kräfteparallelogramm**, in dem die resultierende Kraft (Summe) der Diagonalen entspricht (siehe Abbildung 6.29).

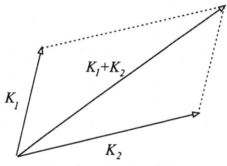

Abb. 6.29: Ein Kräfteparallelogramm

In Kapitel 5 (bei der Beschreibung der Lösungen linearer Gleichungssysteme) sind wir bereits einmal auf Vektoren gestoßen. Dort wurden sie als alternative Schreibweise der Punkte im zwei- oder auch höherdimensionalen Raum eingeführt – beispielsweise wird der Punkt $(2;3)$ des x-y-Koordinatensystems in der Form $\begin{pmatrix} 2 \\ 3 \end{pmatrix}$ hingeschrieben. (Auf diese Weise werden Vektoren als Spezialfälle von Matrizen aufgefasst – diese werden jedoch in diesem Buch nicht betrachtet.) Auch solche Vektoren lassen sich addieren: Man addiert einfach jeweils die einzelnen Komponenten, beispielsweise so:

$$\begin{pmatrix} 2 \\ 3 \end{pmatrix} + \begin{pmatrix} 1 \\ -1 \end{pmatrix} = \begin{pmatrix} 3 \\ 2 \end{pmatrix}$$

Und hier schließt sich auf wunderbare Weise ein Kreis:

Die so definierte „komponentenweise Addition" entspricht genau der wie oben erklärten „Addition von Pfeilen".

In Abbildung 6.30 kann man dies exemplarisch nachprüfen.

Der Vollständigkeit halber muss noch gesagt werden, dass man einen Vektor auch mit einer beliebigen (reellen) Zahl r multiplizieren kann. Dies resultiert in einem Vektor mit der entsprechend multiplizierten Länge, die Richtung bleibt gleich (falls $r > 0$) oder kehrt sich um (falls $r < 0$). Beispielsweise hat der Vektor $2 \cdot \begin{pmatrix} 2 \\ 3 \end{pmatrix} = \begin{pmatrix} 4 \\ 6 \end{pmatrix}$ die gleiche Richtung wie $\begin{pmatrix} 2 \\ 3 \end{pmatrix}$, aber

$(-1) \cdot \begin{pmatrix} 2 \\ 3 \end{pmatrix} = \begin{pmatrix} -2 \\ -3 \end{pmatrix}$ zeigt genau in die umgedrehte Richtung.

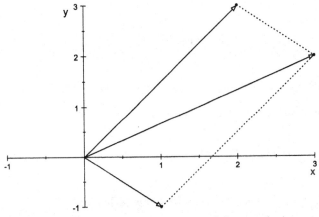

Abb. 6.30: Addition der Vektoren $\begin{pmatrix} 2 \\ 3 \end{pmatrix}$ und $\begin{pmatrix} 1 \\ -1 \end{pmatrix}$

Es ist klar, dass man nun Vektoren nicht nur im zwei- oder dreidimensionalen, sondern allgemein im **n-dimensionalen Raum** untersuchen kann. Dies kann man immer dann anwenden, wenn man sich für Objekte interessiert, denen mehrere Zahlengrößen anhaften – ein Beispiel sind die Kilopreise der einzelnen Waren in einem Warenkorb.

Mit diesen Vektoren kann man dann „rechnen". Die dabei geltenden Rechenregeln werden von den Mathematikern – wie üblich – allgemein untersucht. Es wird auch ein Axiomensystem aufgestellt, mit dessen Hilfe man sagt, was ein **Vektorraum** ist. Darauf gehen wir selbstverständlich nicht weiter ein.

Anwendung von Vektoren in der Geometrie

Die Rechenregeln für Vektoren können auch dazu benutzt werden, um geometrische Objekte wie Geraden oder Ebenen im zwei- oder dreidimensionalen Raum zu beschreiben. Schauen wir als Beispiel auf die zu der Funktion $y = x + 2$ gehörende Gerade im x-y-Koordinatensystem, die in Abbildung 6.31 gezeigt ist.

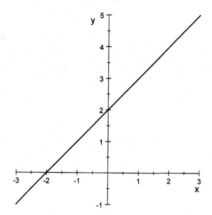

Abb. 6.31: Die Gerade $y = x + 2$

Wie in Abbildung 6.32 zu sehen, ergeben sich alle diese Geradenpunkte auch als Endpunkte der Summenvektoren, die man erhält, wenn man zu dem Vektor $\begin{pmatrix} 1 \\ 3 \end{pmatrix}$ irgendein Vielfaches des Vektors $\begin{pmatrix} 1 \\ 1 \end{pmatrix}$ addiert – man sagt, die Gerade werde durch alle Vektoren der Form

$$\begin{pmatrix} 1 \\ 3 \end{pmatrix} + \lambda \begin{pmatrix} 1 \\ 1 \end{pmatrix} \quad (\lambda \text{ beliebige reelle Zahl})$$

beschrieben. (Wer Kapitel 5 gelesen hat, wird sich erinnern, dass man Lösungsmengen linearer Gleichungssysteme so beschreibt.) Zu bemerken ist ferner, dass man statt des Vektors $\begin{pmatrix} 1 \\ 3 \end{pmatrix}$ auch einen beliebigen anderen Vektor nehmen kann, dessen „Pfeilspitze" auf der Geraden liegt, und statt des Richtungsvektors $\begin{pmatrix} 1 \\ 1 \end{pmatrix}$ ein beliebiges Vielfaches – beispielsweise ist

$$\begin{pmatrix} 0 \\ 2 \end{pmatrix} + \lambda \begin{pmatrix} -2 \\ -2 \end{pmatrix}$$

eine andere Parameterbeschreibung *derselben* Geraden!

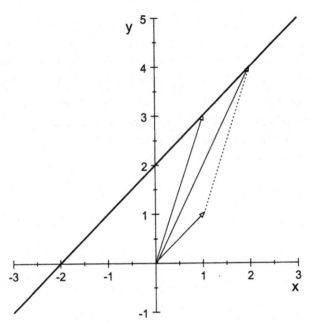

Abb. 6.32: Die Gerade in Parameterdarstellung

In ähnlicher Weise kann man nun auch Ebenen im Raum (also im x-y-z-Koordinatensystem) in Parameterdarstellung beschreiben – man braucht dann allerdings zwei Parameter λ und μ anstatt nur einen. (Eine solche „Ebene" – allerdings im vierdimensionalen Raum – tauchte in Beispiel 5.3.5 als Lösungsmenge eines linearen Gleichungssystems schon mal auf.)

Nun mag sich der Leser die Frage stellen, worin die Vorteile der Parameterbeschreibung von Geraden, Ebenen usw. bestehen – auch *ohne Vektoren* konnte man ja schon über diese geometrischen Gebilde reden. Man kann zwei Hauptgründe nennen, warum die Vektordarstellung hilfreich ist:

☐ Wenn man die Theorie noch etwas weiter ausbaut (mit Hilfe sogenannter **Skalarprodukte** von Vektoren usw.), lassen sich damit eine Reihe von Größen (Beispiel: Abstand einer Geraden von einer Ebene) recht leicht ausrechnen. (In diesem Zusammenhang spielen die **Hesseschen Normalformen** von Geraden und Ebenen eine Rolle.)

☐ Bei der Lösung linearer Gleichungssysteme (vgl. Kapitel 5) stößt man bei der Beschreibung von Lösungsmengen auf natürliche Weise auf Parameterdarstellungen von Gerade und Ebene, die sich sozusagen erst in der Interpretation als geometrische Gebilde herausstellen.

Vektoren und komplexe Zahlen

In Abschnitt 1.4 wurden die komplexen Zahlen eingeführt.

Zur Erinnerung: Jede „Zahl" der Form $a + b \cdot i$ oder (meist wird das Malzeichen weggelassen) $a + bi$, wobei a und b beliebige reelle Zahlen sind, ist eine komplexe Zahl. Beispiele komplexer Zahlen sind $2 + i$, $6 - \frac{1}{2}i$ oder $3\pi + 0{,}5i$.

Es liegt auf der Hand, dass eine komplexe Zahl eindeutig zu einem Punkt der x-y-Ebene korrespondiert, denn diese Punkte sind ebenfalls durch die Angabe zweier reeller Zahlen charakterisiert – die obigen drei komplexen Zahlen korrespondieren zu den Punkten $(2;1)$, $(6; -\frac{1}{2})$ und $(3\pi; 0{,}5)$. Es ist daher auch üblich, von der **komplexen Ebene** zu sprechen, in der die y-Achse als **komplexe Achse** aufgefasst wird, die man statt mit „1,2,..." mit „$i, 2i,...$" beschriftet. In Abbildung 6.33 ist die komplexe Ebene mit der Zahl $2 + i$ dargestellt.

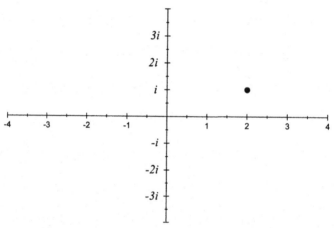

Abb. 6.33: Die Zahl $2 + i$ in der komplexen Ebene

Wenn man an den oben beschriebenen Zusammenhang zwischen Punkten der x-y-Ebene und zweidimensionalen Vektoren anknüpft, bietet es sich an, eine komplexe Zahl alternativ durch einen Ortsvektor zu beschreiben – siehe Abbildung 6.34. Die Länge dieses Vektors nennt man auch den **Betrag** der komplexen Zahl. Eine komplexe Zahl $a + bi$ hat also stets den Betrag $\sqrt{a^2 + b^2}$. Abbildung 6.34 zeigt auch auf, dass die Addition von komplexen Zahlen nun durch die Vektoraddition veranschaulicht werden kann.

Interessanterweise kann auch die *Multiplikation* komplexer Zahlen geometrisch gedeutet werden. Dazu muss man allerdings die komplexen Zahlen nochmals anders darstellen, nämlich in **Polarkoordinaten**. Dies beruht darauf, dass eine komplexe Zahl, die man sich als Vektor vorstellt, ebenso durch die Angabe der Länge des Vektors (also ihren Betrag) sowie den Winkel, den dieser mit der x-Achse bildet, festgelegt ist – kennt man diese beiden Größen, so kennt man auch den Vektor und damit die zugehörige komplexe Zahl!

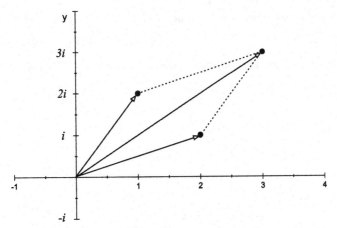

Abb. 6.34: Komplexe Addition $(2+i)+(1+2i)=3+3i$ als Vektoren

Man kann dies so ausdrücken (siehe Abbildung 6.35): Ist $z = a + bi$ eine komplexe Zahl, $|z| = \sqrt{a^2 + b^2}$ ihr Betrag und α der zugehörige Polarwinkel, so gilt offenbar

$$\cos\alpha = \frac{a}{|z|} \quad \text{und} \quad \sin\alpha = \frac{b}{|z|}.$$

Dies kann man auch in Form der folgenden häufig benutzten Formel hinschreiben (bitte nachrechnen!):

$$z = |z| \cdot (\cos\alpha + \sin\alpha \cdot i)$$

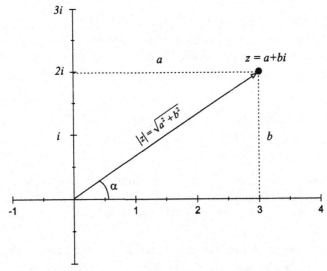

Abb. 6.35: Polardarstellung einer komplexen Zahl

Nun berechnen wir beispielsweise das folgende Produkt komplexer Zahlen:

$$(2+i)\cdot(1+2i) = 2\cdot1 + 2\cdot2i + i\cdot1 + i\cdot2i = 2 + 4i + i - 2 = 5i$$

In Abbildung 6.36 sind die beiden Faktoren sowie das Produkt als Vektoren zu sehen.

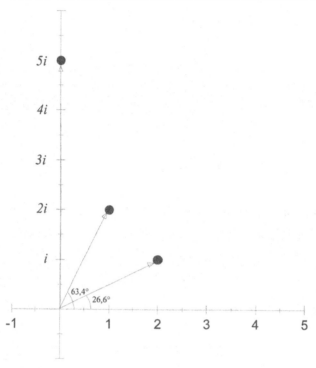

Abb. 6.36: Komplexe Multiplikation $(2+i)\cdot(1+2i) = 5i$ als Vektoren

Wie leicht nachzurechnen, haben sowohl $2+i$ als auch $1+2i$ den Betrag $\sqrt{5}$, das Ergebnis $5i$ hat den Betrag 5. Der zu $2+i$ gehörende Vektor bildet mit der x-Achse einen sogenannten **Polarwinkel** von ca. 26,6°, der Polarwinkel für $1+2i$ ist ungefähr 63,4°. Zum Ergebnis $5i$ gehört offenbar der Winkel 90°, wobei die Summe von 26,6° und 63,4° gerade 90° ist!

Alles dies ist kein Zufall:

> Bei der Multiplikation komplexer Zahlen multiplizieren sich die Beträge und addieren sich die zugehörigen Polarwinkel.

Warum dies so ist, kann auf vielfache Weise gezeigt werden. Wer Interesse hat, kann sich die mathematisch „eleganteste" Begründung in einem Extrakasten zur **Eulerschen Formel** ansehen. Wie diese Erkenntnis genutzt werden kann, wird in dem folgenden abschließenden Beispiel aufgezeigt.

Kommt man übrigens bei der Addition von Winkeln über 360° hinaus, so fängt man wieder bei 0° an. Beispiel: $-i$ besitzt den zugehörigen Winkel von 270°; $(-i)\cdot(-i) = i^2 = -1$ hat als Winkel 270°+270°=540° bzw. 180°.

Die Eulersche Formel

Diese Formel gehört sicher zu dem „Verrücktesten", dem man in der Schulmathematik begegnen kann. Sie besagt, dass für jede reelle Zahl x gilt:

$$e^{ix} = \cos x + i \sin x$$

Sie verknüpft auf völlig überraschende Weise die Eulersche Zahl e mit der komplexen Zahl i und den trigonometrischen Funktionen Sinus und Kosinus. Und was das Tollste ist: Man kann die Formel streng logisch *beweisen* – was wir hier natürlich nicht tun werden.

Mit dem, was wir oben über die Polardarstellung komplexer Zahlen gesagt haben, kommen wir jetzt zu dem Ergebnis, dass eine beliebige komplexe Zahl $z = |z| \cdot (\cos \alpha + \sin \alpha \cdot i)$ auch so hingeschrieben werden kann:

$$z = |z| \cdot e^{i\alpha}$$

(Dabei wird davon ausgegangen, dass der Polarwinkel α im Bogenmaß dargestellt ist.)

Jetzt kann man ganz leicht einsehen, dass sich bei der Multiplikation komplexer Zahlen die zugehörigen Polarwinkel addieren müssen: Dies liegt an der Gleichung

$$e^{i\alpha} \cdot e^{i\beta} = e^{i(\alpha+\beta)},$$

die immer erfüllt ist.

Man kann aus den abstrakten Sphären, in denen die Eulersche Formel zu Hause ist, auch wieder zum „Handfesten" herunter kommen[xxxii] und beispielsweise das Additionstheorem für den Sinus daraus leicht herleiten:

$$\sin(x + y) = \sin x \cos y + \cos x \sin y$$

Dies ergibt sich sofort, wenn man

$$\cos(x + y) + i \sin(x + y) = e^{x+y} = e^x \cdot e^y = (\cos x + i \sin x) \cdot (\cos y + i \sin y)$$

rechts ausmultipliziert und die Imaginärteile vergleicht.

Beispiel 6.4.1

Wir interessieren uns für *alle* Lösungen (also auch die nicht-reellen) der Gleichung $x^6 = 1$.

Dass $x_1 = 1$ und $x_2 = -1$ Lösungen sind, liegt auf der Hand. Wie bekommt man die restlichen – oder gibt es keine? Wie wir jetzt sehen werden, gibt es vier weitere komplexe Lösungen. (Dies könnte übrigens schon aus dem Fundamentalsatz der Algebra gefolgert werden, der in Abschnitt 1.4 erwähnt wurde.) Im Grunde ist es ganz einfach: Da sich beim Multiplizieren die Polarwinkel addieren und zur komplexen Zahl „1", die beim Potenzieren herauskommen soll, der Winkel 0° gehört, muss man also komplexe Zahlen suchen, bei denen das Sechsfache des Polarwinkels gerade 0° oder 360° (oder ein Vielfaches von 360°) ergibt. (Außerdem müssen alle diese Zahlen selbstverständlich den Betrag 1 besitzen.) Die in Frage kommenden

---

[xxxii] Das ist eben typisch Mathematik!

Winkel sind also 0°, 60°, 120°, 180°, 240° und 300° – 360° ist wieder dasselbe wie 0°. Durch diese 6 möglichen Polarwinkel sind alle 6 Lösungen der Gleichung beschrieben. In Abbildung 6.37 sind diese 6 komplexen Zahlen als Vektoren eingetragen; um zu verdeutlichen, dass sie alle den Betrag 1 besitzen, ist zusätzlich der Kreis mit Radius 1 um den Nullpunkt des Koordinatensystems eingezeichnet.

Um die Sache abzurunden, möchten wir nun noch diese Lösungen in der gewohnten Form $a + bi$ hinschreiben. Hier helfen Sinus und Kosinus: Es läuft genauso wie in Abbildung 6.16 „Dreieck im Einheitskreis". Wie in 6.37 zu sehen, hat die zu dem Winkel 60° gehörende komplexe Zahl die Darstellung $\cos 60° + \sin 60° i$, also $\frac{1}{2} + \frac{\sqrt{3}}{2} i$. Ähnlich kann man die anderen Lösungen ausdrücken. Wer es nicht glaubt, möge es nachrechnen: $\left(\frac{1}{2} + \frac{\sqrt{3}}{2} i \right)^6$ ergibt tatsächlich 1. ◻

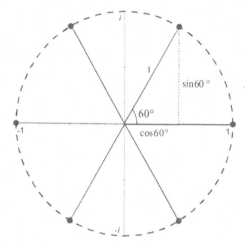

Abb. 6.37: Die 6 Lösungen der Gleichung $x^6 = 1$

Aufgaben zu Kapitel 6

Übungsaufgabe 6.1:

Folgende Winkel sollen im Bogenmaß bzw. im Gradmaß angegeben werden:

a)   12°

b)   192°

c) $\pi/12$

d) $2\pi + \pi/4$

e)   70,9°

f)   1

Übungsaufgabe 6.2:

Ermitteln Sie jeweils den Wert $\sin \alpha$ (falls nötig, mit Hilfe eines Taschenrechners):

a) $\alpha = 60°$ b) $\alpha = 40°40'$ c) $\alpha = \pi/12$ d) $\alpha = 7,8$

Übungsaufgabe 6.3:

Bestimmen Sie Winkel und Seitenlängen der rechtwinkligen Dreiecke, von denen folgende Größen bekannt sind (vgl. Abb. 6.13):

a) $a = 40\ cm,\ b = 30\ cm$ b) $b = 60\ cm,\ \alpha = 30°$

Sachaufgabe 6.4:

Eine 30 m von einem Baum entfernte Person mit einer Augenhöhe von 1,70 m visiert die Spitze des Baumes unter einem Winkel von 20° zur Horizontalen an. Wie hoch ist der Baum?

Übungsaufgabe 6.5:

Welche Gleichung hat die zur Geraden $y = 3x - 2$ parallele Gerade durch den Punkt $(2; 2)$?

Übungsaufgabe 6.6:

Bestimmen Sie jeweils Mittelpunkt und Radius des Kreises mit der folgenden Gleichung:

a) $x^2 + y^2 - 4x + 2y - 4 = 0$ b) $x^2 + y^2 + 16x = 0$

Übungsaufgabe 6.7:

Man berechne die Schnittpunkte der Geraden $y = x + 1$ mit dem Kreis $(x - 1)^2 + y^2 = 4$.

Sachaufgabe 6.8:

Ein Technischer Zeichner möchte die drei Punkte $P_1 = (0; 3)$, $P_2 = (0; -2)$ und $P_3 = (2; 0)$ des x-y-Koordinatensystems durch einen Kreisbogen miteinander verbinden. Wie lautet die Gleichung des Kreises?

Sachaufgabe 6.9:

Auf eine Eisenkugel wirke in horizontaler Richtung eine Kraft von 3 kp und in dazu senkrechter Richtung nach unten eine Kraft von 4 kp. Wie groß ist die resultierende Kraft? Welche Winkel bildet die Richtung dieser Kraft mit den beiden ursprünglichen Kräften?

Übungsaufgabe 6.10:

Stellen Sie die Zahl 2^i in der Form $a + bi$ dar. Wie groß ist der Betrag dieser komplexen Zahl? Zeichnen Sie den zugehörigen Vektor in der komplexen Ebene.

7 Zählen

7.1 Abzählen endlicher Mengen

Jedes Kind weiß, wie man die Äpfel in einem Korb oder die Autos auf einem Parkplatz zählt. Das Zählen geschieht dabei durch **Abzählen**: Es wird, beginnend mit dem ersten Objekt und der Zahl 1, Apfel für Apfel bzw. Auto für Auto betrachtet und jeweils die nächste Zahl zugeordnet, bis man fertig ist – die letzte zugeordnete Zahl gibt die gesuchte Anzahl an.

Abb. 7.1: 6 Äpfel in einem Korb

Abb. 7.2: 51 Autos auf einem Parkplatz

Diese Art des Zählens durch Abzählen kann sehr mühsam sein, wenn es sich um eine große Ansammlung von Objekten handelt, die gezählt werden sollen. Beispielsweise würde niemand gerne die Reiskörner in einem Topf oder die Autos auf dem Werksparkplatz von Opel in Bochum zählen. Etwas einfacher kann die Lage sein, wenn die zugrunde liegende Menge eine gewisse *Struktur* aufweist; die beiden wichtigsten Möglichkeiten sind hierbei **Summenstruktur** und **Produktstruktur**.

Beispiel 7.1.1

a) In einem Obstkorb befinden sich Äpfel und Birnen. Man kann das Obst zählen, indem man die Äpfel und Birnen separat zählt und dann die beiden Ergebnisse addiert. Dies ist das Beispiel für eine Summenstruktur.

b) In einem handelsüblichen Bierkasten (siehe Abb. 7.3) befinden sich 5 Reihen mit jeweils 4 Flaschen (oder – aus anderer Perspektive – 4 Reihen mit 5 Flaschen). Das ergibt insgesamt $5 \cdot 4$ bzw. 20 Flaschen. Man hat hier eine Produktstruktur. ▫

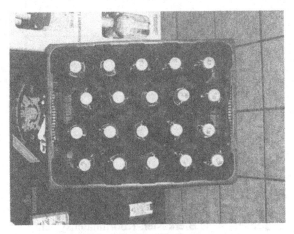

Abb. 7.3: Ein Bierkasten

Zur mathematischen Beschreibung von Summen- und Produktstruktur bedient man sich heute üblicherweise der *Mengensprache* (siehe den Extrakasten in Kapitel 1). Ist A irgendeine Menge mit endlich vielen Elementen, so wird die Anzahl der Elemente mit $|A|$ bezeichnet. Es gelten die folgenden **Anzahlregeln**:

Summenregel

Sind A und B endliche Mengen, die kein Element gemeinsam haben, so gilt

$$|A \cup B| = |A| + |B|.$$

In Worten: Beide Mengen zusammen haben soviele Elemente, wie die Summe der beiden Anzahlen ergibt.

Produktregel

Sind A und B endliche Mengen, so gilt

$$|A \times B| = |A| \cdot |B| \, .$$

Dabei steht $A \times B$ für die Menge der Paare (a,b), wobei a aus A und b aus B genommen wird. In Worten bedeutet das: Aus den Elementen von A und denen von B können $|A| \cdot |B|$ viele Paare gebildet werden.

Während die Summenregel sicher sofort einleuchtet oder gar als Trivialität erscheint, ist es vielleicht auf den ersten Blick nicht klar, dass das „Bierkasten-Beispiel" mit der Produktregel erklärt werden kann. Dies leuchtet aber sicher ein, wenn man sich den Bierkasten in 5 Längs- und 4 Querreihen eingeteilt denkt:

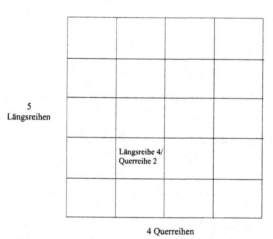

5
Längsreihen

Längsreihe 4/
Querreihe 2

4 Querreihen

Abb. 7.4: Das Bierkasten-Koordinatensystem

Jedes der $5 \cdot 4 = 20$ Paare aus einer Längs- und einer Querreihe entspricht einer Position im Bierkasten.

Meist begegnet einem die Produktregel als „UND-Regel": Zwei Eigenschaften besitzen gewisse Anzahlen von Ausprägungen, und man möchte die Anzahl der möglichen Kombinationen wissen.

Beispiel 7.1.2

a) In einem Restaurant werden 18 Getränke und 12 Menüs angeboten. Dann gibt es $18 \cdot 12 = 216$ viele Möglichkeiten, ein Getränk *und* ein Menü zu bestellen.

b) Wie viele unterschiedliche **Bytes** gibt es? In der Computerwelt versteht man unter einem Byte eine Abfolge von 8 **Bits**, von denen jedes den Wert 0 oder 1 haben kann. Beispiele für Bytes sind 11001010 oder 00000010. Die Antwort lautet $2 \cdot 2 \cdot \ldots \cdot 2$ (8 *mal*) $= 2^8 = 256$.

c) Eine Familie beschließt, die 8 Innentüren ihrer Wohnung neu zu streichen. Jede Tür soll schwarz oder weiß gestrichen werden, wobei die beiden Seiten einer Tür auch unterschiedlich gestrichen werden können. Wieviele Möglichkeiten gibt es für das Streichen der 8 Türen? Da von 16 Türseiten die Rede ist und es für jede Türseite 2 Möglichkeiten gibt, ergeben sich

$$2 \cdot 2 \cdot \ldots \cdot 2 \; (16 \; mal) = 2^{16} = 65536$$

viele Möglichkeiten. ◘

Die hier angesprochenen und weitere Strukturen werden im nächsten Abschnitt noch eine wichtige Rolle spielen.

Beim Thema Abzählen darf ein weiteres – eher indirektes – Zählprinzip nicht unerwähnt bleiben. Es ist das **Prinzip der gleich großen Mengen**, welches folgendes besagt:

Hat man zwei endliche Mengen M und N, und kann man die Elemente von M so den Elementen von N zuordnen, dass jedem Element von M genau ein Element von N entspricht (und umgekehrt)[xxxiii], dann haben M und N gleich viele Elemente.

Es ist dabei durchaus möglich, dass die Anzahl der Elemente beider Mengen nicht im Zentrum des Interesses steht, sondern lediglich die Tatsache, dass beide Mengen gleich viele Elemente haben.

Beispiel 7.1.3

In einer Tanzschule werden Tänze eingeübt, bei denen immer eine Frau und ein Mann zusammen tanzen. Wenn alle auf der Tanzfläche sind und keiner übrig geblieben ist, weiß der Tanzlehrer, dass gleich viele Männer wie Frauen anwesend sind. ◘

Für an der Größe unendlicher Mengen interessierte Leser wollen wir an dieser Stelle eine Anmerkung machen.

Anmerkung 7.1.4

Das Prinzip der gleich großen Mengen wird (ausser im nächsten Abschnitt) auch in Kapitel 10 noch einmal eine Rolle spielen, wo über das Phänomen der Unendlichkeit gesprochen wird. Einige unendlich große Mengen haben wir ja schon im ersten Kapitel kennen gelernt: natürliche Zahlen, reelle Zahlen usw. Es stellt sich heraus, dass man einige unendliche Mengen in der oben beschriebenen Weise eindeutig aufeinander abbilden kann, andere jedoch mitunter nicht. Mit anderen Worten gibt es „unterschiedlich große" unendliche Mengen.

[xxxiii] Man sagt auch, man könne die Elemente von M und N *eindeutig aufeinander abbilden*.

7.2 Zählen von Möglichkeiten

In diesem Abschnitt geht es nicht mehr nur um das Abzählen (also die Ermittlung der Elementeanzahl) endlicher Mengen, sondern um die Fragestellung, auf wie viele Weisen man mit einer gegebenen endlichen Menge „dies oder jenes machen kann" (Beispiel: Zwei Elemente herausnehmen). Die Beschäftigung mit den Gesetzen der Zusammenstellungen und möglichen Anordnungen von endlich vielen Elementen einer Menge wird dem mathematischen Gebiet der **Kombinatorik** zugeordnet. Das Zählen dieser Möglichkeiten von Zusammenstellungen und Anordnungen ist besonders in der Wahrscheinlichkeitstheorie (siehe Kapitel 9) von Interesse, wo die Anzahl der „günstigen Fälle" für ein Experiment mit zufälligem Ausgang bestimmt werden muss. Kombinatorische Methoden spielen jedoch in vielen weiteren Bereichen der Mathematik eine Rolle, insbesondere bei der Untersuchung endlicher Strukturen – hierfür hat sich in neuerer Zeit der allgemeinere Begriff **Diskrete Mathematik** durchgesetzt.

Von zentraler Bedeutung für die gesamte Kombinatorik sind die Begriffe **Fakultät** und **Binomialkoeffizient**, auf die wir als erstes zu sprechen kommen müssen.

Ist n eine natürliche Zahl, so versteht man unter dem Symbol $n!$ (gelesen: „n-Fakultät") das Produkt der natürlichen Zahlen von 1 bis n:

$$n! = 1 \cdot 2 \cdot 3 \cdot ... \cdot (n-1) \cdot n$$

Beispielsweise ist also:

$$5! = 1 \cdot 2 \cdot 3 \cdot 4 \cdot 5 = 120$$

$$10! = 1 \cdot 2 \cdot 3 \cdot ... \cdot 10 = 3628800$$

Wie man sieht, wächst $n!$ mit größer werdendem n sehr schnell an.

Der Vollständigkeit halber setzt man noch $0! = 1$, womit die offensichtliche Formel

$$(n+1)! = n! \cdot (n+1)$$

sogar für $n = 0$ richtig ist.

Man darf die Fakultät selbstverständlich auch in irgendwelche Rechenausdrücke einsetzen – hier sind drei Beispiele:

$$4! + 6 = 30$$

$$\sqrt{4! + 1} = 5$$

$$\frac{6!}{4!} = 5 \cdot 6 = 30$$

Jetzt zu den Binomialkoeffizienten.

Sind n und k natürliche Zahlen[xxxiv] mit $n > k$, so versteht man unter dem Symbol

$$\binom{n}{k} \quad \text{(gelesen: „n über k")}$$

den folgenden Bruch:

$$\binom{n}{k} = \frac{n \cdot (n-1) \cdot \ldots \cdot (n-k+1)}{k!}$$

Im Zähler wird also, von n ausgehend, immer um 1 runtergezählt, bis man k Zahlen hingeschrieben hat. Im Nenner stehen wegen $k! = 1 \cdot 2 \cdot \ldots \cdot k$ ebenfalls k Faktoren. Hier sind zur Verdeutlichung drei Beispiele:

$$\binom{8}{3} = \frac{8 \cdot 7 \cdot 6}{1 \cdot 2 \cdot 3} = 56$$

$$\binom{49}{6} = \frac{49 \cdot 48 \cdot 47 \cdot 46 \cdot 45 \cdot 44}{1 \cdot 2 \cdot 3 \cdot 4 \cdot 5 \cdot 6} = 13.983.816$$

$$\binom{5}{5} = \frac{5 \cdot 4 \cdot 3 \cdot 2 \cdot 1}{1 \cdot 2 \cdot 3 \cdot 4 \cdot 5} = 1$$

Man sieht: Obwohl $\binom{n}{k}$ als Bruch definiert ist, kommt bei diesen Beispielen im Ergebnis stets eine natürliche Zahl heraus (also kein *echter* Bruch). In der Tat ist dies immer so! Grob gesagt liegt dies daran, dass bei den im Zähler stehenden Zahlen jede zweite durch 2 teilbar ist, jede dritte durch 3 usw., so dass letztendlich alle im Nenner stehenden Faktoren weggekürzt werden können. Die Einsicht, dass $\binom{n}{k}$ immer eine natürliche Zahl ist, wird sich an späterer Stelle noch einmal bei der Untersuchung von Möglichkeiten als „Abfallprodukt" ergeben.

Die Binomialkoeffizienten haben eine Reihe interessanter Eigenschaften, von denen wir drei nennen wollen:

☐ Für natürliche Zahlen n und k mit $n > k$ ist stets

$$\binom{n+1}{k+1} = \binom{n}{k} + \binom{n}{k+1}.$$

☐ Es gilt der **Binomische Lehrsatz**

$$(a+b)^n = \sum_{i=0}^{n} \binom{n}{i} a^i b^{n-i}.$$

[xxxiv] Man kann hier auch für n irgendeine reelle Zahl zulassen, dies wollen wir jedoch nicht weiter verfolgen, da es für unsere Zwecke irrelevant ist.

☐   Für eine beliebige natürliche Zahl n gilt

$$\sum_{i=0}^{n}\binom{n}{i} = 2^n \ .$$

Alle drei Eigenschaften spielen auch beim **Pascalschen Dreieck** (vgl. Kapitel 2) eine Rolle. Man kann sich nämlich überlegen, dass an der k-ten Stelle der n-ten Zeile immer die Zahl

$$\binom{n-1}{k-1}$$

steht. Die erste Formel spiegelt dann die Tatsache wider, dass jede Zahl im Pascalschen Dreieck die Summe der beiden schräg über ihr stehenden ist. Die zweite Formel besagt, dass man beim Ausmultiplizieren von $(a+b)^n$ die vorkommenden Koeffizienten aus dem Pascalschen Dreieck direkt ablesen kann. Auch die dritte Eigenschaft findet man beim Pascalschen Dreieck wieder: Die Summe der Zahlen in Zeile n ist 2^{n-1}. Man erhält diese Formel als Folgerung aus dem Binomischen Lehrsatz, wenn man $a = b = 1$ setzt.

Nun sind die Vorbereitungen getroffen, und wir können zum Kernthema dieses Abschnitts – **Zählen von Möglichkeiten** – übergehen. Begonnen wird mit Permutationen, Abbildungen und Teilmengen. Anschließend werden wir auf das in der Wahrscheinlichkeitstheorie oft benutzte „Urnenmodell" zu sprechen kommen, welches anhand des Lottospiels und möglicher Varianten erläutert wird.

Zählen von Permutationen

> Eine **Permutation** von n Elementen ist jede Zusammenstellung, in der die n Elemente in irgendeiner Anordnung nebeneinander stehen.

Wieviele solche Permutationen gibt es?

Die sechs möglichen Permutationen aus den drei Elementen a, b und c sind:

$$abc \quad acb$$
$$bac \quad bca$$
$$cab \quad cba$$

Aus den vier Elementen 1, 2, 3 und 4 kann man 24 Permutationen bilden:

1234	1243	1324	1342	1423	1432
2134	2143	2314	2341	2413	2431
3124	3142	3214	3241	3412	3421
4123	4132	4213	4231	4312	4321

Wieviele Permutationen gibt es? Wir beantworten diese Frage mit einer Formel:

Formel 7.2.1

Die Anzahl der Permutationen aus n verschiedenen Elementen ist $n!$.

Die **Beweisidee** für diese Formel ist einfach: Es gibt n Möglichkeiten für das erste Element; wenn dieses ausgewählt ist, hat man noch $n-1$ Möglichkeiten für das zweite Element usw. Da durch diese Betrachtung jede der Möglichkeiten genau einmal vorkommt, muss man die entsprechenden Zahlen alle miteinander multiplizieren.

Beispiel 7.2.2

a) In wieviel verschiedenen Reihenfolgen kann man die neun Kapitel eines Mathematikbuches lesen?

Antwort: Es gibt dazu $9! = 362880$ viele Möglichkeiten.

b) Auf einem Kindergeburtstag sind sieben Kinder. Auf wieviele Weisen können diese sich an einen Tisch mit sieben Plätzen setzen, wenn der Platz des Geburtstagskindes bereits festgelegt ist?

Antwort: Für die anderen sechs Kinder gibt es noch $6! = 720$ Möglichkeiten. ◘

Die nächste Anzahlformel betrifft Permutationen, bei denen identische Elemente mehrfach verwendet werden dürfen. Hier beginnen wir mit einem Beispiel:

Beispiel 7.2.3

Herr und Frau K. haben zusammen ein Gasthaus aufgesucht. Herr K. hat drei Gläser Bier und zwei Gläschen Korn zu sich genommen. Sie streiten sich oft über Lappalien und können sich auch dieses mal nicht einigen, in welcher Reihenfolge Herr K. die Gläser geleert hat. Hat er sofort oder erst nach dem ersten Bier einen Korn getrunken? Oder war es völlig anders? Wieviele Möglichkeiten gibt es? ◘

Man sieht an dem Beispiel: Strenggenommen handelt es sich zwar um drei unterschiedliche Gläser Bier, man möchte diese aber beim Zählen nicht unterscheiden. Allgemein gilt:

Formel 7.2.4

Die Anzahl der Permutationen von k Elementen, bei denen das i-te Element n_i mal auftritt, ist

$$P_n^{(n_1, n_2, ..., n_k)} = \frac{n!}{n_1! \cdot n_2! \cdot ... \cdot n_k!}$$

(wobei $n = n_1 + n_2 + ... + n_k$).

Dies hört sich schrecklich kompliziert an, jedoch wird alles schnell klar, wenn wir zum Gasthaus-Beispiel zurückkehren:

Fortsetzung von Beispiel 7.2.3

Hier ist $n_1 = 3$ (drei Gläser Bier) und $n_2 = 2$ (zwei Gläschen Korn), mithin $n = 5$ (Gesamtanzahl der Elemente bzw. Getränke). Das Ergebnis lautet also:

$$P_5^{(3,2)} = \frac{5!}{3! \cdot 2!} = \frac{120}{6 \cdot 2} = 10$$

Die Eheleute haben sich also nur um 10 Möglichkeiten gestritten. ▫

Zählen von Abbildungen

Zur Erinnerung:

> Unter einer **Abbildung** oder **Zuordnung** zwischen zwei Mengen K und N versteht man, dass zu jedem Element von K ein zugehöriges Element von N ausgewählt ist. Üblich sind die Sprechweisen „Abbildung von K nach N" oder „Abbildung von K in N"[xxxv].

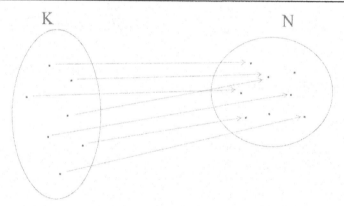

Abb. 7.5: Menge K und Menge N mit Zuordnung

An dem Bild sieht man, dass unterschiedlichen Elementen von K durchaus dasselbe Element von N zugeordnet sein kann. Auch muss nicht jedes Element von N dabei „erwischt" werden. Es muss aber *jedem* Element von K eines (und *nur eines*) von N zugeordnet sein.

Beispiel 7.2.5

a) 24 Socken sollen in zwei Schubladen verteilt werden. Jede dieser Verteilungen entspricht einer Abbildung der Menge der 24 Socken in die Menge der zwei Schubladen, denn jeder Socke wird eindeutig eine der beiden Schubladen zugeordnet. Dabei kann durchaus eine Schublade leer bleiben, umgekehrt muss jedoch jede Socke irgendwo untergebracht werden.

[xxxv] In Kapitel 4 werden Abbildungen zwischen Zahlenmengen als *Funktionen* bezeichnet.

b) Auf einem Kindergeburtstag haben die sieben anwesenden Kinder einen Tisch mit zehn Stühlen zur Verfügung. Ein „Platznehmen" der Kinder entspricht einer Abbildung der Menge der Kinder in die Menge der Stühle, denn jedem Kind wird ein Stuhl zugeordnet. Diese Abbildung hat (zweckmäßigerweise) die besondere Eigenschaft, dass unterschiedlichen Kindern unterschiedliche Stühle zugeordnet sind.

c) Auf dem Kindergeburtstag werden 14 kleine Geschenke verteilt, die von den Kindern beim Spielen gewonnen werden. Dabei wird darauf geachtet, dass jedes Kind mindestens ein Geschenk bekommt. Die Verteilung der Geschenke ist eine Abbildung der „Geschenkemenge" in die „Kindermenge" – mit der zusätzlichen Eigenschaft, dass jedes Kind von der Abbildung „erwischt" wird.

d) Sieben Personen nehmen an einem Tisch mit sieben Stühlen Platz. Jedes „Platznehmen" entspricht hier einer Abbildung von der Personenmenge in die Stühlemenge, bei der unterschiedliche Personen auch andere Stühle nehmen und jeder Stuhl besetzt wird. ◘

Die mathematische Aussage lautet:

Formel 7.2.6

Besteht die Menge K aus k und die Menge N aus n vielen Elementen, so gibt es n^k viele verschiedene Abbildungen von K nach N.

Dabei gelten zwei solche Abbildungen selbstverständlich schon dann als verschieden, wenn sie nur irgendeinem Element von K unterschiedliche Elemente von N zuordnen. Umgekehrt: Zwei Abbildungen sind nur dann gleich, wenn sie jedem Element von K dasselbe Element von N zuordnen.

Die Formel ist recht leicht zu begründen: Für jedes Element von K gibt es n viele Möglichkeiten, ihm irgendein Element von N zuzuordnen, ferner sind die Auswahlen der betreffenden Elemente von N für die jeweiligen Elemente von K voneinander unabhängig. Deshalb muss man einfach die Zahl n k-mal mit sich selbst multiplizieren.

Wir können jetzt auch die in Teil a von Beispiel **7.2.5** vorkommenden Abbildungen zählen:

☐ Es gibt 2^{24} Möglichkeiten, die 24 Socken in den beiden Schubladen zu verstauen. Das sind genau 16.777.216 viele Möglichkeiten.

Die Formel für die Anzahl der Abbildungen ändert sich, wenn man nur Abbildungen berücksichtigen will, die unterschiedlichen Elementen von K auch unterschiedliche Elemente von N zuordnen. Eine solche Abbildung nennt man **injektiv** – man „bettet" die Menge K sozusagen in die Menge N ein. Das geht natürlich nur, wenn $k \leq n$ ist. Es gilt folgendes:

Formel 7.2.7

Besteht die Menge K aus k und die Menge N aus n vielen Elementen, und ist $k \leq n$, so gibt es $n \cdot (n-1) \cdot (n-2) \cdot \ldots \cdot (n-k+1)$ viele verschiedene injektive Abbildungen von K nach N.

Auch diese Formel ist recht plausibel: Wenn man für ein Element von K das zugeordnete Element von N festgelegt hat (wofür es n viele Möglichkeiten gibt), hat man noch $n-1$ Möglichkeiten der Zuordnung für das nächste Element von K etc. – und die so gezählten Möglichkeiten ergeben genau alle injektiven Abbildungen.

Nun können wir Beispiel **7.2.5 b)** bearbeiten:

☐ Jede Sitzordnung entspricht einer Abbildung der 7-elementigen Menge der Kinder in die 10-elementige Menge der Stühle, die injektiv ist – jedes Kind bekommt einen anderen Stuhl. Die Anzahl der Möglichkeiten beträgt somit $10 \cdot 9 \cdot 8 \cdot 7 \cdot 6 \cdot 5 \cdot 4 = 604.800$.

Oben wurde auch darauf hingewiesen, dass eine Abbildung der Menge K in die Menge N nicht jedes Element von N „erwischen" muss. Abbildungen, bei denen dies jedoch ebenfalls der Fall ist, haben einen eigenen Namen: Es handelt sich dann um eine **surjektive** Abbildung. Es ist klar, dass es eine solche surjektive Abbildung überhaupt nur geben kann, wenn $k \geq n$ ist.

Für die Anzahl der möglichen surjektiven Abbildungen gibt es leider keine einfache Formel, die mit den Fakultäten und Binomialkoeffizienten auskommt. Hier kommen die sogenannten **Stirling-Zahlen zweiter Art** ins Spiel, die rekursiv[xxxvi] definiert werden. Wir gehen darauf hier nicht ein. Dies bedeutet auch, dass wir die Fragestellung von Teil c des Beispiels **7.2.5** nicht „intelligent" bearbeiten können – es handelt sich hier um die Anzahl der surjektiven Abbildungen einer 14-elementigen in eine 7-elementige Menge. Man kann das Ergebnis aber natürlich „per Hand" bestimmen (viel Spaß!), heraus kommt die Zahl 248.619.571.200 (also ca. 250 Milliarden).

Abbildungen, die injektiv *und* surjektiv sind, nennt man **bijektiv**. Eine bijektive Abbildung ordnet jedem Element von K ein anderes aus N zu und erwischt auch jedes von N – damit ist klar, dass eine solche Abbildung Paare von Elementen aus K mit solchen aus N bildet, die einander zugeordnet sind. Manchmal spricht man auch von einer **1-1-Beziehung**. (Zur Erinnerung: In Abschnitt 7.1 beruht das **Prinzip der gleich großen Mengen** auf bijektiven Abbildungen.)

Bijektive Abbildungen tauchen in der Mathematik sehr oft auf, ohne dass man dies immer so nennt. Man beachte: Auch das Abzählen einer endlichen Menge kann man als die Beschreibung einer bijektiven Abbildung ansehen: 17 Äpfel in einem Korb werden (man tut dies beim Zählen) bijektiv auf die Menge $\{1, 2, 3, ..., 17\}$ der natürlichen Zahlen von 1 bis 17 abgebildet.

Eine Permutation kann nun ebenfalls als bijektive Abbildung aufgefasst werden. Sind irgendwelche n Elemente $e_1, e_2, ..., e_n$ gegeben, so entspricht eine Permutation dieser Elemente einer bijektiven Abbildung der Menge $\{1, 2, ..., n\}$ in sich selbst. In Abbildung 7.6 wird dies am Beispiel plausibel gemacht.

Aufgrund dieser Bemerkungen liegt nun auf der Hand:

[xxxvi] Grundidee einer rekursiven Definition oder Berechnung ist, dass ein Wert mit Hilfe bereits bekannter Werte berechnet wird. Beispielsweise kann man die Fakultäten durch die beiden Gleichungen $1! = 1$ und $n! = (n-1)! \cdot n$ für jedes weitere n „rekursiv definieren", denn dadurch ist alles festgelegt.

Formel 7.2.8

Bestehen die Mengen K und N beide aus n vielen Elementen, so gibt es $n!$ viele bijektive Abbildungen von K in N.

Mit dieser Formel ist klar, dass es für Teil d aus Beispiel **7.2.5** (sieben Personen auf sieben Stühlen) $7! = 5040$ viele Möglichkeiten gibt.

$$\text{Permutation} \quad \underline{\wedge} \quad \begin{array}{l} bijektive \\ Abbildung \\ 1 \mapsto 2 \\ 2 \mapsto 3 \\ 3 \mapsto 1 \\ 4 \mapsto 4 \end{array}$$

$e_2\, e_3\, e_1\, e_4$

Abb. 7.6: Eine Permutation als bijektive Abbildung

Zählen von Teilmengen

Zur Erinnerung:

Eine **Teilmenge** einer Menge ist, was das Wort besagt: Man nimmt gewisse Elemente der Menge in diese Teilmenge, andere möglicherweise nicht. Der Fall, dass man alle Elemente oder auch keines nimmt, ist dabei eingeschlossen.

Beispiel 7.2.9

Die Menge $\{1,2,3\}$ der Zahlen 1, 2 und 3 hat die folgenden Teilmengen:

☐ Teilmengen mit einem Element: $\{1\}, \{2\}, \{3\}$

☐ Teilmengen mit zwei Elementen: $\{1,2\}, \{1,3\}, \{2,3\}$

Dazu kommen noch die Menge $\{1,2,3\}$ selbst sowie die leere Menge $\{\ \}$ [xxxvii].

Das macht zusammen acht Teilmengen. ◘

Wieviele Teilmengen hat eine Menge?

[xxxvii] Jede Menge hat die leere Menge (die manchmal auch mit dem Symbol $\emptyset$ bezeichnet wird) als Teilmenge. Das liegt daran, dass jedes Element einer Teilmenge auch Element der gegebenen Menge sein soll – das ist bei der leeren Menge natürlich immer der Fall (weil sie überhaupt keine Elemente hat).

Formel 7.2.10

Eine Menge mit n Elementen hat stets 2^n viele Teilmengen.

Dies wird durch Beispiel 7.2.9 bestätigt, denn 2^3 ergibt 8.

In der Literatur wird man auf unterschiedliche Beweise der obigen Formel stoßen. Sie ist jedoch recht einfach plausibel zu machen: Für jedes der n Elemente der gegebenen Menge gibt es die Möglichkeit, dass es zu einer Teilmenge gehört oder nicht – also hat man bei der Konstituierung einer Teilmenge zwei Möglichkeiten für jedes Element. Da diese Auswahlen oder Nicht-Auswahlen einzelner Elemente unabhängig voneinander sind, multiplizieren sich diese Möglichkeiten, und man landet insgesamt bei der Anzahl 2^n.

Die **Binomialkoeffizienten** kommen jetzt ins Spiel, wenn man nach der Anzahl der Teilmengen mit einer vorgegebenen Elementeanzahl fragt. Wie in Beispiel 7.2.9 gesehen, hat z. B. eine dreielementige Menge drei zweielementige Teilmengen. Die vierelementige Menge $\{1,2,3,4\}$ hat sechs zweielementige Teilmengen, nämlich $\{1,2\},\{1,3\},\{1,4\},\{2,3\}$, $\{2,4\}$ und $\{3,4\}$ Wie lautet die Formel?

Formel 7.2.11

Ist N eine Menge mit n Elementen und $1 \le k \le n$, so besitzt N

$$\binom{n}{k}$$

viele k-elementige Teilmengen.

Auch diese Formel wird durch die betrachteten Beispiele sofort bestätigt. Eine plausible Erklärung für die Formel ist ebenfalls schnell gefunden: Will man k Elemente aus den n Elementen auswählen, so hat man für das erste Element n Möglichkeiten, für das zweite noch $n-1$ usw. bis zur k-ten Auswahl, für die es noch $n-k+1$ viele Möglichkeiten gibt. Somit ist man bei einer Anzahl von

$$n \cdot (n-1) \cdot \ldots \cdot (n-k+1)$$

angelangt. Da es aber um Teilmengen geht und die Reihenfolge, in der man die Elemente ausgewählt hat, keine Rolle spielt, muss man diese Anzahl noch durch $k!$ teilen, denn so oft hat man bei der Auswahl jede Teilmenge mitgezählt (je einmal für jede Permutation der k Elemente). Das Ergebnis für die gesuchte Anzahl ist folglich

$$\frac{n \cdot (n-1) \cdot \ldots \cdot (n-k+1)}{k!},$$

und das ist dasselbe wie $\binom{n}{k}$.

Wenn man die Formeln 7.2.10 und 7.2.11 verknüpft, ergibt sich eine interessante Folgerung, von der im Zusammenhang mit dem Pascalschen Dreieck schon die Rede war:

Die Summe

$$\binom{n}{0}+\binom{n}{1}+\ldots+\binom{n}{n-1}+\binom{n}{n}$$

muss zusammen 2^n ergeben, denn jede Teilmenge einer n-elementigen Menge hat entweder kein Element, ein Element, zwei Elemente usw. oder n Elemente. In Kurzform kann man schreiben:

$$\sum_{i=0}^{n}\binom{n}{i}=2^n$$

Lotto und das Urnenmodell

Viele Zählprobleme, die für Wahrscheinlichkeitsuntersuchungen eine Rolle spielen, werden traditionell mit Hilfe des **Urnenmodells** beschrieben: Man hat eine Urne mit einer gewissen Anzahl von Kugeln und fragt danach, auf wieviele Weisen man der Urne eine bestimmte Anzahl von Kugeln nacheinander entnehmen kann. Dabei muss bei der Bestimmung dieser Anzahl von Möglichkeiten danach unterschieden werden, ob eine Kugel, nachdem sie gezogen wurde, wieder in die Urne gelegt wird (und somit später noch einmal gezogen werden kann) oder nicht. Ferner muss man entscheiden, ob beim Zählen der Möglichkeiten die Reihenfolge der gezogenen Kugeln eine Rolle spielen oder nur das „Endergebnis" zählen soll.

Diese vier Möglichkeiten wollen wir anhand des **Lottospiels** und möglicher denkbarer Varianten erläutern.

Wie jeder weiß, sind beim Ziehen der Lottozahlen (was sogar im Fernsehen übertragen wird) 49 nummerierte Kugeln in einem Behälter, aus dem nacheinander sechs mal eine Kugel gezogen wird. (Der Einfachheit halber wollen wir die Zusatzzahl jetzt außer acht lassen.) Eine einmal gezogene Kugel wird *nicht* wieder in den Behälter zurück gelegt. Auch spielt für das Ergebnis (bestehend aus sechs Kugeln) die Reihenfolge, in der man diese Kugeln bekommen hat, keine Rolle. (Dass die Kugeln nummeriert sind und insofern selber eine Reihenfolge bilden, ist unerheblich, weil unabhängig vom Prozess des Ziehens der Kugeln.)

Jetzt kommt die entscheidende Beobachtung:

Jede der möglichen Ziehungen der sechs Kugeln entspricht einer sechselementigen Teilmenge der 49-elementigen Menge aller Kugeln.

Damit ist klar:

Für das Ziehen der sechs Kugeln im Lotto gibt es

$$\binom{49}{6}=\frac{49\cdot48\cdot47\cdot46\cdot45\cdot44}{1\cdot2\cdot3\cdot4\cdot5\cdot6}=13.983.816$$

viele Möglichkeiten.

In der üblichen Terminologie des Urnenmodells drückt man dies so aus:

Formel 7.2.12

Für die Auswahl von k aus n Objekten ohne Zurücklegen und ohne Berücksichtigung der Reihenfolge gibt es

$$\binom{n}{k}$$

viele Möglichkeiten.

Man spricht in diesem Fall auch von den **Kombinationen von n Elementen zur k-ten Klasse**.

Im nächsten Schritt stellen wir uns vor, im Lande Kombinasien würden die Lottozahlen anders gezogen: Jede Kugel wird nach dem Ziehen wieder in den Behälter zurück gelegt. Die Kugeln können also mehrfach gezogen werden. Ergebnis einer Ziehung könnte also beispielsweise sein:

$$3, 17, 17, 17, 38, 43$$

Dabei sind die Kugeln zwar in der Reihenfolge der auf ihnen stehenden Zahlen aufgeschrieben, jedoch interessiert nach wie vor nicht, in welcher Reihenfolge sie ursprünglich *gezogen* wurden. Wie viele Möglichkeiten gibt es hier?

Für das Ziehen der sechs Kugeln beim Lotto in Kombinasien (mit Zurücklegen der Kugeln) gibt es

$$\binom{54}{6} = \frac{54 \cdot 53 \cdot 52 \cdot 51 \cdot 50 \cdot 49}{1 \cdot 2 \cdot 3 \cdot 4 \cdot 5 \cdot 6} = 25.827.165$$

viele Möglichkeiten.

Allgemein sagt man dies so:

Formel 7.2.13

Für die Auswahl von k aus n Objekten mit Zurücklegen und ohne Berücksichtigung der Reihenfolge gibt es

$$\binom{n+k-1}{k}$$

viele Möglichkeiten.

Hier ist es auch üblich, von den **Kombinationen von n Elementen zur k-ten Klasse mit Wiederholung** zu sprechen. (Man beachte, dass bei dieser Formel k nicht notwendigerweise kleiner als n sein muss.)

Im Gegensatz zur Situation bei Formel 7.2.12, wo die Entsprechung zu den k-elementigen Teilmengen einer n-elementigen Menge auf der Hand lag, ist die Formel 7.2.13 nicht so einfach einzusehen. Für diejenigen Leser, die an der Beweisidee für diese Formel interessiert sind, haben wir einen Extrakasten eingefügt.

Begründung der Formel $\binom{n+k-1}{k}$ **für die Anzahl der Kombinationen von n Elementen zur k-ten Klasse mit Wiederholung, am Beispiel $n = 49$ und $k = 6$**

Die Begründung fußt auf einer cleveren Anwendung des Prinzips der gleich großen Mengen. Es stellt sich nämlich heraus, dass die Kombinationen von 49 Elementen zur 6-ten Klasse *mit* Wiederholung eindeutig den Kombinationen von 54 Elementen zur 6-ten Klasse *ohne* Wiederholung entsprechen.

Man sieht dies so:

Hat man eine Ziehung von 6 Zahlen aus 1,2,...,49 mit Wiederholung, z. B. (in aufsteigender Reihenfolge hingeschrieben)

$$3, 7, 18, 18, 40, 48,$$

so addiert man zur zweiten dieser Zahlen 1, zur dritten 2 usw. bis zur sechsten, zu der man 5 addiert, und man erhält in diesem Beispiel:

$$3, 8, 20, 21, 44, 53$$

Dies ist offenbar eine Ziehung von 6 Zahlen aus den Zahlen 1,2,...,54 ohne Wiederholung. Umgekehrt funktioniert das auch (also von der ersten Zahl nichts, von der zweiten 1 abziehen usw.), und damit ist die gegenseitige Entsprechung der unterschiedlichen Kombinationen verdeutlicht.

Und weil man sich so schöne Lottovarianten ausdenken kann, reden wir jetzt vom Lotto in Reihenland: Dort werden zwar die Kugeln nicht zurückgelegt, jedoch kommt es auf die Reihenfolge des Ziehens an. Mit anderen Worten bedeutet die Ziehung der Zahlen

$$25, 10, 8, 35, 49, 48$$

ein anderes Ergebnis als

$$48, 49, 8, 10, 25, 35 .$$

(Natürlich müssen dort auch die Tippzettel anders ausgefüllt werden als bei uns.)

Wieviele Möglichkeiten gibt es hier? Da es für die erste Kugel 49 Möglichkeiten gibt, für die zweite 48 usw., lautet das Ergebnis:

$$49 \cdot 48 \cdot 47 \cdot 46 \cdot 45 \cdot 44 = 10.068.347.520$$

Formel 7.2.14

Für die Auswahl von k aus n Objekten ohne Zurücklegen und mit Berücksichtigung der Reihenfolge gibt es

$$n \cdot (n-1) \cdot \ldots \cdot (n-k+1)$$

viele Möglichkeiten.

Üblich ist in diesem Falle auch die Bezeichnung **Anzahl der Variationen von n Elementen zur k-ten Klasse**.

Es ist natürlich kein Zufall, dass sich die gleiche Formel ergeben hat wie in 7.2.7, wo die injektiven Abbildungen gezählt wurden: Ein Lottoergebnis in Reihenland entspricht einer *injektiven* Abbildung (weil *ohne Zurücklegen*) der Menge $\{1,2,3,4,5,6\}$ in die Menge $\{1,2,3,\ldots,48,49\}$.

Schließlich kommen wir zur letzten verrückten Lottovariante im Lande Lottreich: Dort werden die gezogenen Kugeln wieder zurück gelegt, und auch die Reihenfolge beim Ziehen spielt eine Rolle. Es gibt dann offensichtlich für die erste Kugel 49 Möglichkeiten, für die zweite und jede weitere ebenfalls, so dass sich insgesamt

$$49^6 = 13.841.287.201$$

viele Ziehmöglichkeiten ergeben.

Formel 7.2.15

Für die Auswahl von k aus n Objekten mit Zurücklegen und mit Berücksichtigung der Reihenfolge gibt es

$$n^k$$

viele Möglichkeiten.

Eine ebenfalls übliche Bezeichnung für diese Art der Auswahl ist **Variationen von n Elementen zur k-ten Klasse mit Wiederholung**. (Bei dieser Formel muss nicht notwendigerweise $k \leq n$ sein.)

Auch hier ist es natürlich kein Wunder, dass wir diese Formel (in 7.2.6) schon einmal gesehen haben: Man kann eine solche Auswahl auch als eine Abbildung einer k-elementigen in eine n-elementige Menge interpretieren.

7.3 Wie Strukturen beim Zählen helfen können

In diesem Abschnitt schauen wir etwas über den „Tellerrand" der Mathematik-Grundlagen. Er kann vom Leser problemlos übersprungen werden.

Bereits im ersten Abschnitt, wo es ums Abzählen ging, konnte man sehen, dass gewisse *Strukturen* beim Zählen hilfreich sein können – wir erinnern an Summen- und Produktstruktur. Im vorliegenden Abschnitt geht es um Zählprobleme, bei denen enthaltene Strukturen über die Anwendung von Ergebnissen aus anderen Teilgebieten der Mathematik den Schlüssel für das Zählen der vorliegenden Gesamtheit bilden. Es kommt auch oft vor, dass eine mathematische Struktur zu dem Zählproblem „passt" und für das Zählen hilfreich ist, obwohl sie eigentlich mit dem Problem nichts zu tun hat (zumindest nicht offensichtlicherweise).

Bevor wir den Leser jetzt noch weiter verwirren, kommen wir lieber zur Sache. Wir beginnen mit dem **Prinzip des zweifachen Abzählens.**

Beispiel 7.3.1

Herr K. nahm letzte Woche an einem kleinen Skatturnier teil, auf dem sieben Spieler gegeneinander antraten. Es wurden mehrere Runden zu drei Teilnehmern gebildet, die jeweils spielten, bis der erste der drei „1000 Miese" hatte. Jeder der sieben Spieler nahm an drei solchen Runden teil. Wieviele Runden wurden gespielt?

Die Antwort lautet: Es wurden sieben Runden gespielt.

Da nämlich jeder der sieben Spieler an drei Runden teilnimmt, gibt es 21 Kombinationen der Art „Spieler X nimmt an Runde Y teil". Bei diesen 21 Kombinationen kommt jede Runde dreimal vor (je einmal für jeden Teilnehmer der Runde), mithin handelt es sich um $\frac{21}{3}$ bzw. sieben Runden. ◘

Wenn man die in diesem Beispiel verwendete Argumentationsweise analysiert, kommt man in Verallgemeinerung zur folgenden Betrachtung.

Hat man eine Menge von Paaren der Art

$$(a,b),$$

wobei jeweils a einer Menge A und b einer Menge B entstammt, so kann die *Anzahl X* der gegebenen Paare auf zwei Weisen bestimmt werden:

☐ Man kann für jedes a aus der Menge A die Anzahl der Paare bestimmen, an denen a beteiligt ist, und diese Anzahlen addieren – Ergebnis ist X.

☐ Man kann für jedes b aus der Menge B die Anzahl der Paare bestimmen, an denen b beteiligt ist, und diese Anzahlen addieren – Ergebnis ist ebenfalls X.

Man zählt die Kombinationen einmal aus der Perspektive der Menge A, beim anderen mal aus der von B – daher der Name **Prinzip des zweifachen Abzählens.**

In Beispiel 7.3.1 ist A die Menge der Skatspieler und B die Menge der gespielten Runden. Man kommt hier zum Ergebnis „7" für die Anzahl der Elemente von B, weil man weiß,

☐ dass A sieben Elemente hat,

☐ dass jedes a an 3 Kombinationen beteiligt ist. d. h. es gibt 21 Kombinationen,

☐ dass jedes b an drei Kombinationen beteiligt ist.

Eine Vielzahl von Zählproblemen kann man in den Griff bekommen, indem man die **Methode der Polynome** anwendet.

Zur Erinnerung: Ein Polynom (in einer Variablen x) ist ein Ausdruck der Form

$$a_n x^n + a_{n-1} x^{n-1} + \ldots + a_1 x + a_0,$$

wobei die a_i irgendwelche reellen Zahlen sind. Beispiele für Polynome sind $x^2 + \frac{1}{2}x - 1$ und $x^3 + x - 5$. Polynome kann man addieren und multiplizieren, für die genannten Beispiele gilt:

$$(x^2 + \frac{1}{2}x - 1) + (x^3 + x - 5) = x^3 + x^2 + \frac{3}{2}x - 6$$

$$(x^2 + \frac{1}{2}x - 1) \cdot (x^3 + x - 5) = x^5 + x^3 - 5x^2 + \frac{1}{2}x^4 + \frac{1}{2}x^2 - \frac{5}{2}x - x^3 - x + 5$$

$$= x^5 + \frac{1}{2}x^4 - \frac{9}{2}x^2 - \frac{7}{2}x + 5$$

Was hat Zählen mit Polynomen zu tun?

Folgendes stellt sich heraus:

Manchen Zählproblemen kann man ein Polynom zuordnen, so dass die gesuchte Anzahl durch einen Koeffizienten a_i eines der Terme x^i angegeben wird. Gelingt es also, diesen Koeffizienten a_i zu bestimmen, so hat man das Zählproblem gelöst.

Dies klingt zunächst etwas nebulös. Am besten kann man das an einem Beispiel illustrieren.

Beispiel 7.3.2

In einem Supermarkt kann man Netze mit Kartoffeln zu 10 oder 5 kg kaufen. Wieviele Möglichkeiten hat man, insgesamt 30 kg Kartoffeln zu kaufen?

Zur Beantwortung dieser Frage betrachtet man die folgenden beiden Polynome:

$$p_{10} = x^{30} + x^{20} + x^{10} + 1$$
$$p_5 = x^{30} + x^{25} + x^{20} + x^{15} + x^{10} + x^5 + 1$$

Mit p wird das Produkt $p_{10} \cdot p_5$ dieser beiden Polynome bezeichnet – ausmultipliziert ergibt sich:

$$p = x^{60} + x^{55} + 2x^{50} + 2x^{45} + 3x^{40} + 3x^{35} + 4x^{30} + 3x^{25} + 3x^{20} + 2x^{15} + 2x^{10} + x^5 + 1$$

Und jetzt kommt der Clou: Die gesuchte Anzahl ist der Koeffizient von x^{30} im Polynom p. Dies leuchtet ein, wenn man sich klarmacht, was die Multiplikation der zwei Polynome bedeutet: Man bildet die Summe aller möglichen Produkte von jeweils zwei Faktoren, von denen jeder ein Summand eines der beiden Polynome ist. Nimmt man also den Summanden x^{20} aus p_{10} (entspricht zwei Netzen zu 10 kg) und x^5 aus p_5 (ein Netz zu 5 kg), so ergibt sich als Beitrag zum Produktpolynom

$$x^{20} \cdot x^5 = x^{25},$$

was einem Gesamteinkauf von 25 kg Kartoffeln entspricht.

Man liest ab, dass p den Summanden

$$4x^{30}$$

enthält, d. h. die von uns gesuchte Anzahl der Einkaufsmöglichkeiten ist 4. ◘

Bei diesem Beispiel mag der Leser den Eindruck haben, dass man „mit Kanonen auf Spatzen schießt" – schließlich kann man sich schnell überlegen, dass es 4 Möglichkeiten geben muss: 3 Netze a´ 10 kg, oder 2 a´10 kg und 2 a´5 kg, oder 1 a´10 kg und 4 a´5 kg, oder 6 a´5 kg. Das nächste Beispiel ist vielleicht überzeugender.

Beispiel 7.3.3

Angenommen, es gebe Briefmarken zu 5, 10, 30, 70 und 100 Cent. Auf wieviele Arten lässt sich ein Brief mit Marken im Gesamtwert von 100 Cent bekleben? (Dabei soll es auf die Art und Weise, in welcher Reihenfolge die Marken aufgeklebt werden, selbstverständlich nicht ankommen.)

Hier werden die folgenden fünf Polynome betrachtet:

$$p_5 = x^{100} + x^{95} + \ldots + x^5 + 1$$
$$p_{10} = x^{100} + x^{90} + \ldots + x^{10} + 1$$
$$p_{30} = x^{90} + x^{60} + x^{30} + 1$$
$$p_{70} = x^{70} + 1$$
$$p_{100} = x^{100} + 1$$

Mit p bezeichnen wir das Produkt dieser Polynome:

$$p = p_5 \cdot p_{10} \cdot p_{30} \cdot p_{70} \cdot p_{100}$$

Die gesuchte Anzahl ist der Koeffizient von x^{100} im Polynom p. Wieder leuchtet dies ein, wenn man sich klarmacht, was die Multiplikation der fünf Polynome bedeutet: Man bildet die Summe aller möglichen Produkte von jeweils fünf Faktoren, von denen jeder ein Summand eines der fünf Polynome ist. Nimmt man also den Summanden x^{15} aus p_5 (entspricht drei Marken zu 5 Cent), x^{30} aus p_{10} (drei Marken zu 10 Cent), x^{30} aus p_{30} (eine Marke zu 30 Cent), 1 aus p_{70} (keine Marke zu 70 Cent) und x^{100} aus p_{100} (eine Marke zu 100 Cent), so ergibt sich als Beitrag zum Produktpolynom

$$x^{15} \cdot x^{30} \cdot x^{30} \cdot 1 \cdot x^{100} = x^{175},$$

was einem Gesamtwert von 175 Cent in Briefmarken entspricht.

Das Produkt p der fünf Polynome wollen wir hier nicht hinschreiben, es handelt sich um einen recht umfangreichen Ausdruck. Man stellt fest, dass p den Summanden

$$32x^{100}$$

enthält, d. h. die von uns gesuchte Anzahl ist 32. ◘

Wie kommt es, dass das Kartoffel- und das Briefmarken-Problem mit Hilfe von Polynomen gelöst werden kann? Der Grund liegt sicher darin, dass die „Struktur" der Fragestellungen sich bei der Multiplikation von Polynomen wiederfindet. Etwas kühn könnte man behaupten, dass in den Problemen Polynome „versteckt" seien. Korrekter ist wohl die etwas vorsichtigere Formulierung: Das Rechnen mit Polynomen ist als mathematische Struktur so universell, dass es in zahlreichen inner- und aussermathematischen Bereichen angewendet werden kann.

Nun mag sich der Leser trotz allem fragen, worin der Vorteil des obigen Lösungsweges besteht. Ohne Polynome hätte man auch im zweiten Beispiel mit etwas Zeit und Geduld nach einigen Fallunterscheidungen das Ergebnis „32" herausbekommen, und schließlich ist es *auch* Arbeit, das Produkt der fünf Polynome zu bilden! Der Einwand ist zunächst einmal berechtigt, jedoch ist folgendes zu berücksichtigen:

☐ Für die Multiplikation von Polynomen kann man ein Computeralgebrasystem zu Hilfe nehmen. Nach der Eingabe der einzelnen Polynome (das ist dabei die meiste Arbeit) hat man nach einem „Mausklick" die Lösung.

☐ Durch die Anwendung allgemeiner Strukturen (hier: Polynome) und Interpretation von deren Eigenschaften werden oft tiefere Erkenntnisse hinsichtlich der ursprünglichen Problemstellung möglich.

Oft interessiert man sich nicht nur für ein einzelnes Zählproblem, sondern in der Problemstellung ist ein **Parameter** enthalten – z. B. das „n" in der Problemstellung „Wieviele Teilmengen hat eine n-elementige Menge?" Die Antworten bilden dann eine **Zahlenfolge**, in diesem Beispiel:

$$1, 2, 4, 8, 16\ldots$$

(für $n = 0, 1, 2, 3, 4\ldots$). Allgemein gesprochen bekommt man also als Lösung des Zählproblems eine Folge

$$a_0, a_1, a_2, a_3, a_4, \ldots .$$

Mitunter kann man aus den Eigenschaften dieser Folge Rückschlüsse auf die Größen selbst (an denen man meist primär interessiert ist) ziehen. Eine wichtige Methode stellen dabei die **Erzeugenden Funktionen** dar.

Die Grundidee ist einfach: Angenommen, man hat eine Folge von Zahlen

$$a_0, a_1, a_2, a_3, a_4, \ldots .$$

Aus Gründen der Einheitlichkeit setzt man voraus, dass diese Folge unendlich lang ist – eine ursprünglich abbrechende Folge kann man ja mit Nullen „auffüllen". Man nennt dann die Summe

$$\sum_{n \geq 0} a_n x^n$$

Erzeugende Funktion der Folge $a_0, a_1, a_2, a_3, a_4, \ldots$, wobei x wie üblich eine Variable darstellt. Einen solchen Ausdruck mit unendlich vielen Summanden nennt man eine **Potenzrei-**

he[xxxviii]. Analog zu den Polynomen kann man eine solche Potenzreihe als Funktion auffassen: für x kann ein konkreter Wert eingesetzt werden, der Funktionswert wird dann durch die unendliche Summe bestimmt. Allerdings ergibt diese Summe nicht immer einen vernünftigen Wert, d. h. in der Regel ist die Funktion nicht für alle x definiert. Diese Fragen sind jedoch bei der Interpretation der Potenzreihe als erzeugende Funktion meist nicht von Belang.

Beispiel 7.3.4

Wir betrachten die Folge der Binomialkoeffizienten

$$\binom{10}{0}, \binom{10}{1}, \binom{10}{2}, \ldots, \binom{10}{10}, 0, 0, 0, \ldots,$$

die wir durch das Auffüllen mit Nullen „künstlich" unendlich lang gemacht haben. Diese Folge hat

$$f(x) = (1+x)^{10}$$

als erzeugende Funktion, denn es gilt

$$(1+x)^{10} = \sum_{n=0}^{10} \binom{10}{n} x^n .$$

(Dies folgt direkt aus dem Binomischen Lehrsatz). ◼

Das Thema Erzeugende Funktionen können wir nicht weiter vertiefen. Es ging nur darum anzudeuten, wie durch die Anwendung von Polynom- und Potenzreihenstrukturen Antworten auf Zählprobleme erleichtert werden können.

Das oben betrachtete Briefmarken-Problem kann als Einstieg in die sogenannte **Pólyasche Abzähltheorie**[xxxix] gesehen werden, die sich ebenfalls damit befasst, wie Polynome und Potenzreihen für Abzählprobleme benutzt werden können. Als zentrales Problem wird hierbei das der *Identifizierung* aufgegriffen – einfacher ausgedrückt: *Wann sind zwei der Möglichkeiten, die ich zählen will, gleich?*

Um dieses Problem zu verdeutlichen, schauen wir auf ein Beispiel.

Beispiel 7.3.5

In einem Brettspiel werden Würfel verwendet, deren Seitenflächen entweder grau oder weiß gefärbt sind. Zu jeder möglichen Kombination gibt es einen Würfel. Wieviele Würfel hat das Spiel?

[xxxviii] Unter einer Potenzreihe kann man sich also auch ein Polynom mit unendlich vielen Summanden der Form $a_i x^i$ vorstellen.

[xxxix] Diese Theorie gründet auf einer Arbeit des Mathematikers Georg Pólya aus dem Jahre 1937.

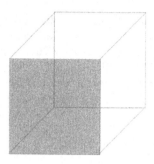

Abb. 7.7: Würfel mit einer grauen Fläche

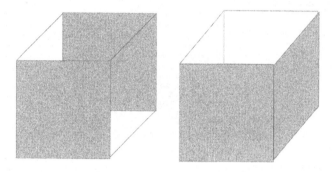

Abb. 7.8: Zwei unterschiedliche Würfel mit jeweils zwei grauen Flächen

Nach einiger Überlegung kommt man zu folgendem Ergebnis. Es gibt:

    1 Würfel ohne graue Flächen (also nur mit weißen)

    1 Würfel mit einer grauen Fläche

    2 Würfel mit zwei grauen Flächen

    2 Würfel mit 3 grauen Flächen

    2 Würfel mit 4 grauen Flächen

    1 Würfel mit 5 grauen Flächen

    1 Würfel mit 6 grauen Flächen

Dies macht zusammen 10 Würfel. ◼

Stellen wir uns nun – anders als in dem Beispiel – *einen* Holzwürfel vor, der fest auf einem Tisch befestigt ist, also nicht bewegt werden kann. Wieviele Möglichkeiten hat man, die Seitenflächen dieses Würfels grau oder weiß anzustreichen? Da es für jede der 6 Flächen zwei Möglichkeiten gibt, ergeben sich 2^6 bzw. 64 Möglichkeiten. (In der Terminologie des Abschnitts 7.2 handelt es sich um die Anzahl der Variationen von 2 Elementen zur 6-ten Klasse mit Wiederholung.)

Der entscheidende Unterschied zum Brettspiel (Beispiel 7.3.5) liegt darin, dass wir dort die zugehörigen Würfel in die Hand nehmen und drehen und wenden können, so dass es beispielsweise nur *einen* Würfel geben kann, der eine graue und fünf weiße Seitenflächen hat. Bei dem festgeschraubten Würfel gibt es dagegen *sechs* Möglichkeiten, eine Seite grau und fünf weiß anzustreichen!

Durch diese Betrachtung sollte deutlich geworden sein, was mit dem oben angesprochenen Problem der Identifizierung gemeint ist: Durch die Drehmöglichkeiten eines Würfels werden bestimmte Seiteneinfärbungen als gleich angesehen (eben *identifiziert*), und das Problem besteht darin, heraus zu bekommen, wieviele der ursprünglich 64 Möglichkeiten durch diese „Identifizierung per Drehungen" letztlich übrig bleiben.

Die zugehörige mathematische Theorie können wir hier nicht weiter darstellen. Wie man sich denken kann, spielt dabei – um in unserem Beispiel zu bleiben – die Analyse der Drehungen eines Würfels eine zentrale Rolle. In der Sprache der modernen Algebra bilden diese Drehungen eine **Gruppe**. Mit Hilfe der Ergebnisse dieser Theorie kommt man dann recht einfach zu der Antwort „10" für das Brettspiel. Man kann damit jedoch auch wesentlich kompliziertere Fragestellungen bearbeiten, beispielsweise wenn man wissen möchte, auf wieviele Weisen man die Würfelflächen mit fünf möglichen Farben anstreichen kann. (Hier hätte man sicher keine Lust, die Anzahl „per Hand" zu ermitteln.) Sehr erfolgreich kann die Pólyasche Theorie in der Chemie angewendet werden – etwa wenn man wissen möchte, wieviele unterschiedliche Moleküle eines gewissen Aufbaus (z. B. Alkohole) es geben kann.

Aufgaben zu Kapitel 7

Übungsaufgabe 7.1:

Man berechne die folgenden Ausdrücke:

a) $\binom{10}{3}$ b) $\binom{7}{6} \Big/ 3!$

c) $2^{10} \Big/ 10!$ d) $\binom{3}{0} + \binom{3}{1} + \binom{3}{2} + \binom{3}{3}$

Sachaufgabe 7.2:

Wieviele mögliche Nummernschilder gibt es für ein bestimmtes Ortskennzeichen, wenn in der Mitte einer oder zwei Buchstaben und dann die Zahlen von 1 bis 999 möglich sind?

Übungsaufgabe 7.3:

Wieviele Permutationen der Buchstaben a, b, c, d gibt es, in denen a, b und c je einmal auftreten und d zweimal auftritt?

Sachaufgabe 7.4:

In der Ersten Fußball-Bundesliga spielen in jeder Saison 18 Mannschaften. Wieviele Möglichkeiten gibt es am Ende der Saison für die ersten drei Plätze?

Sachaufgabe 7.5:

Innerhalb der Wohnung von Herrn und Frau K. gibt es 12 Lampen. Die beiden haben beschlossen, auf Energiesparen umzustellen und wollen entsprechende Birnen mit 10 oder 15 W Leistung aufhängen. Herr K. ist der Meinung, dass es 24 Möglichkeiten gebe, die Lampen auszustatten – man hat 12 Lampen, für jede hat man 2 Möglichkeiten. Ist das richtig?

Sachaufgabe 7.6:

Wieviele Möglichkeiten gibt es beim Skatspiel für die zwei Karten im Skat? Bei wievielen Möglichkeiten liegen zwei Buben im Skat?

Sachaufgabe 7.7:

Bei einer Weihnachtsfeier nehmen 12 Personen an 8 Runden „Bingo" teil, in jeder Runde gibt es einen Preis für den Gewinner. Wieviele Möglichkeiten gibt für die Auswahl der Personen, die mindestens einmal gewonnen haben? Wieviele unterschiedliche Preisaufteilungen sind möglich?

Sachaufgabe 7.8:

Eine Skatrunde aus 4 Personen spielt in 10 Spielrunden („bis 1000 Miese") jeweils einen Gewinner aus. Anschließend wird für jeden Teilnehmer festgehalten, wieviele Runden er gewonnen hat. Wieviele Möglichkeiten gibt es für dieses Endresultat?

8 Messen

8.1 Zählen und Messen

Im vorigen Kapitel wurde ausführlich über das Zählen geredet. Jetzt reden wir über das **Messen**. Der wesentliche Unterschied ist, dass man einzelne unterscheidbare Objekte „zählt" (auch wenn es sehr viele sind, wie etwa die Reiskörner in einem Topf), während beim „Messen" einer Größe statt einer natürlichen Zahl eine *beliebige* reelle Zahl als Resultat heraus kommen kann. Alltägliche Beispiele für das Messen sind:

☐ Messung der Temperatur in einem Raum mit einem Thermometer

☐ Messung der Seitenlänge eines Holzwürfels mit einem Zollstock

☐ Messung der Größe eines Grundstücks

Wie jeder weiß, muss man sich beim Messen auf eine **Maßeinheit** festlegen, damit man zu eindeutigen Zahlenwerten kommen kann. Ist dies bei der Temperatur $°C$ (Grad Celsius), so kann man $19,8\,°C$ messen, aber auch $-3,4\,°C$, also einen negativen Wert. Bei der Seitenlänge eines Holzwürfels oder der Größe eines Grundstücks können sich selbstverständlich keine negativen Zahlen ergeben, sondern lediglich Ergebnisse wie $58\,cm$ oder $766\,m^2$.

Anmerkung 8.1.1

Der Unterschied zwischen Zählen und Messen ist nicht so klar, wie es auf den ersten Blick erscheinen mag. Könnte ich die Anzahl der Moleküle eines Holzwürfels zählen, käme ich (wenn ich die Abstände der Moleküle zueinander wüsste) auch zur Seitenlänge. Zum anderen kann ich die Reiskörner in einem Topf auch zählen, indem ich den gesamten Reis wiege (also das Gewicht *messe*) und das Ergebnis durch das Gewicht eines Reiskorns teile.

Dem aufmerksamen Leser ist sicher aufgefallen, dass bei dem obigen dritten Beispiel – Messung der Größe eines Grundstücks – kein Messinstrument wie Thermometer oder Zollstock aufgeführt ist. In der Tat hat man hier gar kein direktes Messinstrument, sondern man muss andere Größen messen (z. B. Länge und Breite) und dann die interessierende Größe *ausrechnen*. Dabei muss in vielen Fällen die Multiplikation angewendet werden (wie auch beim Zählen, wir erinnern an den Bierkasten im vorigen Kapitel).

Beispiel 8.1.2

a) Ein freiberuflicher Unternehmensberater hat für einen Auftrag während einer Woche lang (vom Montag bis Freitag) jeweils 7 Arbeitsstunden aufgewendet. Wieviel hat er insgesamt in dieser Woche für den Auftrag gearbeitet? Die Antwort lautet natürlich: $5 \cdot 7 = 35$ Stunden

b) Ein rechteckiges Grundstück mit den Seitenlängen 18,5 m und 33 m soll verkauft werden. Aus wievielen Quadratmetern besteht das Grundstück? Hier ist die Antwort offenbar: $18,5 \cdot 33 = 610,5 \; m^2$ ∎

Bei dem Zählproblem in Teil a des Beispiels wendet man die Multiplikation an – wie gesagt, ist an die Produktstruktur und den Bierkasten aus dem Kapitel über das Zählen zu erinnern. In Teil b misst man ebenfalls zwei Größen (Länge und Breite), um daraus die eigentlich interessierende Größe Flächeninhalt ebenfalls per Multiplikation zu berechnen. Um deutlich zu machen, worauf wir hinaus wollen, führen wir die Beispiele nun weiter fort.

Fortsetzung von Beispiel 8.1.2

c) In der darauf folgenden Woche hat der Unternehmensberater für denselben Auftrag am Montag 3, am Dienstag 6, am Mittwoch 1, am Donnerstag 7 und am Freitag 4 Stunden gearbeitet. Insgesamt ergibt dies für die betreffende Woche $3 + 6 + 1 + 7 + 4 = 21$ Stunden.

d) Ein anderes Grundstück ist nicht rechteckig, sondern trapezförmig mit den Seitenlängen 35 m, 19 m, 28 m und 36,14 m (siehe Abb. 8.1).

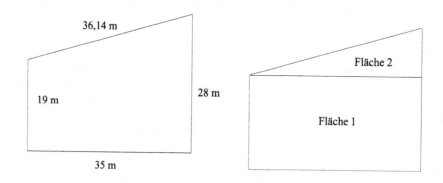

Abb. 8.1 Ein nicht-rechteckiges Grundstück

Um wieviele Quadratmeter handelt es sich hier? Aus der Schule erinnert man sich (hoffentlich), dass man die Fläche am einfachsten in ein Rechteck und ein Dreieck zerlegt (wie in der Abbildung rechts), die gesamte Fläche ergibt sich dann als $35 \cdot 19 + \frac{1}{2} \cdot 35 \cdot 9 = 822,5 \; m^2$. ∎

Man sieht: Wenn die Regelmäßigkeiten aus a und b (5 mal sieben Stunden, rechteckiges Grundstück) nicht vorhanden sind wie in c und d, hat man es mit dem Zählen und Messen etwas schwerer, Multiplizieren reicht nicht: Bei c muss man sozusagen rechnerisch „einen Schritt zurück gehen" und eine Summe bilden, bei d das zu messende Objekt ebenfalls in kleinere einfachere Teile zerlegen.

Und jetzt kommt, worauf wir hinaus wollen: Unter Umständen kann man sich das Zerlegen in kleinere Teile sparen.

Es gibt eine mathematische Konstruktion, die (in ihrer einfachsten Form) als Verallgemeinerung der Multiplikation aufgefasst werden kann und mit deren Hilfe zahlreiche – auch unregelmäßig strukturierte – Größen gemessen werden können: Wir sprechen vom **Integral**.

Weiter geht es im nächsten Abschnitt.

8.2 Das Integral als eine Verallgemeinerung des Produkts

Wenn man den Integralbegriff (etwa in der Schule) kennen lernt, stehen in der Regel zwei Aspekte dieser Begriffsbildung im Vordergrund:

☐ Mit dem Integral berechnet man die „Fläche unter einer Kurve".

☐ Integralrechnung ist die „Umkehrung der Differenzialrechnung".

Auf den zweiten Aspekt – Zusammenhang zur Differenzialrechnung – kommen wir im nächsten Abschnitt zu sprechen. Zuerst wollen wir auf den ersten Punkt eingehen, indem wir an die Überlegungen zum Messen des vorigen Abschnitts anschließen.

„Was interessiert mich die Fläche unter einer Kurve?", höre ich mathematik-kritische Geister fragen. Vor der weiteren Diskussion fahren wir mit zwei Beispielen fort.

Beispiel 8.2.1

a) Normalerweise gilt die einfache Formel

$$Geschwindigkeit = \frac{Weg}{Zeit}$$

oder (anders geschrieben) $Weg = Geschwindigkeit \cdot Zeit$. Dies stimmt aber so nur bei einer gleichförmigen Bewegung: Wenn z. B. ein Auto zwei Stunden lang mit $50 \, \frac{km}{h}$ fährt, hat es $100 \, km$ zurück gelegt. Was ist aber bei einer beschleunigten Bewegung? Aus dem Physikunterricht weiß man noch: Lasse ich einen Apfel vom Kirchturm fallen, so fällt dieser immer schneller, die Fallgeschwindigkeit ist eine lineare Funktion der Zeit: $v(t) = 9,81 \cdot t$. Dabei steht t für die seit dem Loslassen des Apfels vergangene Zeit in Sekunden, $v(t)$ für seine Geschwindigkeit in $\frac{m}{sec}$ zum Zeitpunkt t, und 9,81 ist eine Konstante mit der Einheit $\frac{m}{sec^2}$. Mit anderen Worten hat der Apfel nach einer Sekunde die Geschwindigkeit $9,81 \, \frac{m}{sec}$, nach zwei Sekunden ist seine Geschwindigkeit $9,81 \cdot 2 = 19,62 \, \frac{m}{sec}$ usw. Wenn ich nun wissen will, *welchen Weg* in Metern der Apfel nach 2 Sekunden zurück gelegt hat, reicht die Formel $Weg = Geschwindigkeit \cdot Zeit$ offenbar nicht mehr aus, denn ich kann keinen Wert für die Geschwindigkeit einsetzen, die sich ja dauernd ändert!

In Kapitel 4 wurde dieses Thema in einem Extrakasten „Geschwindigkeit als Ableitung" schon einmal angesprochen – die Geschwindigkeit ergibt sich als Ableitung der Weg-Zeit-Funktion. Nun betrachten wir die Sache allerdings anders herum und fragen: „Wie bestimme ich den zurück gelegten Weg, wenn die Geschwindigkeit zu jedem Zeitpunkt bekannt ist?"

Hier hilft ein Schaubild der Funktion – siehe Abbildung 8.2.

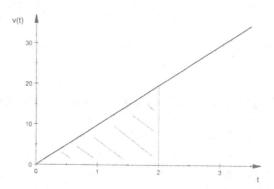

Abb. 8.2: Die Geschwindigkeit eines fallenden Apfels

Der „Knackpunkt" ist: Die schraffierte Fläche (unter der zur Funktion $v(t)$ gehörenden Geraden) entspricht der gesuchten Weglänge in Metern, die der Apfel nach zwei Sekunden zurück gelegt hat!

b) Ähnlich, wie man die Geschwindigkeit eines fahrenden Autos oder eines fallenden Apfels *zu einem Zeitpunkt* betrachten kann, ist es möglich, über den Wasserverbrauch einer Stadt in m^3/h (Kubikmeter pro Stunde) *zu einem Zeitpunkt* zu sprechen. In Abbildung 8.3 ist der Wasserverbrauch einer bayrischen Kleinstadt am Abend des 9.2.2005 aufgezeichnet. Um 20.45 Uhr begann die Fernsehübertragung eines Fußball-Länderspiels zwischen Deutschland und Argentinien.

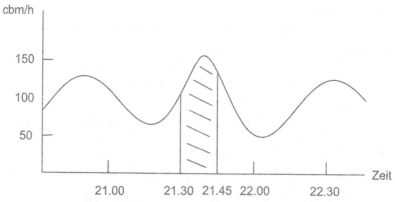

Abb. 8.3: Wasserverbrauch beim Länderspiel

Wie man sieht, wurde in der Halbzeitpause zwischen 21.30 und 21.45 recht viel Wasser verbraucht. (Die Erklärung dieses Phänomens überlassen wir dem Leser.) Wieviele Kubikmeter Wasser wurden in der Pause verbraucht? Offenbar ist diese Wassermenge durch die Größe der schraffierten Fläche gegeben! ◘

Die Beispiele haben hoffentlich deutlich gemacht, dass die „Fläche unter einer Kurve" sehr wohl von Interesse sein kann. Man kann damit Größen mathematisch in den Griff bekommen, die sich *im einfachsten Fall* als Produkt zweier anderer Größen ergeben, wobei jedoch *im allgemeinen* eine Größe funktional von der anderen abhängt, indem sie mit dem Wachsen der ersten Größe schwankende Werte annimmt. Das gesuchte „verallgemeinerte Produkt" wird dann durch die Größe der Fläche unter der in einem Schaubild als Kurve dargestellten Funktion gegeben.

Man kann dies noch besser verdeutlichen, wenn man sich den Unterschied zwischen Produkt und Integral „dynamisch" vorstellt. In Abbildung 8.4 ist zunächst eine konstante Funktion der Form $f(x) = c$ dargestellt: Wenn x_0 von a nach b „läuft", überstreift die über x_0 eingezeichnete Senkrechte die gesamte unter $f(x)$ liegende Fläche; ist x_0 bei b angekommen, wurde die ganze Fläche der Größe $(b-a) \cdot c$ abgedeckt. Das rechte Bild zeigt eine nichtkonstante Funktion $g(x)$: Die über x_0 senkrecht errichtete Strecke bis zur Kurve ändert dauernd ihre Länge, die am Ende überstrichene Fläche kann nicht mehr einfach als Produkt errechnet werden.

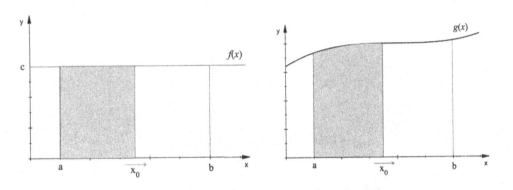

Abb. 8.4: Überstreichen der Flächen unter zwei Funktionen

Das Schöne ist nun:

> Kennt man die Funktionsbeschreibung in Form eines mathematischen Ausdrucks, so kann man die Fläche unter der Kurve tatsächlich (in der Regel) direkt ausrechnen! Genau dazu dient das Integral.

Die präzise Begriffsbildung ist folgende:

Ist $y = f(x)$ eine auf einem Intervall $[a;b]$ der reellen Zahlen definierte Funktion, so wird die Größe der Fläche zwischen der zugehörigen Kurve und der x-Achse mit

$$\int_a^b f(x)\,dx$$

bezeichnet.[xl] (Man liest: „Integral von a bis b f von x dx.")

In Abbildung 8.5 ist dies skizziert.

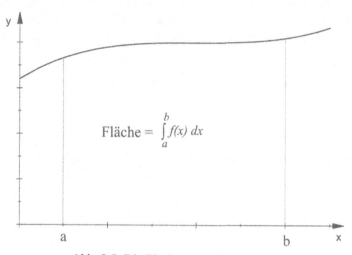

$$\text{Fläche} = \int_a^b f(x)\,dx$$

Abb. 8.5: Die Fläche unter einer Kurve

8.3 Differenzial– und Integralrechnung

Nach den Überlegungen der beiden vorigen Abschnitte stellt sich selbstverständlich die Frage, wie man die Zahl

$$\int_a^b f(x)\,dx \ ,$$

welche – wie wir gesehen haben – die Größe der Fläche unter der Kurve zu $f(x)$ (zwischen a und b) angibt, denn nun im konkreten Fall *ausrechnet*. Wir beginnen mit einem Beispiel.

Beispiel 8.3.1

Wie groß ist $\int_0^2 x^2\,dx$ (siehe Abbildung 8.6)?

[xl] Damit man der Fläche sinnvoll eine Größe zuordnen kann, muss die Funktion ein paar Voraussetzungen erfüllen, die meist erfüllt sind. (Die Funktion darf nicht zu „verrückt" sein.) Z. B. reicht es aus, wenn sie stetig ist.

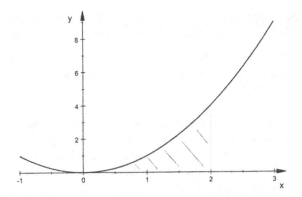

Abb. 8.6: Ein Stück Fläche unter der Normalparabel

Man geht folgendermaßen vor:

☐ Zuerst wird eine Funktion $F(x)$ gesucht, deren Ableitung die Funktion $f(x) = x^2$ ist, m. a. W. soll $F'(x) = x^2$ sein. Aus den Gesetzen der Differenzialrechnung (vgl. Kapitel 4) ergibt sich, dass beispielsweise $F(x) = \frac{1}{3} x^3$ passt.

☐ Man setzt die obere und untere „Integrationsgrenze" (hier: die Werte 2 und 0) in $F(x)$ ein und bildet die Differenz der beiden erhaltenen Werte:

$$F(2) - F(0) = \frac{1}{3} \cdot 2^3 - \frac{1}{3} \cdot 0^3 = \frac{8}{3}$$

Das ist der gesuchte Flächeninhalt. ◘

Ist eine Funktion $y = f(x)$ gegeben, so nennt man eine Funktion $y = F(x)$, deren *Ableitung* $f(x)$ ist (also $F'(x) = f(x)$, wie im obigen Beispiel), eine **Stammfunktion** von $f(x)$.

Jetzt muss der tapfere Leser leider „ins kalte Wasser geworfen" werden – wir formulieren den **Hauptsatz der Differenzial- und Integralrechnung**:

Satz 8.3.2

Die Funktion $y = f(x)$ sei in dem Intervall $[a;b]$ definiert und habe dort $y = F(x)$ als Stammfunktion. Dann gilt:

$$\int_a^b f(x)\, dx = F(b) - F(a)$$

Der Satz wirft natürlich sofort eine wichtige Frage auf: Wie finde ich denn zu einer gegebenen Funktion $y = f(x)$ eine Stammfunktion? Im obigen Beispiel 8.3.1 hat man sich ans Ableiten erinnert und sozusagen „rückwärts gedacht": Da die Ableitung von x^3 lautet $3x^2$, muss man als Stammfunktion $\frac{1}{3}x^3$ nehmen, damit sich beim Ableiten die „3" wegkürzt und nur x^2 heraus kommt.

Es geht also darum, eine Funktion zu suchen, deren erste Ableitung man kennt. (Dies ist der Grund dafür, dass man auch sagt, Integrieren sei die Umkehrung des Differenzierens.) Es dürfte deshalb klar sein, dass es für das Finden einer Stammfunktion von Vorteil ist, wenn man die Regeln für das Differenzieren gut beherrscht!

Wir schauen auf ein weiteres Beispiel.

Beispiel 8.3.3

In einem Unternehmen, welches nur ein einziges Produkt herstellt, sei die folgende **Grenzkostenfunktion** bekannt:

$$K'(x) = \tfrac{1}{4}x^3 - x^2 + 50$$

Die Grenzkostenfunktion ist die Ableitung der **Kostenfunktion** (vgl. Beispiel 4.4.3). Wie lautet die Kostenfunktion $K(x)$?

Mit ähnlichen Überlegungen wie oben in Beispiel 8.3.1 kommt man zu dem Schluss, dass $\frac{1}{16}x^4$ eine Stammfunktion zu $\frac{1}{4}x^3$ ist, $\frac{1}{3}x^3$ eine solche zu x^2 und $50x$ zu der Konstanten 50. Tatsächlich hat man mit

$$K(x) = \tfrac{1}{16}x^4 - \tfrac{1}{3}x^3 + 50x$$

einen Kandidaten für die Kostenfunktion gefunden, wie man durch Ableiten leicht nachprüft: dabei kommt die obige Grenzkostenfunktion wieder heraus.

Nach einer weiteren Überlegung kommen wir auf das Beispiel zurück. ◘

Der aufmerksame Leser wird schon bei Beispiel 8.3.1 auf die folgende Frage gestoßen sein: Wenn es mehrere Stammfunktionen gibt – welche ist dann die richtige? Und: Kommt immer das gleiche Integral heraus, egal welche Stammfunktion ich nehme? Beispielsweise sind auch die Funktionen $G(x) = \frac{1}{3}x^3 + 3$ oder $H(x) = \frac{1}{3}x^3 - \frac{5}{6}$ Stammfunktionen zu $f(x) = x^2$, denn beim Ableiten fallen die Konstanten „3" bzw. „$\frac{5}{6}$" ja wieder weg! Glücklicherweise fallen sie auch bei der Berechnung des Integrals nach Satz 8.3.2 weg:

$$G(2) - G(0) = (\tfrac{1}{3} \cdot 2^3 + 3) - (\tfrac{1}{3} \cdot 0^3 + 3) = \tfrac{8}{3} + 3 - 3 = \tfrac{8}{3}$$

$$H(2) - H(0) = (\tfrac{1}{3} \cdot 2^3 - \tfrac{5}{6}) - (\tfrac{1}{3} \cdot 0^3 - \tfrac{5}{6}) = \tfrac{8}{3} - \tfrac{5}{6} + \tfrac{5}{6} = \tfrac{8}{3}$$

Als Fazit dieser Überlegungen können wir festhalten:

> ☐ Zu einer Stammfunktion kann man immer eine beliebige Konstante addieren, man bekommt wieder eine Stammfunktion der ursprünglich gegebenen Funktion.
>
> ☐ Für die Berechnung des Integrals nach Satz 8.3.2 ist es egal, welche Stammfunktion man nimmt – es kommt immer das Gleiche heraus.[xli]

Unter „Integrieren" wird oft nur das Ermitteln einer Stammfunktion verstanden. Genauer gesagt wird die folgende Terminologie verwendet. Wenn man beispielsweise die Stammfunktion(en) von $f(x) = x^2$ wissen möchte, so schreibt man hin

$$\int x^2 dx = \tfrac{1}{3} x^3 + C$$

und spricht vom **unbestimmten Integral** (im Gegensatz zum **bestimmten Integral** wie in 8.3.2). Man meint damit, dass man für „C" einen beliebigen konstanten Wert einsetzen kann, immer ergibt sich eine Stammfunktion.

Fortsetzung von Beispiel 8.3.3

Das bisherige Ergebnis können wir nun auch so hinschreiben:

$$K(x) = \int (\tfrac{1}{4} x^3 - x^2 + 50) = \tfrac{1}{16} x^4 - \tfrac{1}{3} x^3 + 50x + C$$

Das bedeutet: Man kann für C eine beliebige Zahl einsetzen, immer ergibt sich eine mögliche Kostenfunktion für die eingangs gegebene Grenzkostenfunktion.

Nun sei zusätzlich vorausgesetzt, dass die Fixkosten, die auch anfallen, wenn nichts produziert wird ($x = 0$), bekannt sind: $K(0) = 50000$. Einsetzen in die obige Gleichung ergibt dann wegen $K(0) = \tfrac{1}{16} \cdot 0^4 - \tfrac{1}{3} \cdot 0^3 + 50 \cdot 0 + 50000$ das Ergebnis $C = 50000$. Als einzige Kostenfunktion, die *alle* Bedingungen erfüllt, ist somit übrig geblieben:

$$K(x) = \tfrac{1}{16} x^4 - \tfrac{1}{3} x^3 + 50x + 50000 \quad ■$$

An dem Beispiel hat man gesehen: Verfügt man neben der Kenntnis der Ableitung noch über eine Zusatzinformation (auch **Randbedingung** genannt), so kann dadurch die gesuchte Stammfunktion eindeutig bestimmt sein.

Wir wollen zu einem weiteren physikalischen Beispiel kommen – wer mit Technik und Naturwissenschaften „nichts am Hut" hat, sollte es jedoch besser überspringen.

[xli] Streng genommen muss man an dieser Stelle noch wissen, dass sich *je zwei* Stammfunktionen zu derselben Funktion immer nur um einen konstanten Summanden unterscheiden, es m. a. W. im Grunde (bis auf Addition von Konstanten) doch immer nur eine Stammfunktion gibt. Dies ist in der Tat der Fall, eine Begründung wollen wir uns hier jedoch sparen.

Beispiel 8.3.4

Wieviel Energie muss man aufwenden, um einen 25 g schweren Kieselstein so kraftvoll in die Luft zu werfen, dass er die Erdanziehung überwindet und auf Nimmerwiedersehen im Weltall verschwindet?

Übertragen wird diese Energie durch die Arbeit, die der Stein auf seinem Flug entgegen der Erdanziehungskraft verrichtet. In der Physik ist die **Mechanische Arbeit** als „Kraft mal Weg" definiert, genauer gesagt gilt:

$$W = F \cdot s$$

Dabei bezeichnet F die Kraft (gemessen in *Newton* bzw. $kg\,{}^m\!/_{sec^2}$), mit der ein Körper bzw. Massenpunkt um eine Wegstrecke s (in Metern) verschoben (oder gehoben) wird. Die Arbeit wird also in Nm (Newtonmeter) gemessen, als Energiemaß entspricht dies einem Joule.

Nun ändert sich die Erdanziehungskraft während des Fluges des Kieselsteins laufend – hat der Stein schon eine gewisse Höhe erreicht, ist diese Kraft bereits ein wenig kleiner geworden. Mit anderen Worten braucht man ein Integral!

Die Physik sagt: Die Gravitationskraft F_G, die bei der Anziehung zweier Massen m_1 und m_2 wirkt, ist gegeben durch

$$F_G(r) = \gamma \frac{m_1 \cdot m_2}{r^2}.$$

Dabei ist r der Abstand zwischen den Massenmittelpunkten und γ die sogenannte Gravitationskonstante. Bezeichnen wir mit R den Erdradius, mit M die Erdmasse und mit m die Masse des Steins, so kommen wir zu dem folgenden Integral für die zu berechnende Arbeit:

$$W_G = \int_R^\infty \gamma \frac{M \cdot m}{r^2}\, dr$$

Für die obere Integrationsgrenze ist der Wert „∞" eingesetzt, da der Stein strenggenommen unendlich weit von der Erde entfernt sein muss, um von dieser überhaupt nicht mehr angezogen zu werden. Man nennt ein solches Integral ein **uneigentliches Integral** – es kann ausgerechnet werden, indem man als obere Integrationsgrenze immer größer werdende Zahlen z einsetzt und dabei überlegt, auf welchen Wert die zugehörigen Integrale $W_G = \int_R^z \gamma \frac{M \cdot m}{r^2}\, dr$ zulaufen (man sagt: **konvergieren**) – das klappt übrigens nicht bei jedem Integral.

Da $-\frac{1}{r}$ eine Stammfunktion zu $\frac{1}{r^2}$ ist und die Konstanten γ, M und m vor das Integral gezogen werden können, ergibt sich als Ergebnis:

$$W_G = \gamma Mm \left(\frac{1}{R} - \frac{1}{z} \right)$$

Jetzt sieht man, was los ist: Wenn z immer größer wird, nähert sich $\frac{1}{z}$ dem Wert Null, so dass für das uns interessierende uneigentliche Integral herauskommt:

$$W_G = \frac{\gamma Mm}{R}$$

Die Größen γ, R und M muss man sich aus einem Nachschlagewerk besorgen:

$$\gamma = 6,67 \cdot 10^{-11}\, m^3 kg^{-1} \sec^{-2} \qquad R = 6,37 \cdot 10^6\, m \qquad M = 5,977 \cdot 10^{24}\, kg$$

Setzt man noch für den Stein $m = 0,025\ kg$ ein, so ergibt sich

$$W_G \approx 0,156 \cdot 10^7\ Nm \text{ bzw. } W_G \approx 1560\ kJ\,.$$

Da eine Tiefkühlpizza einen Brennwert von ca. 800 kJ hat, kann man also sagen:

Man braucht die Energie von zwei Pizzas, um einen 25 g schweren Stein auf Nimmerwiedersehen ins Weltall zu schleudern.

Diese Rechnung ist natürlich nicht völlig ernst zu nehmen, da sie viele Idealisierungen enthält. Zuallererst kann kein Mensch zwei Pizzas essen und die darin enthaltene Energie vollständig in einem Steinwurf „verbraten". Zweitens ist nicht berücksichtigt, dass der Stein auf seinem Flug weitere Energie durch die Reibung mit der Luft verliert bzw. durch die dadurch entstehende Hitze sogar verglühen kann. Andererseits kann der Stein auch mit weniger „Schwung" in das Anziehungsfeld eines anderen Himmelskörpers geraten und kommt auch dann nicht zurück. Die physikalische Realität ist also komplexer, als dass man sie mit einem Integral beschreiben könnte – trotzdem liefert die obige Rechnung zumindest eine Abschätzung der Größenordnung. ◘

Wir müssen noch einmal zu der Frage kommen, *wie man integriert*, also Stammfunktionen findet. Im Extrakasten „Technik des Integrierens" sind einige Integrationsregeln zusammengestellt, die helfen können, eine Stammfunktion zu finden, wenn Stammfunktionen von Teilen der Funktion bekannt sind.

Leider ist Integrieren wesentlich schwieriger als Ableiten – beispielsweise kann man unter Umständen keine Stammfunktion zu einem Produkt $f(x) \cdot g(x)$ finden, obwohl man Stammfunktionen zu den beiden einzelnen Funktionen kennt. Oft lässt sich eine Stammfunktion in Form eines geschlossenen mathematischen Ausdrucke (also durch eine „Formel") überhaupt nicht angeben. Ein Beispiel ist die Funktion $f(x) = e^{-x^2}$, die in der Statistik eine Rolle spielt. In solchen Fällen muss man Verfahren der Numerischen Mathematik anwenden, um Integrale zu berechnen.

Technik des Integrierens

Folgendes ist leicht einzusehen: Ist $F(x)$ eine Stammfunktion von $f(x)$ und $G(x)$ eine von $g(x)$, so ist $F(x) + G(x)$ eine Stammfunktion von $f(x) + g(x)$. Das folgt sofort aus der Summenregel für das Ableiten (vgl. Seite 81): $f(x) + g(x)$ ist demnach die Ableitung von $F(x) + G(x)$. Der Leser überlege sich selbst, dass das soeben Gesagte durch die folgende Formel ausgedrückt wird (die außerdem noch die Subtraktion beinhaltet):

$$\int (f(x) \pm g(x))\,dx = \int f(x)\,dx \pm \int g(x)\,dx$$

Dies nennt man die **Summenregel** für die Integration.

Entsprechend gilt auch die **Faktorregel** (mit beliebiger Konstante a)

$$\int (a \cdot f(x))\, dx = a \cdot \int f(x)\, dx .$$

Weitere zwei wichtige Integrationstechniken beruhen auf „Umkehrungen" der Produkt- und der Kettenregel für das Ableiten.

Partielle Integration

Aus der Produktregel $(g \cdot h)' = g' \cdot h + g \cdot h'$ (vgl. Abschnitt 4.4) lässt sich die folgende Integrationsformel herleiten:

$$\int g(x) \cdot h'(x)\, dx = g(x) \cdot h(x) - \int g'(x) \cdot h(x)\, dx$$

Damit kann man z. B. $\int x \cdot e^x\, dx$ ausrechnen: Man setzt $g(x) = x$ und $h(x) = e^x$ und erhält damit

$$\int x \cdot e^x\, dx = x \cdot e^x - \int 1 \cdot e^x\, dx = x \cdot e^x - e^x + C \text{ bzw. } e^x(x-1) + C .$$

Substitution

Die Kettenregel $(g(f))' = g'(f) \cdot f'$ (siehe auch hierzu in Abschnitt 4.4) ergibt umgekehrt

$$\int g'(f(x)) \cdot f'(x)\, dx = g(f(x))$$

Hiermit ergibt sich beispielsweise $\int e^{2x} \cdot 2\, dx = e^{2x} + C$ (mit $f(x) = 2x$ und $g(f) = e^f$).

8.4 Zum allgemeinen Integralbegriff

Dieser Abschnitt ist sicher schwerer zu verstehen als die vorigen drei. Eher technik-ferne Leser, die sich mit dem Wissen über Integrale aus den bisherigen Ausführungen begnügen können, *müssen* diesen Abschnitt nicht lesen.

Bei den vorigen Betrachtungen zum Integralbegriff stand die Interpretation als verallgemeinertes Produkt bzw. Fläche unter einer Kurve im Vordergrund. Tatsächlich kann man jedoch weitaus mehr Größenmessungen mit Hilfe von Integralen modellieren, wenn man – und dies ist der allgemeinere Ansatz – ein Integral als kontinuierliche Summe sieht („unendlich viele unendlich kleine Summanden").

Das allgemeine Vorgehen lässt sich folgendermaßen skizzieren:

☐ Man zerlegt die nicht ohne weiteres zu berechnende Größe G in eine *sehr große* Anzahl *sehr kleiner* Größen:

$$G = g_1 + g_2 + ... + g_n$$

☐ Man ersetzt die sehr kleinen Größen g_i durch $\tilde{g}_i$, die wenig von den jeweiligen g_i abweichen, deren Größe man jedoch nach einer (möglichst einfachen) Formel berechnen kann.

☐ Man führt eine Variable x und eine Funktion $f(x)$ so ein, dass die x-Werte zwischen zwei Randwerten a und b liegen und sich die Größen $\tilde{g}_i$ darstellen lassen als $\tilde{g}_i = f(x_i) \cdot \Delta x_i$. Dabei sind $a = x_1 < x_2 < \ldots < x_n < x_{n+1} = b$ Werte zwischen a und b und die $\Delta x_i = x_{i+1} - x_i$ kleine Zahlenwerte, die sich ebenso wie die g_i und die $\tilde{g}_i$ der Null annähern, wenn die Anzahl n der Summanden immer größer wird.

☐ Man lässt schließlich in der Summe $\sum_{i=1}^{n} f(x_i) \cdot \Delta x_i$ die Anzahl n immer weiter wachsen (dabei nähern sich die Größen Δx_i dem Wert Null) und nennt den Grenzwert – sofern er existiert –

$$\int_a^b f(x)\,dx \,.$$

Dieses Integral steht für die gesuchte Größe G.

Die in den vorigen Abschnitten behandelten „Flächen unter Kurven" passen sich in dieses Muster ein: Man zerlegt die Fläche in Streifen mit Flächeninhalt g_i (siehe Abbildung 8.7), die durch Rechtecke $\tilde{g}_i$ angenähert werden. Wächst die Zahl n der Streifen, so nähert sich die Summe der Rechtecksflächen immer mehr der gesuchten Fläche, die durch das Integral dargestellt wird.

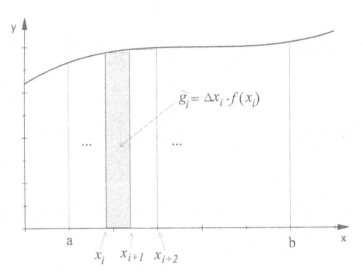

Abb. 8.7: Annäherung der Fläche unter einer Kurve durch Rechtecke

Dass dies ein sehr erfolgreicher Ansatz ist, wollen wir an einem weiteren Beispiel aufzeigen, ohne tiefer auf das vollständige Theoriegebäude einzugehen.

Beispiel 8.4.1

Wie lang ist das Parabel-Kurvenstück aus Abbildung 8.6? Wir wollen also nicht die Fläche unter der Kurve wissen, sondern die **Länge der Kurve** zwischen den Punkten $(0;0)$ und $(2;4)$. In Abbildung 8.8 ist dargestellt, wie man hier nach dem oben beschriebenen Muster vorgehen kann.

Das Kurvenstück wird durch n viele kleine Geradenstücke angenähert, deren Längen sich nach dem Satz des Pythagoras ergeben:

$$\tilde{g}_i = \sqrt{\Delta x_i^2 + (x_{i+1}^2 - x_i^2)^2}$$

Dieser Ausdruck kann umgeformt werden zu

$$\tilde{g}_i = \Delta x_i \cdot \sqrt{1 + (2x_i + \Delta x_i)^2}\,.$$

(Wer möchte, kann sich die rechnerischen Zwischenschritte in einem Extrakasten ansehen.)

Als Funktion $f(x)$ fungiert hier der Ausdruck $\sqrt{1 + (2x)^2}$ bzw. $\sqrt{1 + 4x^2}$. Wird nun n immer größer (und rücken damit die Werte Δx_i immer näher an die Null), so ergibt sich im Grenzwert für die gesuchte Länge des Kurvenstücks:

$$\int_0^2 \sqrt{1 + 4x^2}\; dx$$

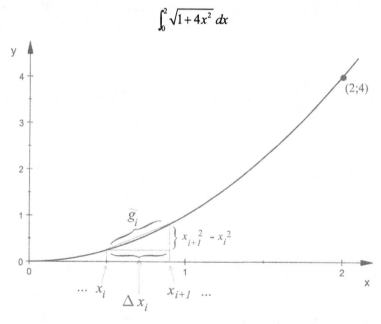

Abb. 8.8: Bestimmung der Länge eines Kurvenstücks

Leider ist es nicht einfach, hierzu eine Stammfunktion zu finden – jedenfalls geht das über den Stoff dieses Buches hinaus. Der Vollständigkeit halber schreiben wir jedoch eine Stammfunktion zu $\sqrt{1 + 4x^2}$ hin:

$$F(x) = \frac{1}{2}\left(2x\sqrt{1+4x^2} + \ln(2x + \sqrt{1+4x^2})\right)$$

Einsetzen der Integrationsgrenzen 2 und 0 führt schließlich ungefähr zu 9,29 als Länge des Kurvenstücks. ◻

Eine rechnerische Umformung

Ausgehend von

$$\tilde{g}_i = \sqrt{\Delta x_i^2 + (x_{i+1}^2 - x_i^2)^2}$$

kann man zunächst unter der Wurzel Δx_i^2 ausklammern:

$$\tilde{g}_i = \sqrt{\Delta x_i^2 \left(1 + \frac{(x_{i+1}^2 - x_i^2)^2}{\Delta x_i^2}\right)}$$

Unter Ausnutzung der Beziehung $x_{i+1} = x_i + \Delta x_i$ führt das zu:

$$\tilde{g}_i = \Delta x_i \cdot \sqrt{1 + \left(\frac{x_i^2 + 2x_i \Delta x_i + \Delta x_i^2 - x_i^2}{\Delta x_i}\right)^2} = \Delta x_i \cdot \sqrt{1 + (2x_i + \Delta x_i)^2}$$

Mit einer ähnlichen Vorgehensweise wie im letzten Beispiel kann man das **Volumen eines Rotationskörpers** durch ein Integral berechnen – dies wird gelegentlich im Schulunterricht behandelt. Man stellt sich vor, eine im x-y-Koordinatensystem gegebene Funktionskurve würde um die x-Achse „rotieren", und richtet sein Augenmerk auf den dadurch entstehenden Körper im dreidimensionalen Raum. Wir gehen hier nicht weiter darauf ein.

Für diejenigen Leser, die an dieser Stelle *noch mehr* wissen wollen, sei ferner gesagt, dass der Integralbegriff noch in mehrere weitere Richtungen verallgemeinert werden kann. Grundidee bleibt immer, dass eine Größenbestimmung darauf beruht, dass man das zu messende Objekt in ganz viele ganz kleine Teile zerlegt, die man leicht messen kann – und dann eine Grenzwertbetrachtung macht. Dabei kann man sich auch davon lösen, dass das Integrationsgebiet (auf dem man sozusagen „lang läuft" und das man in viele Teile teilt) ein Intervall auf der reellen Zahlengeraden ist – beim **Kurvenintegral** ist dies beispielsweise ein Stück einer ebenen oder räumlichen Kurve.

Aufgaben zu Kapitel 8

Sachaufgabe 8.1:

Ein schnelles Auto startet mit einer konstanten Beschleunigung von 10 $\frac{m}{\sec^2}$, die für mehr als 5 Sekunden beibehalten wird. Welchen Weg hat das Auto nach 5 Sekunden zurückgelegt?

Sachaufgabe 8.2:

Welche Kostenfunktion liegt zugrunde, wenn die Grenzkostenfunktion $K'(x) = 0,05x^2 - 2x + 80$ ist und die Fixkosten 8000 € betragen?

Übungsaufgabe 8.3:

Zu den folgenden Funktionen sollen Stammfunktionen bzw. die unbestimmten Integrale bestimmt werden:

a) $f(x) = 2x - 1$

b) $f(x) = \sqrt[3]{x}$

c) $f(x) = \frac{1}{x}$

d) $f(x) = \cos x$

Übungsaufgabe 8.4:

Bestimmen Sie für die folgenden Funktionen die unbestimmten Integrale:

a) $f(x) = x \cdot \sin x$ b) $f(x) = \ln x$ c) $f(x) = 2^x$ d) $f(x) = \frac{1}{2x+1}$

Übungsaufgabe 8.5:

Man berechne die folgenden bestimmten Integrale:

a) $\int_0^1 (x + \sqrt{x})\, dx$

b) $\int_0^2 \sqrt{4x+1}\, dx$

c) $\int_0^\pi x \cdot \sin x\, dx$

d) $\int_2^2 \sin x \cdot e^{x^3}\, dx$

Übungsaufgabe 8.6:

Man ermittle den Inhalt der Fläche, die zwischen $x = 1$ und $x = 2$ von den Kurven zu den Funktionen $f(x) = 2x^2$ und $g(x) = -3x^2 + 15x - 10$ eingegrenzt wird.

Übungsaufgabe 8.7:

Welchem der beiden uneigentlichen Integrale $\int_1^\infty \frac{1}{x}\, dx$ bzw. $\int_1^\infty \frac{1}{x^2}\, dx$ kann man sinnvoll einen Wert zuordnen?

Übungsaufgabe 8.8:

Benutzen Sie ein Integral, um die Summe $\sum_{i=1}^{100} i^2$ abzuschätzen.

9 Raten

9.1 Raten, Zufall und Wahrscheinlichkeit

Niemand wird bestreiten, dass die Mathematik im täglichen Leben beim **Zählen, Rechnen** und **Messen** gute Dienste leistet. In diesem Kapitel geht es um das **Raten**. Die Rede ist von der **Wahrscheinlichkeitstheorie**, deren Nutzen man als *methodische Hilfe beim Raten* beschreiben kann.[xlii]

Wir müssen dauernd Entscheidungen fällen, deren Richtigkeit nicht 100%ig klar ist – sei es, weil wir nicht über genügend Informationen verfügen, sei es, dass Zufall im Spiel ist. Wir müssen die richtige Entscheidung *raten*.

☐ Soll ich einen Schirm mitnehmen, weil sich am Himmel eine Wolke zeigt?

☐ Soll ich einen neuen Kasten Bier kaufen, oder reicht es noch übers Wochenende? (Vielleicht kommt Besuch?)

☐ Soll ich bei meinem Lottotip (6 aus 49) als Superzahl die „3" oder die „4" wählen?

Man sieht, dass der Begriff des Zufalls hier eine Rolle spielt.

Was ist **Zufall**?

Wenn man den Dingen gerne auf den Grund geht, kann man sich bei diesem Begriff leicht „die Zähne ausbeissen".

☐ Ist es Zufall, wenn mir in der Stadt ein alter Freund über den Weg läuft?

☐ Ist es Zufall, wenn ich im Supermarkt eine Kasse erwische, an der es erfreulich schnell voran geht?

☐ Ist es Zufall, wenn ich mit einem Spielwürfel eine „6" würfle?

☐ Ist es Zufall, wenn mein Freund „7" sagt, nachdem ich ihn aufgefordert habe, mir eine Zahl zwischen 1 und 10 zu nennen?

Hätte ich beim ersten Beispiel *gewusst*, dass mein alter Freund wieder in der Stadt wohnt und um 10.31 Uhr seine Wohnung verliess, um die Friedrich-Ebert-Straße entlang zu gehen, hätte ich mit dem Zusammentreffen gerechnet!

Und zur Supermarktkasse: Es mag sich um eine besonders fixe Kassiererin handeln, außerdem kann ich eine „verkehrsarme" Zeit erwischen. Dann ist es sicher kein Zufall, wenn es schnell geht!

Zum Würfelbeispiel: Ob der Würfel so landet, dass die „6" oben liegen bleibt, hängt selbstverständlich von der Bewegung meiner Hand im Augenblick des Loslassens, von der Lage des Würfels in genau diesem Augenblick und anderen Randbedingungen ab, die zusammen

---

[xlii] Bei der Überarbeitung dieses Kapitels sind einige Anregungen aus „Gero von Randow. Das Ziegenproblem" (vgl. Literaturhinweise) eingeflossen.

das Ergebnis nach physikalischen Gesetzen bestimmen! Kann es einen weniger zufälligen Ablauf geben?

Schließlich zum Nennen einer Zahl: Auch hier kann man den Standpunkt haben, dass die chemischen Prozesse im Gehirn meines Freundes – möglicherweise abhängig von genetischer Veranlagung, bisherigem Lebenslauf, augenblicklicher Stimmung, Wetter usw. – zwangsläufig zum Ergebnis „7" führen.

Fazit aus diesen Beispielen könnte sein, dass einem Umstand, den wir „Zufall" nennen, immer entweder ein Informationsmangel zugrunde liegt (Beispiele „Freund in der Stadt" und „Supermarkt"), oder dass der betreffende Vorgang eine so hohe Komplexität aufweist, dass wir den nach naturwissenschaftlichen Gesetzen deterministisch ablaufenden Prozess nicht berechnen können (oder wollen).

Gibt es denn dann überhaupt „echten Zufall"?

Nach heutiger mehrheitlicher Auffassung findet man „echt zufällige" Abläufe in der Quantenphysik. Die Hauptaussage ist dort allerdings, dass man gewisse Größen *prinzipiell nicht gleichzeitig messen* kann, so dass man für die Beschreibung der physikalischen Prozesse ebenso gut Zufall unterstellen kann. Ob *wirklich* Zufall im Spiel ist, wird bis heute unter den Quantenphysikern diskutiert und führt letztlich auch zu einer Frage der Weltanschauung. Albert Einstein hat hierzu einmal seine Auffassung so formuliert: „Gott würfelt nicht."

Trotz dieser offenen Fragen um den Begriff Zufall kann die Mathematik brauchbare Aussagen über zufällige (oder auch: zufällig erscheinende) Prozesse treffen – dazu mehr in den nächsten Abschnitten[xliii]. In ihrer typisch pragmatischen Art ist es der Mathematik dabei „egal", ob es echten Zufall überhaupt gibt. Der Erfolg der Wahrscheinlichkeitstheorie, präzise Aussagen über zufällige[xliv] Prozesse treffen und Hilfen beim Raten geben zu können, gibt ihr dabei recht!

Kehren wir nun zum Raten zurück – und zwar mit einem „blutrünstigen" Beispiel (in der Mathematik nicht unüblich!), an dem man einiges sehen kann.

Beispiel 9.1.1

In grauer Vorzeit gab es drei grausame Herrscher A, B und C, die den von ihnen zum Tode verurteilten Gefangenen an deren letztem Abend noch einmal die Chance zum Überleben gaben. Sie spielten in unterschiedlicher Weise mit den Gefangenen und dem Zufall.

Herrscher A: Der Herrscher griff eine Kugel aus einer Urne, in der fünf weiße und fünf schwarze Kugeln lagen – der Gefangene konnte die gezogene Kugel nicht sehen. Nun musste der Delinquent raten, ob die gezogene Kugel weiß oder schwarz war. Riet er richtig, wurde er freigelassen, andernfalls am nächsten Morgen hingerichtet.

Herrscher B: Hier lief alles genauso wie bei Herrscher A, nur dass zu Beginn in der Urne acht weiße und nur zwei schwarze Kugeln lagen.

[xliii] Ein faszinierendes Buch, in dem diese Fragen vor allem anhand der Physik der Himmelskörper diskutiert werden, ist „Ivar Ekeland: Mathematics and the unexpected" (vgl. Literaturhinweise).
[xliv] Ab jetzt verwenden wir die Formulierung „zufälliger Prozess", obwohl es präziser „zufällig erscheinender Prozess" heissen müsste.

Bei *Herrscher C* ging es etwas komplizierter zu. Der Herrscher verteilte eine weiße und zwei schwarze Kugeln auf drei Urnen (also jede Kugel in eine Urne). Der Gefangene musste erraten (dann Freilassung!), in welcher Urne sich die weiße Kugel befand. Dazu konnte er zunächst auf eine der drei Urnen tippen. Der Herrscher sagte zu diesem Tipp nichts und zeigte dem Delinquenten nun eine schwarze Kugel, die er aus einer der beiden übrigen Urnen entnahm. Der Gefangene konnte nun zum Schluss seinen Tipp noch einmal überdenken, also entweder bei seiner ersten Wahl bleiben oder aber zur dritten und letzten Urne wechseln.[xlv]

Was ist für die Delinquenten jeweils die beste Ratestrategie?

Im Gefängnis des Herrschers A ist offenbar nicht viel zu machen – beide Möglichkeiten sind gleich wahrscheinlich, der Delinquent muss einfach Glück haben.

Anders bei B, wo dem Glück ein wenig nachgeholfen werden kann: Der Gefangene sollte auf jeden Fall auf „weiß" tippen, denn dann ist die Chance höher, dass er richtig liegt. Dabei kann er natürlich auch Pech haben!

Bei C ist es am besten, wenn der Gefangene am Schluss seine Entscheidung ändert und die dritte verbliebene Urne auswählt. Begründung: Die erste Entscheidung führt nur dann zur Freilassung, wenn dies bereits die richtige Wahl war, d. h. wenn die weiße Kugel in dieser Urne liegt – dies ist nur in einem von drei Fällen so. Liegt die weiße Kugel *nicht* in der erstgewählten Urne (in zwei von drei Fällen ist das so!), dann ist der Wechsel die richtige Entscheidung, denn der Gefangene wird durch das Zeigen der schwarzen Kugel quasi zur richtigen Urne „geführt". ◾

Das Beispiel sagt eine Menge über die Begriffe Zufall und Wahrscheinlichkeit. Aus Sicht des Gefangenen bei Herrscher A ist es unerheblich, ob der Herrscher *zufällig* in die Urne greift oder *absichtlich* eine weiße bzw. schwarze Kugel herausnimmt – für ihn (subjektiv) bleibt es Zufall, sei es aus Unwissen über die Absicht des Herrschers, sei es, dass „echter Zufall" im Spiel ist. Bei Herrscher B und Herrscher C basiert die optimale Ratestrategie auf einer Überlegung, die typisch ist für die Wahrscheinlichkeitstheorie: Man wählt die Strategie, mit der man bei häufiger Wiederholung der gleichen Situation am häufigsten Erfolg erzielen wird – das ist das beste, was man machen kann!

Wir sagen es noch einmal anders.

Die meisten Menschen würden dem folgenden Satz zustimmen:

Beim Mensch-ärgere-dich-nicht-Spiel wird im Schnitt bei jedem sechsten Wurf eine „6" gewürfelt.

Das ist zweifellos richtig. Mit „im Schnitt" meint man dabei: Wenn man sehr oft würfelt (z. B. 1000 mal oder öfter), dann wird in etwa einem Sechstel der Fälle eine „6" herauskommen.

Aber Vorsicht: Wahrscheinlichkeitstheorie ist keine Physik! Sie kann deshalb nicht *beweisen*, dass bei häufigem Würfeln in einem Sechstel der Fälle eine „6" herauskommt. Sie kann nur – um bei diesem Beispiel zu bleiben – die **Wahrscheinlichkeit** dafür angeben, dass bei 6 Millionen Würfen die Anzahl der „6er" um weniger als 100 von einer Million abweicht. Mit den von ihr bereit gestellten Verfahren gelingt es der Wahrscheinlichkeitstheorie jedenfalls,

---

[xlv] Dies ist eine Variante des „Ziegenproblems".

brauchbare Aussagen zu zufälligen Vorgängen in der realen Welt zu treffen. Dabei geht es ihr nicht besser oder schlechter als anderen mathematischen Modellen für Vorgänge in der Realität. Schauen wir auf das Beispiel **Fallgesetze**: Auch hier kann die Mathematik nicht *beweisen*, dass ein in 10 m Höhe losgelassener Stein nach ca. 1,43 Sekunden auf der Erde aufschlägt – sie stellt lediglich ein mathematisches Modell zur Verfügung, das in seinen Voraussagen über die reale Welt bisher erfolgreich war und daher bis heute Akzeptanz findet.

9.2 Absolute und relative Häufigkeit von Ereignissen

Für alles Weitere ist der Begriff des **Zufallsexperiments** von zentraler Bedeutung. Man versteht darunter ein (reales) Experiment, das bei jeder Ausführung zu *einem* von mehreren möglichen Ergebnissen führt. Dieses Ergebnis lässt sich nicht eindeutig vorhersagen und wird als „zufällig" angenommen.

Beispiel 9.2.1

Beim Werfen einer Münze weiß man vorher nicht, ob „Zahl" oder „Bild" oben landet. Man weiß jedoch, dass dies die beiden möglichen Ergebnisse sind. ◘

Wir haben soeben gesagt, dass ein Zufallsexperiment ein *reales* Experiment sein soll. Dies sollte man nicht zu streng sehen: Es ist üblich, quasi „modellhafte" Experimente (wie das Werfen einer Münze) zu betrachten – schließlich haben wir das Experiment aus Beispiel 9.2.1 nicht real durchgeführt (und reden trotzdem darüber), z. B. haben wir auch nicht gesagt, ob es sich um eine 1-Euro- oder eine 5-Cent-Münze handelt usw.

Der Begriff des Zufallsexperiments schließt die folgenden beiden Annahmen ein:

☐ Erstens kann das Experiment unter unveränderten Bedingungen beliebig oft wiederholt werden.

☐ Zweitens sind die Ergebnisse der einzelnen Experimente voneinander **unabhängig** – anders gesagt: Auch wenn das Experiment mit einem gewissen Ergebnis soeben durchgeführt wurde, hat das keinen Einfluss auf das anschließend wiederholte Experiment, dessen Ausgang bleibt völlig zufällig.

Da der Wurf der Münze in dem Beispiel zufällig ist, wird jeder Mensch erwarten, dass man bei sehr häufiger Wiederholung des Experiments ungefähr gleich oft die Ergebnisse „Zahl" bzw. „Bild" erhält. Würde man dies konkret durchführen (also beispielsweise 1000 mal eine Euro-Münze werfen) und anschließend eine Auswertung der Ergebnisse vornehmen, so würde man von einer Untersuchung der **Häufigkeiten** oder auch einer **statistischen Auswertung** sprechen. Mit Wahrscheinlichkeitsrechnung hat das noch nichts zu tun! Diese setzt erst dann ein, wenn man *ohne Durchführung des Experiments* Aussagen (also: *Vor*aussagen) folgender Art trifft (man denke an das Raten!):

Je öfter man das Experiment wiederholt, desto mehr werden sich die Anteile der Ergebnisse „Zahl" bzw. „Bild" dem Wert 50 % annähern.

Dies ist eine wahrscheinlichkeitstheoretische (also mathematische!) Aussage, die nichts über die physikalische Realität *beweist*. Trotzdem ist diese Aussage für die reale Welt von Interesse, denn in ihr wird eine durch Menschen gemachte Erfahrung ausgedrückt.

Als Vorbereitung auf den Begriff der Wahrscheinlichkeit soll in diesem Abschnitt der **Häufigkeitsbegriff** noch etwas näher untersucht werden. Es ist dabei günstig, sich der Mengensprache zu bedienen.

Die Menge aller möglichen Ergebnisse des jeweils betrachteten Zufallsexperiments wird mit dem Buchstaben Ω bezeichnet. Ein **zufälliges Ereignis** (oder auch kurz: Ereignis) A ist dann einfach eine Teilmenge von Ω: $A \subseteq \Omega$. Man verbindet damit die Vorstellung, dass ein solches Ereignis *eintritt*, wenn das Ergebnis einer Durchführung des Zufallsexperiments Element dieser Teilmenge ist.

Beispiel 9.2.2

Beim Münzwurf ist $\Omega = \{Zahl, Bild\}$. Die möglichen Ereignisse sind hier $\varnothing, \{Zahl\}, \{Bild\}$ und $\{Zahl, Bild\}$; das Ereignis $\varnothing$ tritt dabei nie ein (denn es gibt ja immer *irgendein* Ergebnis, das aber nicht Element von $\varnothing$ sein kann), das Ereignis $\{Zahl, Bild\}$ tritt dagegen immer ein (denn eines der beiden Ergebnisse wird es ja geben). Interessanter wird es beim Werfen eines üblichen Spielewürfels, der die Zahlen von 1 bis 6 auf seinen Seitenflächen trägt. Hier ist (wenn das Experiment lautet: einmal würfeln) $\Omega = \{1, 2, 3, 4, 5, 6\}$. Das Ergebnis „3" wird dann durch die Teilmenge $\{3\}$ repräsentiert. Die Teilmenge $\{1, 3, 5\}$ steht für das Ereignis „Würfeln einer ungeraden Zahl". ∎

Wie in dem Beispiel bereits gesehen, finden sich die einzelnen Ergebnisse des Zufallsexperiments als Ereignisse (Teilmengen) mit nur einem Element wieder, beispielsweise das Ergebnis „3" beim Würfeln als Ereignis $\{3\}$. Durch die Einführung des Begriffs „Ereignis" kann man jetzt aber nicht nur einzelne, sondern allgemeinere Experimentergebnisse wie beispielsweise „Würfeln einer ungeraden Zahl" untersuchen.

Im nächsten Schritt stellen wir uns vor, ein beliebiges Zufallsexperiment werde mehrfach – genauer: n mal – unter denselben Bedingungen durchgeführt. Wir untersuchen, wie oft ein vorgegebenes Ereignis A dabei aufgetreten ist: $h_n(A)$ bezeichnet die Anzahl derjenigen Versuche, bei denen das Ereignis A eingetreten ist. Der Quotient

$$r_n(A) = \frac{h_n(A)}{n}$$

wird die **relative Häufigkeit** des Ereignisses A (bei der durchgeführten Versuchsreihe) genannt. Man beachte: Die Größe $r_n(A)$ hängt nicht nur von n und A, sondern auch von der konkret durchgeführten Versuchsreihe ab – insofern handelt es sich nicht um einen innermathematisch abgeleiteten Begriff!

Beispiel 9.2.3

Mit einem Würfel wurden zwei Versuchsreihen mit jeweils 10 Würfen durchgeführt. Die Ergebnisse waren

☐   in Versuchsreihe 1: 4,5,2,2,5,6,1,6,3,3

☐   in Versuchsreihe 2: 5,5,5,1,1,5,3,4,2,5

Für das Ereignis $A = \{2,4,6\}$ („Würfeln einer geraden Zahl") hat man in Versuchsreihe 1 die relative Häufigkeit $r_{10}(A) = \frac{5}{10} = \frac{1}{2}$ und in Versuchsreihe 2 $r_{10}(A) = \frac{2}{10} = \frac{1}{5}$ [xlvi]. ∎

Bei den Beispielen Münzwurf und Würfeln sind die einzelnen Ergebnisse gleichwertig und gleich oft zu erwarten – jeder wird davon ausgehen, dass bei häufigem Münzwurf auf lange Sicht „Zahl" und „Bild" gleich oft auftreten, und dass entsprechend die „3" und die „6" gleich häufig gewürfelt werden. Das muss bei einem Zufallsexperiment aber nicht so sein – dazu zwei Beispiele.

Beispiel 9.2.4

a) Frau K. geht jeden Tag in denselben Supermarkt, der drei Kassen besitzt, die allerdings nicht immer besetzt sind. Nur selten kommt es vor, dass bei Beendigung ihrer Runde eine der Kassen frei und mit einer Kassiererin besetzt ist, meist muss sich Frau K. in einer Schlange anstellen. Im Februar 2004 hat sie es einmal beobachtet: An den 20 Einkaufstagen fand sie nur 4 mal eine leere und gleichzeitig besetzte Kasse vor, 16 mal musste sie sich anstellen. Das Ergebnis „sich anstellen müssen" tritt also häufiger auf als „eine Kasse frei und mit einer Kassiererin besetzt".

b) Beim Spiel Monopoly wird mit zwei Würfeln gewürfelt, von Interesse ist dabei die Augensumme der beiden Würfel. Die Augensumme „2" wird bei – sagen wir – 100 maligem Würfeln seltener auftreten als beispielsweise die Augensumme „7". Das liegt daran, dass sich nur dann die Augensumme „2" ergibt, wenn beide Würfel eine „1" zeigen. Die Augensumme „7" hingegen bekommt man, wenn einer der Würfel eine „1" und der andere eine „6" zeigt oder der eine eine „3" und der andere eine „4" usw. ∎

Betrachtet man zu einem Zufallsexperiment zwei Ereignisse A und B, die sich nicht überschneiden, d. h. keine gemeinsamen Elemente besitzen[xlvii], so addieren sich bei n-maliger Durchführung des Experiments offenbar die relativen Häufigkeiten von A und B zur relativen Häufigkeit von $A \cup B$:

$$r_n(A \cup B) = r_n(A) + r_n(B)$$

Dies folgt direkt aus der Beziehung

$$h_n(A \cup B) = h_n(A) + h_n(B),$$

[xlvi] Relative Häufigkeiten und Wahrscheinlichkeiten werden in der Regel als Zahlen (Anteile) zwischen 0 und 1 angegeben. Manchmal trifft man aber auch auf Prozentangaben wie „20 %" statt 0,2 etc.
[xlvii] Man sagt auch, A und B seien *disjunkt*, in Zeichen: $A \cap B = \varnothing$.

die in Worten aussagt: Die Häufigkeit, mit der ein Ergebnis in A oder B liegt, ist die Summe der Häufigkeiten in A bzw. B[xlviii].

Hier sind zusammengefasst die wichtigsten und stets richtigen mathematischen Aussagen über **relative Häufigkeiten** bei der Durchführung von Zufallsexperimenten:

☐ $0 \leq r_n(A) \leq 1$ für jedes n und jedes $A \subseteq \Omega$

☐ $r_n(\Omega) = 1$

☐ $r_n(A \cup B) = r_n(A) + r_n(B)$, falls $A \cap B = \emptyset$

Wie bereits gesagt, sind die Zahlen $r_n(A)$ Resultate von Zufallsexperimenten und insofern von konkreten realen Ereignissen abhängig. Es ist jedoch oft so, dass diese relativen Häufig-keiten eines Ereignisses A für große Zahlen n bei mehrmaliger Wiederholung von Versuchs-reihen um einen festen Zahlenwert schwanken. Dies ist der Ausgangspunkt der Wahrschein-lichkeitstheorie. Die Wahrscheinlichkeitstheorie beschäftigt sich damit, diesen festen Zah-lenwert zu ermitteln, ohne das Experiment überhaupt real durchzuführen – sie hat insofern „voraussagenden" Charakter, sie hilft beim Raten.

9.3 Wahrscheinlichkeiten

Man kann an das Ende des vorigen Abschnitts direkt anschließen und es so formulieren:

Wahrscheinlichkeit ist die zu erwartende relative Häufigkeit.

Man hat damit in der Tat den klassischen Wahrscheinlichkeitsbegriff bereits erfasst. Später (zum Ende dieses Abschnitts) wird auf allgemeinere Ansätze kurz eingegangen, die hiermit noch nicht erfasst werden.

Durch die Formulierung „*zu erwartende* relative Häufigkeit" wird noch einmal deutlich, was bereits an früherer Stelle gesagt wurde: Es handelt sich um eine mathematische (theoretische) Voraussage über Vorgänge in der realen Welt, die – ähnlich wie die in der Sprache der Ma-thematik formulierten physikalischen Fallgesetze – keine Beweiskraft besitzt, sich jedoch bisher aufgrund vieler Beobachtungen als nützlich herausgestellt hat.

Anmerkung 9.3.1

Es ist auch durchaus üblich, über *Bruchteile eines Ganzen* in der Terminologie der Wahr-scheinlichkeitstheorie zu sprechen, ohne dass ein Zufallsexperiment in Sicht ist. Nehmen wir z. B. an, 60% aller Menschen seien schwarzhaarig. Man drückt das oft so aus: „Ein Mensch hat mit 60% Wahrscheinlichkeit schwarze Haare." Das zugehörige Zufallsexperiment bestün-de hier darin, irgendeinen Menschen (zufällig) „herauszugreifen" und dessen Haarfarbe fest-zustellen. ◨

[xlviii] Zur Erinnerung: $A \cup B$ enthält alle Elemente, die in A oder in B liegen.

Die Begriffsbildung der Wahrscheinlichkeitstheorie wird nun anhand des einfachsten Falles der sogenannten **Laforce-Experimente**[xlix] erläutert. Unter einem solchen Laplace-Experiment versteht man ein Zufallsexperiment mit endlich vielen möglichen Ergebnissen, die alle als gleichwahrscheinlich angenommen werden (wie beim Würfeln, wo es die Zahlen von 1 bis 6 sind). Man hat also die folgende Grundsituation:

☐ Die Ergebnismenge $\Omega = \{\omega_1, \omega_2, ..., \omega_n\}$ ist endlich.

☐ Alle n Elementarereignisse $\omega_1, \omega_2, ..., \omega_n$ besitzen die gleiche Wahrscheinlichkeit.

Man möchte nun eine Wahrscheinlichkeit $p(A)$ für jedes mögliche Ereignis $A \subseteq \Omega$ angeben. Da sich der Wahrscheinlichkeitsbegriff an den relativen Häufigkeiten orientiert, fordert man die folgenden Eigenschaften (Axiome) für die Abbildung p, die jeder Teilmenge von Ω eine Zahl $p(A)$ zuordnet:

☐ (A1) $0 \le p(A) \le 1$ für jedes $A \subseteq \Omega$
☐ (A2) $p(\Omega) = 1$
☐ (A3) $p(A \cup B) = p(A) + p(B)$, falls $A \cap B = \varnothing$

Da die Einzelwahrscheinlichkeiten der Ergebnisse ω_j alle gleich sein und sich aufgrund von (A2) zu 1 aufsummieren sollen, folgt daraus zwingend, dass für alle diese Einzelergebnisse

$$p(\omega_j) = \frac{1}{n}$$

gilt. (Man beachte: Da die Wahrscheinlichkeit p für *Teilmengen* von Ω erklärt ist, müsste man eigentlich schreiben $p(\{\omega_j\}) = \frac{1}{n}$.)

Genauso ist sofort einzusehen, dass für ein beliebiges Ereignis $A \subseteq \Omega$ gilt:

$$p(A) = \frac{|A|}{n} \quad [1]$$

Beispiel 9.3.2

a) Wie groß ist die Wahrscheinlichkeit, mit einem Würfel eine gerade Zahl zu würfeln? Das interessierende Ereignis ist offenbar

$$A = \{2, 4, 6\},$$

welches eintritt, wenn ein Element von A (also die 2, die 4 oder die 6) gewürfelt wird. Für die Wahrscheinlichkeit von A erhält man so:

$$p(A) = \frac{|A|}{6} = \frac{3}{6} = \frac{1}{2}$$

[xlix] Der Name leitet sich ab von dem französischen Mathematiker Pierre Simon Laplace (1749-1827).
[1] Zur Erinnerung: Für eine Menge M bezeichnet $|M|$ die Anzahl der in ihr enthaltenen Elemente.

b) Wie groß ist die Wahrscheinlichkeit, dass beim Skatspiel die beiden höchsten Buben im Skat (manche sagen auch: „im Stock") liegen?

Die Elementarereignisse entsprechen hier offenbar den möglichen Auswahlen von 2 Karten aus den insgesamt 32 Karten. Diese Möglichkeiten werden als gleich wahrscheinlich angenommen, d. h. es handelt sich um ein Laplace-Experiment. Es gibt (vergleiche Kapitel 7)

$$n = \binom{32}{2} = \frac{32 \cdot 31}{2} = 496$$

solcher Möglichkeiten. Das interessierende Ereignis (Kreuz- und Pik-Bube im Stock) entspricht nur *einer* Auswahl von zwei Karten, m. a. W. ist $|A| = 1$. Für die Wahrscheinlichkeit ergibt sich damit:

$$p(A) = \frac{1}{496} \approx 0,002016 \text{ (ungefähr 2 Promille)} \blacksquare$$

Die oben hingeschriebenen drei Axiome sind – wie in der Mathematik üblich – möglichst „sparsam" formuliert: Man versucht immer, so wenige Aussagen wie möglich als Axiome auszuwählen, aus denen man dann die weiteren Eigenschaften durch logische Schlüsse ableiten kann. Beispielsweise kann man schließen, dass für jedes Ereignis $A \subseteq \Omega$ gilt:

$$p(\overline{A}) = 1 - p(A)$$

Mit $\overline{A}$ ist dabei das **komplementäre Ereignis** bezeichnet, also die Menge $\Omega - A$ aller Ergebnisse aus Ω, die *nicht* zu A gehören. Die logische Begründung dieser Formel (also ein Beweis) lautet so:

Offenbar ist $A \cup \overline{A} = \Omega$ und $A \cap \overline{A} = \emptyset$. Aus (A3) folgt damit

$$p(\Omega) = p(A \cup \overline{A}) = p(A) + p(\overline{A}),$$

und mit (A2) ergibt sich daraus

$$p(A) + p(\overline{A}) = 1 \text{ bzw. } p(\overline{A}) = 1 - p(A).$$

Weitere Folgerungen aus den Axiomen (A1) bis (A3), die sich der Leser selbst überlegen kann, sind:

☐	$p(\emptyset) = 0$
☐	$p(A) \leq p(B)$, falls $A \subseteq B$ (A Teilmenge von B)
☐	$p(A \cup B) = p(A) + p(B) - p(A \cap B)$ für beliebige $A, B \subseteq \Omega$

Die Formel $p(A) = \frac{|A|}{n}$ wird in Worten häufig folgendermaßen ausgedrückt:

Die Wahrscheinlichkeit des Ereignisses A ist die Anzahl der günstigen Fälle (gemeint ist: für das Eintreffen von A) geteilt durch die Anzahl der möglichen Fälle.

Will man für eine Problemstellung die Wahrscheinlichkeit angeben, muss man also die Anzahl der günstigen Fälle bestimmen – mit anderen Worten muss man in der Lage sein, *Möglichkeiten zu zählen*. An dieser Stelle wird deutlich, dass die in Kapitel 7 behandelten Zählformeln in der Wahrscheinlichkeitsrechnung eine große Bedeutung haben. Schauen wir auf weitere Beispiele.

Beispiel 9.3.3

a) Wie groß ist die Wahrscheinlichkeit, dass bei einer Lottoziehung alle sechs gezogenen Zahlen kleiner als 20 sind? Die einzelnen Ergebnisse entsprechen hier den Auswahlen von 6 Elementen aus 49, die Anzahl der möglichen Fälle ist also (vergleiche Kapitel 7)

$$\binom{49}{6} = 13.983.816.$$

Ein günstiger Fall liegt vor, wenn die 6 Elemente aus den Zahlen von 1 bis 19 ausgewählt wurden, wofür es $\binom{19}{6} = 27.132$ viele Möglichkeiten gibt. Der gesuchte Anteil ist folglich

$$\frac{27132}{13983816} \approx 0,001940 \text{ (ca. 2 Promille).}$$

b) Eine Schulklasse besteht aus 23 Kindern. Wie groß ist die Wahrscheinlichkeit, dass mindestens zwei der Kinder am gleichen Tag Geburtstag haben?

Wenn man davon ausgeht, dass das Jahr 365 Tage hat und jeder Geburtstag für alle 23 Kinder gleich wahrscheinlich ist, so entspricht ein „möglicher Fall" einer Zuordnung eines der 365 Tage für jedes Kind – kurz gesagt: Die möglichen Fälle sind die 365^{23} vielen möglichen Abbildungen einer 23-elementigen in eine 365-elementige Menge. In diesem Beispiel ist es nun einfacher, die *ungünstigen* Fälle zu zählen: Sollen alle Kinder an einem anderen Tag Geburtstag haben (in der Terminologie von Kapitel 7 entspricht das den injektiven Abbildungen!), so gibt es dafür

$$365 \cdot 364 \cdot 363 \cdot \ldots \cdot 343$$

viele Möglichkeiten. Die Wahrscheinlichkeit, dass alle Kinder an einem *anderen* Tag Geburtstag haben, ist folglich

$$\frac{365 \cdot 364 \cdot 363 \cdot \ldots \cdot 343}{365^{23}}.$$

Das Gegenteil – dass mindestens zwei Kinder am gleichen Tag Geburtstag haben – hat also die Wahrscheinlichkeit

$$1 - \frac{365 \cdot 364 \cdot 363 \cdot \ldots \cdot 343}{365^{23}},$$

und diese Zahl beträgt ungefähr 0,507297.

Da die meisten Menschen dieses Ergebnis überraschend finden (bei nur 23 Kindern beträgt die Wahrscheinlichkeit bereits mehr als 50 %, dass Geburtstage übereinstimmen), spricht man auch vom **Geburtstagsparadoxon**. (Man rechne nach: Bei 100 Kindern ist die Wahrscheinlichkeit, dass es gemeinsame Geburtstage gibt, bereits größer als 0,999999 !) ∎

An dieser Stelle sollte man noch einmal bedenken, was die Wahrscheinlichkeitsaussage beim letzten Beispiel (Geburtstage in der Schulklasse) eigentlich bedeutet. Wenn man *eine* solche Klasse vor sich hat, ist ein Zusammentreffen von Geburtstagen entweder gegeben oder nicht. Die Wahrscheinlichkeitsaussage ist: Wenn man *sehr viele* solcher Klassen betrachtet, kann man erwarten, dass es in ca. 50,73% der Fälle mindestens zwei Kinder mit gleichem Geburtstag gibt. Noch anders formuliert: Wenn man bei *einer* 23-köpfigen Schulklasse *raten* soll, ob Geburtstage zusammenfallen (und bei richtigem Raten vielleicht auch noch belohnt wird), sollte man auf „Ja" tippen.

Nun zurück zu den theoretischen Überlegungen. Es ist nur noch ein kleiner Schritt, von der Forderung, dass alle Einzelergebnisse gleich wahrscheinlich sein sollen, abzurücken. Die folgende allgemeinere Definition, die auf den bereits beim Laplace-Experiment formulierten Axiomen (A1) bis (A3) basiert, stammt von dem russischen Mathematiker **Andrej Nikollajewitsch Kolmogorov** (1903-1987).

Definition 9.3.4

Ist eine endliche Ergebnismenge Ω gegeben mitsamt einer Abbildung p, die jeder Teilmenge A von Ω (also jedem Ereignis) eine Zahl $p(A)$ zuordnet, so heißt die Funktion p **Wahrscheinlichkeit**, falls die folgenden Bedingungen erfüllt sind:

☐   (A1) $0 \le p(A) \le 1$ für jedes Ereignis $A \subseteq \Omega$

☐   (A2) $p(\Omega) = 1$

☐   (A3) $p(A \cup B) = p(A) + p(B)$, falls $A \cap B = \varnothing$

Man beachte: Gegenüber dem Wahrscheinlichkeitsbegriff beim Laplace-Experiment ist lediglich die Forderung weggefallen, dass alle Elementarereignisse gleich wahrscheinlich sind.

Auch mit diesem allgemeinen Ansatz bleibt es wegen der dritten Eigenschaft richtig, dass durch die Wahrscheinlichkeiten $p(\omega)$ der Einzelereignisse schon alle Wahrscheinlichkeiten festgelegt sind, denn für ein beliebiges Ereignis $A \subseteq \Omega$ muss man nur die Werte $p(\omega)$ für alle in A liegenden ω aufsummieren. Die bei den Laplace-Experimenten bereits aus (A1) bis (A3) abgeleiteten Folgerungen wie beispielsweise $p(\overline{A}) = 1 - p(A)$ bleiben hier selbstverständlich ebenfalls gültig. Dass mit diesem allgemeineren Ansatz tatsächlich *mehr* Problemstellungen erfasst werden können als allein mit dem Begriff des Laplace-Experiments, macht man am besten an weiteren Beispielen klar.

Beispiel 9.3.5

a) In einem Obstkorb befinden sich zwei Äpfel, zwei Birnen und fünf Pfirsiche. Jemand greift ohne hinzusehen in den Korb, um ein Obststück zu entnehmen. Mit welcher Wahrscheinlichkeit hat er einen Apfel oder eine Birne erwischt?

Man hat hier zwei Lösungsansätze, die sich durch unterschiedliche Festlegungen der Elementarereignisse ergeben. Wenn man drei Elementarereignisse ansetzt, nämlich

☐ ω_A : Greifen eines Apfels

☐ ω_B : Greifen einer Birne

☐ ω_P : Greifen eines Pfirsich ,

so sind die Wahrscheinlichkeiten: $p(\omega_A) = \frac{2}{9}$, $p(\omega_B) = \frac{2}{9}$, $p(\omega_P) = \frac{5}{9}$. Die gesuchte Wahrscheinlichkeit ist folglich $p(\{\omega_A, \omega_B\}) = \frac{4}{9}$.

Die andere Modellierungsmöglichkeit ergibt sich dadurch, dass man sich die Äpfel, Birnen und Pfirsiche jeweils durchnummeriert denkt und so das Greifen eines Stückes zu einem von 9 möglichen Ergebnissen führt, die alle die gleiche Wahrscheinlichkeit von $\frac{1}{9}$ haben. Man hat nun ein Laplace-Experiment. Die fragliche Wahrscheinlichkeit entspricht nun einem Ereignis aus vier Elementen, so dass auch hier das Ergebnis $\frac{4}{9}$ herauskommt.

b) Der Fernsehsender „Mega LTR" bringt abends zwischen 20 und 24 Uhr im Schnitt zu 20 % Werbung, zu 3 % Nachrichtensendungen, zu 17 % Seifenopern, zu 18 % schlüpfrige Reportagen, zu 10 % Actionfilme, zu 12 % Krimis, zu 10 % Liebesfilme und zu 10 % Talkshows. Wie groß ist die Wahrscheinlichkeit, Nachrichten oder einen Krimi zu erwischen, wenn man zwischen 20 und 24 Uhr zufällig auf diesen Sender schaltet?

Die Antwort lautet: $p(\{\text{Nachrichten,Krimi}\}) = 0,03 + 0,12 = 0,15$ oder 15 %. ▪

9.4 Bedingte Wahrscheinlichkeiten

In diesem und dem nächsten Abschnitt gehen wir etwas zügiger vor, um zwei weitere grundlegende Konzepte kennenzulernen. Zunächst geht es um die Frage:

Wie verändern sich Wahrscheinlichkeiten, wenn man über Teilinformationen verfügt?

Beispiel 9.4.1

Anja soll raten, welche Zahl Sabine gerade gewürfelt hat. Offenbar ist jede Zahl zwischen 1 und 6 möglich, jeweils mit Wahrscheinlichkeit $\frac{1}{6}$. Wenn Sabine jedoch sagt. „Es war eine gerade Zahl", so sind die neuen Wahrscheinlichkeiten $\frac{1}{3}$ für jede der Zahlen 2, 4 und 6.▪

Sind A und B Ereignisse (und $p(B) > 0$) für eine Wahrscheinlichkeit p (wie oben in Definition 9.3.4), so bezeichnet man mit
$$p(A|B) := \frac{p(A \cap B)}{p(B)}$$
die **bedingte Wahrscheinlichkeit von A unter der Voraussetzung B**.

Im obigen Beispiel 9.4.1 bekommt man mit $A=\{2\}$ und $B=\{2,4,6\}$ für die Wahrscheinlichkeit $p(A|B)$, dass eine 2 gewürfelt wurde, wenn man schon weiß, dass eine gerade Zahl herauskam:

$$p(A|B)=\frac{p(A\cap B)}{p(B)}=\frac{p(\{2\})}{p(\{2,4,6\})}=\frac{1/6}{1/2}=\frac{1}{3}$$

Man kann sich bei $p(A|B)$ B als Ursache und A als Wirkung vorstellen. (Allerdings muss kein kausaler Zusammenhang vorliegen!) Insofern stellt der folgende **Satz von der totalen Wahrscheinlichkeit** eine Verknüpfung eines Ereignisses zu allen möglichen Ursachen her:

Satz 9.4.2

Ist Ω disjunkte Vereinigung der Ereignisse $B_1, B_2, ..., B_n$ mit $p(B_i)>0$ für alle i (in Worten: die B_i schließen einander aus, aber eines von ihnen tritt immer ein), dann gilt die Formel

$$p(A)=\sum_{i=1}^{n} p(A|B_i)\cdot p(B_i) \ .$$

Dabei ist in Anwendungen dieser Formel oft $p(A|B_i)$ direkt gegeben, so dass man nicht auf den Ausdruck $p(A\cap B_i)/p(B_i)$ zurückgreifen muss.

Beispiel 9.4.3

Herr P wohnt in Wuppertal. Angenommen, an den Tagen im Juli scheint dort mit 70% Wahrscheinlichkeit die Sonne, mit 30% gibt es Wolken und Regen. Herr P hat bei Sonne zu 80%, sonst nur zu 55% gute Laune. Dann ist die Wahrscheinlichkeit, dass Herr P an einem zufälligen Tag im Juli gute Laune hat, $0{,}8\cdot 0{,}7+0{,}55\cdot 0{,}3=0{,}725$ bzw. 72,5%. ■

In der folgenden Anwendung des Satzes von der totalen Wahrscheinlichkeit wird der Zufall benutzt, um einzelne Daten zu „verwischen“, ohne dass das Gesamtresultat verfälscht wird.

Beispiel 9.4.4

Auf unserer letzten Silvesterfeier wurde zu vorgerückter Stunde die erstaunliche Tatsache angesprochen, dass aufgrund der Statistik angeblich viele Männer schon einmal ein Bordell besucht haben, man aber einen solchen Mann nicht kennt. Meine Frau schlug deshalb (nicht ganz ernsthaft) vor, die anwesenden 20 Männer zu befragen. Hier habe ich mich eingeschaltet und vorgeschlagen, dass die 20 Männer in folgendes Verfahren einwilligen, um den Prozentsatz der betreffenden Männer zu ermitteln: Bevor sie auf einem Zettel „ja“ oder „nein“ antworten, werfen sie (unbeobachtet) eine Münze. Erscheint „Kopf“, so antworten sie in jedem Fall mit „ja“. Erscheint „Zahl“, so antworten sie ehrlich (also „ja“ oder „nein“). Kein Mann muss sich also „outen", denn die Antwort „ja" lässt keine Rückschlüsse auf seine Erfahrungen zu.

Mit diesem Verfahren waren alle einverstanden, das Ergebnis waren 14 „ja"- und 6 „nein"-Antworten. Daraus ergab sich die folgende Schlussfolgerung (etwas gewagt, weil man nur 20 Antworten als Datenbasis hatte): 10 „ja" sind (wahrscheinlich) dem Münzwurf „Kopf" geschuldet und können vergessen werden. Von den restlichen 10 ehrlichen Antworten (Münzwurf „Zahl") haben 4 „ja" gelautet, d. h. es kann davon ausgegangen werden, dass die interessierende Quote 40% beträgt.

Formal kann man die Sache folgendermaßen erklären. Verwendet man die Bezeichnungen BB für „schon mal ein Bordell besucht", „K" für „Kopf" und „Z" für „Zahl", so sagt die Formel:

$$p(BB) = p(BB|K) \cdot p(K) + p(BB|Z) \cdot p(Z) = p(BB|K) \cdot \tfrac{1}{2} + p(BB|Z) \cdot \tfrac{1}{2}$$

Da durch die Vorgaben künstlich $p(BB|K) = 1$ gesetzt wird und 14 einen Bruchteil von 0,7 von 20 ausmacht, landet man für die rechte Seite bei der Gleichung

$$0,7 = \tfrac{1}{2} + p(BB|Z) \cdot \tfrac{1}{2} \ ,$$

die zum Ergebnis $p(BB|Z) = 0,4$ und somit auch $p(BB) = 0,4$ führt. ◘

Als nächstes käme der **Satz von Bayes**. Dieser geht umgekehrt von einer Wirkung aus und gibt die Wahrscheinlichkeit an, dass unter allen möglichen Ursachen *eine bestimmte Ursache* zu der Wirkung geführt hat.

9.5 Zufallsvariablen

Im letzten Abschnitt sprechen wir über den Begriff der **Zufallsvariablen**. Die Grundidee ist, den Ergebnissen $\omega \in \Omega$ eines Zufallsexperiments irgendwelche Zahlenwerte zuzuordnen und nun statt auf die Ergebnisse des Experiments das Augenmerk auf diese Zahlenwerte zu richten. Mathematisch formuliert ist eine Zufallsvariable nichts anderes als eine Abbildung

$$X : \Omega \to \mathbb{R}$$

von Ω in die Menge $\mathbb{R}$ der reellen Zahlen.[li]

Beispiel 9.5.1

Wenn Peter seinen Großvater besucht, gibt es immer ein Taschengeld. Der Großvater ist allerdings ein alter Spieler und macht den Betrag vom Zufall abhängig: Er wirft eine Münze. Erscheint „Zahl", so bekommt Peter 10 €, bei „Bild" gibt es nur 5 €.

[li] In früheren Kapiteln wurden für Abbildungen und Funktionen meist kleine Buchstaben wie f, g usw. verwendet. Zufallsvariablen benennt man jedoch üblicherweise mit großen Buchstaben (X, Y usw.).

Der Großvater „arbeitet" sozusagen mit der Abbildung (Zufallsvariable)

$$X : \{\text{Zahl}, \text{Bild}\} \to \mathbb{R},$$

wobei $X(\text{Zahl}) = 10$ und $X(\text{Bild}) = 5$ ist. ◾

Der Wechsel der Perspektive – statt des puren Zufallsexperiments interessiert einen nun das Verhalten der Zufallsvariablen – führt dazu, dass man einige weitere Bezeichnungen einführt, um leichter über die Eigenschaften von Zufallsvariablen reden zu können.

Ist Ω eine endliche Ergebnismenge und p eine Wahrscheinlichkeitsverteilung auf Ω (wie oben erklärt), und ist ferner $X : \Omega \to \mathbb{R}$ eine Zufallsvariable, so interessiert man sich beispielsweise dafür,

mit welcher Wahrscheinlichkeit bei Ausführung des Experiments die Zufallsvariable den Wert x hat.

Der interessierende Wert ist also formal korrekt ausgedrückt

$$p(\{\omega \in \Omega \mid X(\omega) = x\}).$$

Dies kürzt man ab zu $p(X = x)$. Entsprechende Bedeutungen haben $p(X \leq x)$ oder $p(a \leq X \leq b)$ usw.

Beispiel 9.5.2

Wie schon einmal erwähnt, ist beim Spiel Monopoly die Augensumme von zwei Würfeln von Interesse. Nehmen wir an, es würde mit einem roten und einem weißen Würfel gespielt. Die Ergebnisse dieses Laplace-Experiments entsprechen dann den Paaren $\omega = (i, j)$ (i für den roten, j für den weißen Würfel), wobei i und j Zahlen zwischen 1 und 6 sind. Jedes Ergebnis tritt mit Wahrscheinlichkeit $\frac{1}{36}$ auf. Die relevante Zufallsvariable (Augensumme) ist

$$X((i, j)) = i + j.$$

Was ist $p(3)$? Offenbar gilt $p(X = 3) = p(\{(i, j) \mid i + j = 3\}) = p(\{(1,2), (2,1)\}) = \frac{2}{36}$.

Dagegen ist $p(X = 6) = \frac{5}{36}$. (Das kann sich der Leser selbst überlegen.) ◾

Als letztes wollen wir auf den Begriff des Erwartungswertes einer Zufallsvariablen eingehen. Man kann sich darunter den „erwarteten Mittelwert" vorstellen. Man schaue auf das Peter-Großvater-Beispiel 9.5.1: Der Erwartungswert (also: was Peter „im Schnitt" erwarten kann) beträgt 7,50 €, denn er bekommt mal 5, mal 10 €, und beides mit der gleichen Wahrscheinlichkeit von 50 % (weil Opa eine Münze wirft). Es liegt auf der Hand, wie die exakte mathematische Definition des Erwartungswertes auszusehen hat:

Ist Ω eine endliche Ergebnismenge und p eine Wahrscheinlichkeitsverteilung auf Ω (wie oben erklärt), und ist ferner $X:\Omega \to \mathbb{R}$ eine Zufallsvariable, so ist der **Erwartungswert** $E(X)$ **der Zufallsvariablen** X erklärt als die mit den jeweiligen Wahrscheinlichkeiten $p(\omega)$ gewichtete Summe der Werte $X(\omega)$, als Formel hingeschrieben:

$$E(X) = \sum_{\omega \in \Omega} p(\omega)X(\omega)$$

Diese Begriffsbildung wirkt auf den ersten Blick schwieriger, als sie wirklich ist. Wir schauen auf zwei weitere Beispiele.

9.5.3 Beispiel

a) Peters Großvater benutzt für die Taschengeld-Ermittlung immer ein uraltes Geldstück, welches aufgrund seiner besonderen Beschichtung in 58 % der Fälle nach einem Wurf „Bild" zeigt und nur in 42 % „Zahl". Peters Taschengeld besitzt deswegen den Erwartungswert $E(X) = 0,58 \cdot 5 + 0,42 \cdot 10 = 7,10$, d. h. Peter kann im Schnitt 7,10 € Taschengeld erwarten.

b) Was ist der Erwartungswert der gewürfelten Augenzahl beim Wurf eines Würfels? Die Antwort lautet $E(X) = \frac{1}{6} \cdot 1 + \frac{1}{6} \cdot 2 + \frac{1}{6} \cdot 3 + \frac{1}{6} \cdot 4 + \frac{1}{6} \cdot 5 + \frac{1}{6} \cdot 6 = \frac{21}{6} = 3,5$ – die zu erwartende Augenzahl ist also 3,5. ◘

Wie man an den Beispielen sieht, muss der Erwartungswert (als Durchschnittswert) keiner der möglichen Ergebniswerte sein – man kann ja beispielsweise keine „3,5" würfeln.

Wir kommen nun zum Schluss dieses Kapitels – obwohl die Wahrscheinlichkeitstheorie jetzt erst richtig anfängt! Von besonderer Bedeutung sind dabei die Überlegungen zu den Szenarien, in denen man ein einfaches Zufallsexperiment (z. B. Würfeln) mehrfach wiederholt und statistische Überlegungen zu den Ergebnissen anstellt – dies führt dann u. a. zu der bekannten **Normalverteilung**. Einen wichtigen Anwendungsbereich der Wahrscheinlichkeitstheorie stellt die **Analytische Statistik** dar, wo – basierend auf Versuchsreihen oder Umfragen – Fragen folgender Art behandelt werden: Wie wird die mittlere Lebensdauer einer PC-Festplatte vorausgesagt (und was bedeutet diese Aussage)? Mit welcher Wahrscheinlichkeit liegt das Wahlergebnis der CDU bei der nächsten Landtagswahl zwischen 35 und 40 %?

Aufgaben zu Kapitel 9

Sachaufgabe 9.1:

In einem Korb befinden sich 10 Äpfel, 5 Birnen und 6 Bananen. Wie groß ist die Wahrscheinlichkeit, dass man bei zufälligem Hineingreifen keine Banane erwischt?

Sachaufgabe 9.2:

Eine Umfrage unter 1000 Wahlberechtigten hat ergeben, dass 280 von ihnen SPD und 345 die CDU wählen würden, wenn am nächsten Sonntag Bundestagswahl wäre. Kann man aufgrund dieses Ergebnisses schließen, dass bei der Wahl in drei Monaten die SPD ca. 28 % erzielen wird?

Sachaufgabe 9.3:

Beim Spiel Monopoly wird mit zwei Würfeln gewürfelt. Mit welcher Wahrscheinlichkeit tritt dabei die Augensumme 10 auf?

Sachaufgabe 9.4:

Mit welcher Wahrscheinlichkeit hat ein Skatspieler alle 4 Buben, die vier Asse und 2 Zehnen auf der Hand?

Sachaufgabe 9.5:

Wie groß ist die Wahrscheinlichkeit dafür, dass beim Skatspielen mindestens ein As oder eine Zehn im Skat liegt?

Sachaufgabe 9.6:

In eine Lieferung von 500 PC-Festplatten sind versehentlich 10 fehlerhafte Exemplare geraten. Wie groß ist die Wahrscheinlichkeit, dass

a) unter 10 zufällig ausgewählten eine fehlerhafte Festplatte ist,

b) von 100 zufällig ausgewählten Festplatten mindestens eine fehlerhaft ist?

Sachaufgabe 9.7:

Für ein Spiel schreibt jedes der 18 Kinder einer Grundschulklasse heimlich eine Zahl zwischen 1 und 100 auf ein Stück Papier. Wie groß ist die Wahrscheinlichkeit, dass mindestens zwei Kinder dieselbe Zahl aufgeschrieben haben?

Suchtaufgabe 9.8:

78% der Erwachsenen trinken gelegentlich (oder öfter) Alkohol, 28% sind Raucher. 89% der Raucher trinken Alkohol. Wieviele Nichtraucher trinken Alkohol?

Sachaufgabe 9.9:

Einer von Tausend Menschen ist mit dem PQ-Virus infiziert. Es gibt einen Bluttest, der mit 95% Sicherheit das richtige Ergebnis liefert (also: Die Person trägt das Virus oder nicht). Mit welcher Wahrscheinlichkeit ist eine Person infiziert, bei der der Test positiv ausfällt?

Sachaufgabe 9.10:

Peter ist Anhänger des Fußballvereins TSV. Experten schätzen, dass der TSV das kommende Spiel mit 45 % Wahrscheinlichkeit gewinnt und mit 30 % Wahrscheinlichkeit verliert. Sein Freund Jürgen bietet ihm folgende Wette an: „Wenn der TSV gewinnt, bekommst Du von mir 2,50 €, wenn er verliert, kriege ich von Dir 3 €." Sollte Peter die Wette annehmen?

10 Endlich und Unendlich – Die neuen Probleme mit der Endlichkeit

10.1 Unendlichkeit in der Mathematik

„Erhaben ist also die Natur in derjenigen ihrer Erscheinungen, deren Anschauung die Idee ihrer Unendlichkeit bei sich führt."

(Immanuel Kant, Kritik der Urteilskraft, 1790)

In allen vorangegangenen Kapiteln haben wir bereits den Umstand verwendet (und nicht großartig problematisiert), dass es *unendlich viele* Zahlen gibt. Dies beginnt ja bereits bei den natürlichen Zahlen

$$1, 2, 3, 4, 5, \ldots,$$

deren Abfolge niemals endet. Erst recht gibt es selbstverständlich unendlich viele Brüche (oder rationale Zahlen), reelle Zahlen usw.

All dies wissen die Menschen seit tausenden von Jahren. Der Grieche **Euklid**, der um 300 vor Christus lebte, führte als erster einen logisch korrekten Bewies, dass es sogar unendlich viele **Primzahlen** gibt, dass also die Folge

$$1, 3, 5, 7, 11, 13, 17, \ldots$$

aller natürlichen Zahlen, die nicht als Produkt von kleineren darstellbar sind, ebenfalls niemals endet.

Unendliche Gesamtheiten spielen in der Mathematik eine große Rolle. Jedoch können auch endliche Gesamtheiten zu anspruchsvollen mathematischen Problemstellungen führen – dazu mehr im nächsten Abschnitt. Im vorliegenden Abschnitt sollen einige grundsätzliche Überlegungen zum Begriff des **Unendlichen in der Mathematik** angestellt werden.

Die Mathematik scheut sich offenbar nicht, von unendlich großen Gesamtheiten zu reden – siehe das Beispiel natürliche Zahlen. Das ist durchaus bemerkenswert, denn es fällt schwer, in der realen Welt unendliche Gesamtheiten zu finden! „Nirgends in der Wirklichkeit begegnen wir dem Unendlichen."[lii] Bekanntlich ist sogar die Anzahl der Atome im Weltall eine endliche Zahl, ganz zu schweigen von allen Sandkörnern auf der Erde usw. Man könnte allenfalls in den geistigen Bereich ausweichen und behaupten: „Die Gesamtheit aller möglichen Gedanken, die ich in der nächsten Stunde haben könnte, ist unendlich." (Die Diskussion, ob das eine richtige Aussage ist, ist allerdings nichts für Mathematiker. Und außerdem: Gehört das zur realen Welt?)

Man kann es noch zugespitzter ausdrücken: Es gehört zum *Wesen* der Mathematik, Aussagen über unendliche Gesamtheiten zu treffen. Schauen wir noch einmal auf ein altes Beispiel.

[lii] Zitat aus „Rudolf Taschner: Der Zahlen gigantische Schatten" (vgl. Literaturhinweise)

Beispiel 10.1.1

An früherer Stelle wurde das Rechengesetz

$$a + b = b + a$$

erwähnt, welches bedeutet: egal, welche reellen Zahlen man für a oder b einsetzt (wofür es unendlich viele Möglichkeiten gibt!), die Gleichung stimmt immer. Insofern ist ein solches Rechengesetz also eine mathematisch korrekte Aussage über die Unendlichkeit. ◘

Ein anderes Beispiel ist der bekannte mathematische Satz

In jedem Dreieck ist die Winkelsumme 180°.

Es gibt unendlich viele Dreiecke, auch wenn ein Mensch in seinem Leben nur endlich viele aufs Papier bringen kann. Der Einwand der Physiker, auch die Aussage

Jeder losgelassene Stein fällt nach unten auf die Erde.

sei eine Aussage über die Unendlichkeit, da es unendlich viele *mögliche* Steine gibt, ist durchaus korrekt (auch wenn es *real* auf der Erde nur endlich viele Steine gibt). Das Problem ist aber, dass die Physik – als Naturwissenschaft – diese Aussage mit ihren eigenen Methoden nicht *beweisen* kann; sie kann nur die empirische Tatsache feststellen, dass dies bei allen jemals beobachteten Steinen so war, und daraus ein physikalisches Gesetz formulieren, welches aber durch neue empirische Ergebnisse auch wieder umgestoßen werden könnte.

Wir halten fest:

„Die Mathematik ist die einzige Wissenschaft, in der man objektiv überprüfbar über Unendlichkeit reden kann."[liii]

Als nächstes wird über eine Problemstellung gesprochen, die die Welt der Mathematik lange beschäftigt hat und ebenfalls vom Geist des Unendlichen durchweht ist.

Beispiel 10.1.2

Mitunter ist die Summe von zwei Quadratzahlen wieder eine Quadratzahl. Beispielsweise ist

$$9 + 16 = 25$$

oder, in Quadraten ausgedrückt:

$$3^2 + 4^2 = 5^2$$

Ein anderes Beispiel ist

$$81 + 144 = 225 \quad \text{bzw.} \quad 9^2 + 12^2 = 15^2 . \ ◘$$

Es stellt sich heraus, dass es sogar unendlich viele solcher Konstellationen wie in diesem Beispiel gibt. In der formalen Sprache der Mathematik kann dies so ausgedrückt werden:

[liii] Zitat aus „Albrecht Beutelspacher: In Mathe war ich immer schlecht ..." (vgl. Literaturhinweise)

Die Gleichung

$$x^2 + y^2 = z^2$$

hat unendlich viele Lösungen mit natürlichen Zahlen x, y und z.

Eigentlich liegt jetzt die Frage auf der Hand, ob so etwas auch mit „hoch 3" möglich ist, die Frage lautet also:

Gibt es natürliche Zahlen x, y und z, für die die Gleichung

$$x^3 + y^3 = z^3$$

richtig ist?

Und, wenn man dies beantwortet hat, stellt sich die entsprechende Frage für die Exponenten 4, 5 usw.

Man mag es kaum glauben: Keine andere Problemstellung hat so wie diese die Mathematiker über mehrere Jahrhunderte beschäftigt. Um das Jahr 1650 stellte der französische Jurist und Hobby-Mathematiker **Pierre de Fermat** die folgende Behauptung auf:

Für keine natürliche Zahl $n > 2$ gibt es irgendwelche natürlichen Zahlen x, y und z, so dass gilt:

$$x^n + y^n = z^n$$

Unglücklicherweise legte er hierfür keinen Beweis vor, sondern schrieb an den Rand eines Buches den folgenden berühmt gewordenen Satz: „Ich habe hierfür einen wahrhaft wunderbaren Beweis, doch ist dieser Rand hier zu schmal, um ihn zu fassen."

Das sogenannte **Fermatsche Problem** (also Fermats bzw. einen anderen Beweis für die Behauptung zu finden) hat die Mathematiker die nächsten ca. 350 Jahre beschäftigt. Die Beweisversuche haben zu zahlreichen neuen mathematischen Theorien geführt, nicht jedoch zu einem Beweis – bis im Jahre 1994 endlich der Beweis von dem englischen Mathematiker Andrew Wiles erbracht werden konnte. Obwohl das Problem (siehe oben) leicht zu formulieren ist und die Fragestellung von jedermann verstanden werden kann, ist zur Lösung das Verständnis völlig neuer mathematischer Gebiete nötig, die hier nicht einmal im Ansatz dargestellt werden können. (Die Frage, ob Pierre der Fermat wirklich einen „wunderbaren Beweis" hatte, muss leider offen bleiben.).

Warum betrachten wir diese Problemstellung?

Schon die Fermatsche Behauptung verweist auf unendliche Mathematik – für *alle* natürlichen Zahlen n ab $n = 3$ gibt es angeblich *keine* Werte x,y,z, die die bewusste Gleichung erfüllen. Ein Beweis wird also prinzipielle (abstrakte) Argumente verwenden müssen, denn kein Mensch kann die Behauptung einzeln für alle natürlichen Zahlen nachprüfen. Zugespitzt formuliert: Das ist eben typisch Mathematik!

Sind alle unendlichen Mengen gleich groß? Was bedeutet „gleich groß" für unendliche Mengen? Folgendes Konzept, das wir für endliche Mengen schon benutzt haben (siehe im Kapitel „Zählen"), hat sich als tragfähig erwiesen:

Zwei Mengen M und N (seien sie nun endlich oder unendlich) heißen **gleich groß**, wenn man aus den Elementen von M und N Paare bilden kann derart, dass auf keiner der beiden Seiten ein Element übrig bleibt.

Die übliche mathematische Sprechweise für diese Situation der Paarbildung ist: Es gibt eine **bijektive Abbildung** f (auch: **Funktion**) von M nach N:

$$f : M \to N$$

Diese Sprechweise beinhaltet dreierlei:

☐   Jedem $m \in M$ ist ein eindeutiges $f(m) \in N$ zugeordnet.

☐   Falls $m_1 \neq m_2$, so ist auch $f(m_1) \neq f(m_2)$. Also sind verschiedenen Elementen von M stets auch verschiedene von N zugeordnet.

☐   Jedes $n \in N$ wird so erfasst, d. h. es gibt immer ein $m \in M$ mit $f(m) = n$.

Man nennt eine unendliche Menge M **abzählbar unendlich**, wenn sie so groß ist wie die Menge $\mathbb{N}$ der natürlichen Zahlen, wenn es also eine bijektive Abbildung

$$f : \mathbb{N} \to M$$

gibt.

Die Bezeichnung „abzählbar unendlich" ist durchaus naheliegend, denn die Bedingung bedeutet ja, dass in der Folge $f(1), f(2), f(3), \ldots$ alle Elemente von M einmal vorkommen (da f eine bijektive Abbildung ist), man hat also eine „Abzählung" der Menge M vorliegen.

Mit dieser Begriffsbildung ist beispielsweise die Menge U der *ungeraden* natürlichen Zahlen gleich groß wie die Menge $\mathbb{N}$ *aller* natürlichen Zahlen! Um dies einzusehen, muss man sich nur klar machen, dass die Zuordnung

$$f(n) = 2n - 1$$

eine bijektive Abbildung von der Menge $\mathbb{N}$ auf die Menge U ist – und das ist recht einfach, wenn man sich für die ersten Zahlen diese Zuordnung hinschreibt:

$$1 \to 1$$
$$2 \to 3$$
$$3 \to 5$$
$$4 \to 7$$
$$\ldots$$

Offensichtlich kommt auf der linken Seite jede natürliche und auf der rechten Seite jede ungerade Zahl vor.

Nun kommt, worauf wir unter anderem hinaus wollen: Es stellt sich heraus, dass es unendliche Mengen gibt, die nicht abzählbar unendlich (sondern größer) sind. Zum Beispiel ist die Menge der reellen Zahlen echt größer als die Menge der natürlichen Zahlen, d. h. eine bijektive Abbildung (siehe oben) zwischen diesen Mengen gibt es nicht. Die Begründung hierfür erfolgt mit Hilfe eines eleganten Widerspruchsbeweises, den der interessierte Leser in einem Extrakasten findet. (Warnung: Wenn man das liest, muss man sich wirklich anstrengen!)

Nicht-Abzählbarkeit der reellen Zahlen

Es wird gezeigt, dass die unendlich vielen reellen Zahlen, die echt zwischen 0 und 1 liegen (also mit $0 < x < 1$), keine *abzählbar* unendliche Menge bilden. (Damit ist dann auch klar, dass *alle* reellen Zahlen keine abzählbar unendliche Menge bilden.) Dazu merken wir zunächst an, dass jede dieser Zahlen durch eine unendliche Kommazahl der Form

$$0, z_1 z_2 z_3 z_4 \ldots$$

darstellbar ist, wobei jedes z_i für eine Ziffer zwischen 0 und 9 steht. Um für jede Zahl eine eindeutige Darstellung mit unendlich vielen Ziffern zu haben, wählen wir bei abbrechenden Kommazahlen die zugehörige Form mit Neunerperiode, beispielsweise verwenden wir für die Zahl 0,534 die Darstellung $0,533\overline{9}$.

Angenommen, diese Zahlen würden eine abzählbar unendliche Menge bilden, d. h. es gäbe eine „Abzählung" durch die natürlichen Zahlen. Dann hätte man mit anderen Worten eine Nummerierung dieser Zahlen:

$$\textit{Erste Zahl } Z_1 : 0, z_{1,1} z_{1,2} z_{1,3} z_{1,4} \cdots$$
$$\textit{Zweite Zahl } Z_2 : 0, z_{2,1} z_{2,2} z_{2,3} z_{2,4} \cdots$$
$$\ldots$$
$$n-\textit{te Zahl } Z_n : 0, z_{n,1} z_{n,2} z_{n,3} z_{n,4} \cdots$$
$$\ldots$$

Bei dieser Aufzählung kommen also *alle Zahlen zwischen 0 und 1* vor! Jetzt schauen wir auf eine Zahl w („w", weil sie uns zum Widerspruch führt) $w = 0, w_1 w_2 w_3 w_4 \ldots$ mit der Eigenschaft, dass jedes der w_i eine Ziffer zwischen 1 und 8 ist und stets

$$w_i \neq z_{i,i}$$

gilt, d. h. $w_1 \neq z_{1,1}$, $w_2 \neq z_{2,2}$ usw. Die Zahl w muss in der obigen Aufzählung vorkommen, da diese nach Voraussetzung alle Zahlen zwischen 0 und 1 umfasst. Es muss also ein n geben, so dass gilt

$$0, w_1 w_2 w_3 w_4 \ldots = 0, z_{n,1} z_{n,2} z_{n,3} z_{n,4} \cdots$$

Also folgt insbesondere $w_n = z_{n,n}$ im Widerspruch zum Konstruktionsprinzip der Zahl w. Da wir zwangsläufig bei diesem Widerspruch gelandet sind, kann die Annahme, dass man die fraglichen Zahlen zwischen 0 und 1 abzählen kann, nicht aufrecht erhalten werden.

Den vorliegenden Abschnitt über die Unendlichkeit in der Mathematik können wir nicht beenden, ohne das amüsante Beispiel des **Hilbertschen Hotels** zur Veranschaulichung **abzählbar unendlicher** Mengen zu erwähnen. Dem berühmten Mathematiker **David Hilbert**, der von 1862 bis 1943 lebte, wird nachgesagt, das Thema anhand folgender Geschichte illustriert zu haben:

In einem Hotel mit unendlich vielen Zimmern $Z_1, Z_2, Z_3, \ldots$ sind eines Abends alle Zimmer belegt. Da kommt ein zusätzlicher Gast mit einem Zimmerwunsch. Der Hotelier sagt: „Kein Problem, Sie können Zimmer 1 haben." Er bittet dann den bisherigen Bewohner von Z_1, nach Z_2 umzuziehen, den Gast aus Z_2 schickt er in Z_3 usw., und nachdem alle umgezogen sind, ist alles in Ordnung. Schon eine halbe Stunde später kommt ein Bus mit 40 Personen an, die ebenfalls in das Hotel ziehen wollen. Auch das ist kein Problem: Alle bisherigen Gäste ziehen 40 Zimmer weiter, also der Gast aus Z_1 nach Z_{41} usw., und die ersten 40 Zimmer sind frei für die Neuankömmlinge. Eine weitere halbe Stunde später kommt noch ein Bus, dieses mal mit unendlich vielen neuen Gästen $G_1, G_2, G_3, \ldots$. Auch hiermit wird der clevere Hotelier fertig: Die bisherigen Gäste ziehen um in das jeweilige Zimmer mit der doppelten Nummer (also der aus Z_1 nach Z_2, der aus Z_2 nach Z_4 usw.), und die neuen Gäste beziehen die Zimmer mit den ungeraden Nummern. Damit sind wieder alle untergebracht, und wir wollen die Story beenden. (Hilberts Geschichte geht sogar noch weiter, das nächste mal kommen unendlich viele Busse mit jeweils unendlich vielen Personen – aber das geht uns jetzt zu weit.)

10.2 Die neuen Probleme mit der Endlichkeit

Wir beginnen diesen Abschnitt mit einem Beispiel.

Beispiel 10.2.1

In diesem Beispiel wird eine *endliche* Struktur aus Punkten und Strecken betrachtet, die man in der Diskreten Mathematik auch einen **Graphen** nennt. Es sind sieben Punkte A,B,...,G (auch **Knoten** oder **Stationen** genannt) gegeben, ferner Verbindungsstrecken (**Kanten**) zwischen manchen dieser Punkte. Jede Verbindungsstrecke ist mit einer Zahl bewertet, die im untenstehenden Bild ebenfalls angegeben ist.

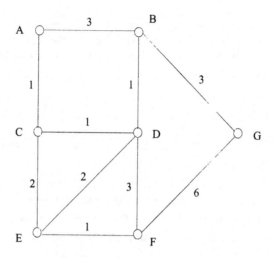

Abb. 10.1: Ein Graph mit bewerteten Kanten

Eine solche Struktur kann beispielsweise ein Straßennetz zwischen sieben Orten modellieren, wobei die Bewertungen der Kanten für die Längen der entsprechenden Teilstrecken stehen.

Betrachtet wird nun die folgende mathematische Frage:

Was ist der kürzeste Weg von Punkt E nach Punkt G? Dabei ist mit der **Länge** eines Weges natürlich die Summe der von ihm verwendeten Kanten(bewertungen) gemeint – der Weg „von E über C über A über B nach G" hat also beispielsweise die Länge 9. Eine kurze Überlegung ergibt, dass hier der kürzeste Weg E-D-B-G ist (mit Länge 6). ◘

Der unbefangene Leser wird nun fragen: Was hat das mit Mathematik zu tun? Ich kann doch alle Wege ausprobieren und mir den kürzesten heraus suchen! Dabei komme ich mit den aus der Grundschule bekannten Rechenarten aus! Auf meine Gegenfrage an diesen Leser, was er denn mache, wenn die Struktur aus 100 Stationen und 1000 Kanten besteht, mag er dann antworten: Also gut, das ist dann eine Fleißarbeit, hat aber immer noch nichts mit anspruchsvoller Mathematik zu tun. Hier irrt der Leser! Wir verlassen nun dieses Beispiel und gehen über zur allgemeinen Diskussion.

Problemstellungen dieser Art, bei denen nur eine endliche Anzahl von Fällen überprüft und ggf. verglichen werden muss, sind von der Mathematik Jahrhunderte lang „links liegen gelassen" worden. Allenfalls dann, wenn hinter dem Problem eine Struktur entdeckt werden konnte (vgl. im Kapitel „Zählen"), hat ein solches Problem das Interesse der Mathematiker hervorgerufen. Fragestellungen, deren Beantwortung nur durch „reine Fleißarbeit" möglich schien, wurden nicht beachtet (oder sogar *verachtet*).

Diese Haltung beinhaltete auch, dass man sich damit abfinden musste, solche Fragen ab einer gewissen Größe der Parameter (in obigem Beispiel: Knoten- und Kantenanzahl) *gar nicht* beantworten zu können. Machen wir eine Beispielrechnung auf:

Eine Graphenstruktur wie in Beispiel 10.2.1 sei gegeben, dieses mal aber mit 100 Stationen und 4950 zwischen ihnen verlaufenden Kanten. (Dabei gibt es zwischen je zwei Stationen eine Kante, das macht zusammen 4950.) Man möchte die Länge eines kürzesten Weges zwischen den beiden Stationen X und Y wissen[liv]. Wie viele Wege gibt es überhaupt von X nach Y? Eine kurze Überlegung zeigt, dass es bereits 98! viele Wege gibt, die durch alle anderen Stationen laufen, dazu kommen noch die Wege, die weniger Stationen auf ihrem Weg haben.[lv] Da 98! ungefähr gleich 10^{154} ist (das ist eine 1 mit 154 Nullen!), kann man schließen:

Selbst jemand, der pro Minute *einen* möglichen Weg anschauen (und – für den späteren Vergleich der Wege – z. B. seine Länge auf einem Zettel notieren) könnte, würde für das Betrachten aller Wege mindestens

$$\frac{10^{154}}{60 \cdot 24 \cdot 365} \approx 2 \cdot 10^{148}$$

Jahre benötigen – das ist eine 2 mit 148 angehängten Nullen.

Jetzt kommen – und darauf wollen wir unter anderem hinaus – die Computer ins Spiel. Solche elektronischen Rechenmaschinen gibt es seit etwa 50 Jahren. Ihre Haupteigenschaft ist, dass sie – entsprechend durch Programme instruiert – wesentlich *schneller* rechnen können als Menschen. Aber wenn wir noch einmal auf das letzte Beispiel schauen, wird die Situation durch Computer nicht viel besser: Selbst wenn ein Computer in jeder Sekunde eine Milliarde (also 10^9) der möglichen Wege testen könnte, würde er immer noch $3 \cdot 10^{137}$ Jahre benötigen!

Dass Computer dennoch einen großen Unterschied machen, wird deutlich, wenn man eine Graphenstruktur mit – sagen wir – 13 Stationen und den möglichen 78 Kanten betrachtet. Hier liegt die Größenordnung aller möglichen Wege zwischen zwei Stationen X und Y bei ca. 40 Millionen. Wenn pro Minute einer dieser Wege ausgewertet wird, braucht man dazu etwa 76 Jahre – ein Wert sozusagen im „menschlichen Bereich", auch wenn kaum vorstellbar ist, dass ein Mensch 76 Jahre seines Lebens damit zubringen möchte. Ein Computer (mit einer Milliarde Auswertungen in einer Sekunde) ist in vier Hundertstel Sekunden fertig!

In der folgenden Tabelle haben wir für die Stationsanzahlen von 10 bis 18 und unter den vorherigen Annahmen zur Rechengeschwindigkeit von Mensch bzw. Computer die entsprechenden ungefähren Rechenzeiten zusammengestellt:

[liv] Man darf nicht „des" kürzesten Weges sagen, denn es könnte mehrere gleich lange Wege kürzester Länge geben.
[lv] Zur Erinnerung: 98! (gesprochen: 98-**Fakultät**) ist eine abkürzende Schreibweise für das Produkt $1 \cdot 2 \cdot 3 \cdot \ldots \cdot 98$.

Stationen	Rechenzeit Mensch	Rechenzeit Computer
10	30 Tage	0,00004 Sekunden
11	240 Tage	0,0004 Sekunden
12	7 Jahre	0,004 Sekunden
13	76 Jahre	0,04 Sekunden
14	900 Jahre	0,5 Sekunden
15	12000 Jahre	6 Sekunden
16	170000 Jahre	1,5 Minuten
17	2,5 Millionen Jahre	22 Minuten
18	40 Millionen Jahre	6 Stunden
19	660 Millionen Jahre	4 Tage
20	12 Milliarden Jahre	74 Tage

An dieser Tabelle kann man zweierlei sehen:

☐ Durch die Nutzung von Computern sind Größenordnungen behandelbar geworden, die zuvor (man schaue auf die Werte ab 13 oder 14 Stationen!) nicht behandelbar waren (auch nicht mit noch so viel Fleiß).

☐ Auch *mit* Computern stößt man an Grenzen – dies wird spätestens bei den Werten für 20 Stationen deutlich.

Halten wir also fest: Auch *mit* Computern kommt man irgendwann in Größenordnungen, in denen gewisse Probleme (obschon *theoretisch* einfach) nicht mehr *praktisch* lösbar sind. Jedoch sind wesentlich mehr sich aus Anwendungssituationen ergebende Fragen nun mit Computern beantwortbar geworden– beispielsweise ist es durchaus realistisch, nach den Längen der Transportwege zwischen 15 oder 20 Firmen zu fragen.

Wo kommt nun interessante Mathematik ins Spiel?

Kurz gesagt: Es geht darum, sich für das Auffinden des kürzesten Weges – gegenüber dem „sturen" Betrachten und Vergleichen *aller* Möglichkeiten – *verbesserte Strategien* auszudenken. Solche Strategien basieren auf in den Problemstellungen enthaltenen (und möglicherweise zunächst zu entdeckenden) Strukturen[lvi]. Das Ziel besteht dabei darin, die Grenzen der beteiligten Parameter (in unserem Beispiel Anzahl der Knoten und Kanten), ab der die Probleme nicht mehr praktisch behandelbar sind (weil es zu lange dauert), immer weiter nach

---

[lvi] Zum Vergleich sei auf das Kapitel „Zählen" dieses Buches verwiesen, in dem einige Beispiele angesprochen sind, in denen vorhandene Strukturen das Zählen erleichtern.

oben zu verschieben. Schauen wir noch einmal auf die obige Tabelle: Ohne Computer ist der Aufwand eigentlich nur bis 11 Knoten vertretbar, mit Computer bis etwa 20 Knoten.

Der mathematische Ausdruck für eine Strategie, die so präzise und in eindeutig aufeinander folgenden Einzelschritten formulierbar ist, dass man die praktische Durchführung auch einem Computer überlassen kann, ist **Algorithmus**.

Um dem Leser einen Eindruck zu geben, zeigen wir nun anhand eines kleinen Beispiels die Arbeitsweise des **Algorithmus von Dijkstra** auf, der dazu dient, die Abstände (d. h. die Längen der kürzesten Wege) von einem Graphenknoten zu allen anderen Knoten zu bestimmen. Einen Algorithmus kann man sich aus Sicht des Anwenders als eine Art Box vorstellen, in die gewisse Größen hineingegeben werden können, woraufhin im Inneren der Box der Algorithmus die entsprechenden Schritte ausführt und das Ergebnis am Ausgang der Box abgelesen werden kann. In der folgenden Abbildung ist die „Dijkstra-Box" dargestellt:

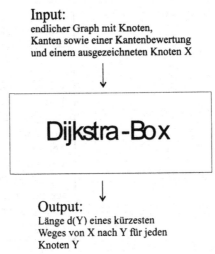

Abb. 10.2: Die Dijkstra-Box

Das Innere der Dijkstra-Box – also der eigentliche Algorithmus – soll hier nicht im Detail beschrieben werden. Stattdessen illustrieren wir in Abbildung 10.3 die Vorgehensweise des Algorithmus anhand des Eingangsbeispiels 10.2.1.

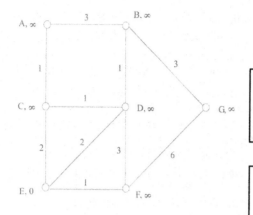

Hinter jedem Knoten wird zu Beginn ein vorläufiger Abstand zu E notiert – für E selbst der Wert 0, für die anderen Knoten der Wert ∝ (für „unendlich").

Sodann werden in einem *iterativen Verfahren* immer wieder die gleichen Schritte ausgeführt – ein Knoten wird als „endgültig bearbeitet" markiert, bei seinen noch nicht markierten Nachbarn werden die vorläufigen Abstände aktualisiert.

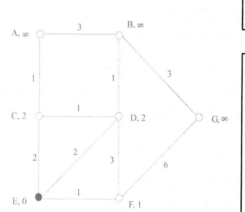

Zuerst wird E markiert. Die Markierung bedeutet immer, dass die vorläufige Entfernung zu E zur endgültig kürzesten erklärt und nicht mehr geändert wird. Sodann wird bei allen Nachbarn des soeben markierten Knotens (hier: E) geprüft, ob die Nutzung dieses markierten Knotens als Zwischenknoten zu einer kürzeren Entfernung zu E führt, und die vorläufige Entfernung wird ggf. korrigiert (hier für C, D und F).

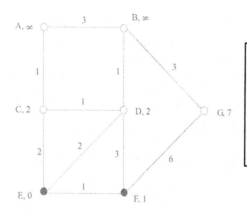

In jedem Schritt wird unter den bisher unmarkierten Knoten derjenige ausgewählt und endgültig markiert, der die kürzeste vorläufige Entfernung zu E aufweist (die damit als endgültige Entfernung festliegt) – dies führt hier zur Markierung von F und anschließender Korrektur bei G.

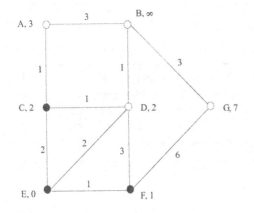

Nun wird C markiert. (Man hätte auch D nehmen können, beide weisen den vorläufigen Abstand 2 auf.) Dies führt zur Korrektur des vorläufigen Abstands von A zu E (jetzt: 3).

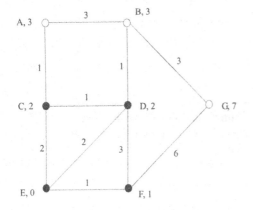

Als nächster Knoten wird D markiert sowie der Abstand von B zu E auf 3 korrigiert.

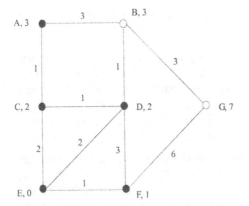

Die Markierung von A führt zu keiner Aktualisierung der Einträge bei den Nachbarn.

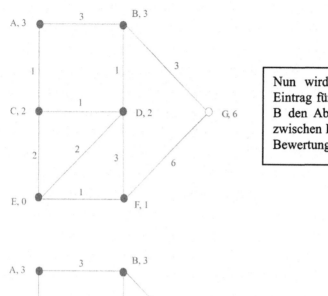

Nun wird B markiert und der Eintrag für G auf 6 korrigiert, da B den Abstand 3 zu E hat und zwischen B und G eine Kante mit Bewertung 3 verläuft.

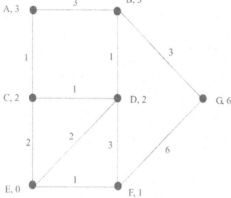

Zum Schluss wird noch G markiert – ohne weitere Konsequenzen.

Abb. 10.3: Illustration des Algorithmus von Dijkstra an einem Beispiel

Es stellt sich heraus, dass der Dijkstra-Algorithmus *wesentlich effizienter* arbeitet als das „sture Durchsuchen und Vergleichen". Bei dem weiter oben betrachteten Beispiel von 20 Stationen und 190 Kanten wäre die Rechenzeit eines Menschen (unter unseren Annahmen hinsichtlich Rechengeschwindigkeit) mit dem Dijkstra-Algorithmus nur noch ca. 5,5 Tage, die eines Computers einige Tausendstel Sekunden – offenbar eine dramatische Verbesserung gegenüber dem „sturen" Algorithmus!

Um Algorithmen zu beurteilen und miteinander zu vergleichen, sprechen die Informatiker von der **Komplexität** eines Algorithmus und haben eine eigene Theorie entwickelt, wie man die Komplexität von Algorithmen bestimmen oder zumindest abschätzen kann. Das Auffinden effizienter Algorithmen (also solcher mit möglichst niedriger Komplexität) für endliche Problemstellungen obiger Art (oder allgemein: für Probleme aus der **Kombinatorischen Optimierung** als Teilgebiet der Diskreten Mathematik) ist die Herausforderung, die uns im Titel dieses Kapitels von den „neuen Problemen mit der Endlichkeit" sprechen lässt.

Eines sollte man allerdings herausstellen:

Bezieht man den praktischen Standpunkt ernsthaft mit ein, so muss man auch immer über verfügbare Speichergrößen, Zugriffszeiten auf Daten usw. reden. Würde man dies nicht tun, gäbe es beispielsweise für das Problem der kürzesten Wege die „Lösung", für alle Graphen mit bis zu 500 Knoten (das dürfte für die meisten praktischen Fragestellungen ausreichen) und alle möglichen Kantenbewertungen die kürzesten Wege ein für allemal zu berechnen und in einer gigantischen Datenbank abzuspeichern – hätte man dann eine konkrete Frage, bräuchte man keinen Algorithmus mehr, sondern müsste „nur" in der Datenbank nachschauen!

Wir fassen noch einmal zusammen:

☐ Auch *vor* der Einführung der Computer hat man über bessere Algorithmen für endliche Probleme nachgedacht – nur waren die behandelbaren Größenordnungen auch mit guten Algorithmen oft immer noch wesentlich zu klein, um für ernsthafte Anwendungen nützlich zu sein.

☐ Durch die Einführung von Computern haben sich – in einem *qualitativen* Sprung – die noch behandelbaren Größenordnungen so weit nach oben verschoben, dass es nun Sinn macht, für zu früherer Zeit „hoffnungslose" Probleme nach effizienten Algorithmen zu suchen. Dies hat in den letzten Jahrzehnten zu einem bemerkenswerten Aufschwung für die Diskrete Mathematik geführt.

Aufgaben zu Kapitel 10

Wissensfrage 10.1:

Warum macht das Fermatsche Problem keinen Sinn, wenn man für x, y und z beliebige reelle Zahlen zulässt?

Wissensfrage 10.2:

Wie ist es zu erklären, dass eine Menge mit unendlich vielen Elementen ihre Größe nicht ändert, wenn man einige Elemente weglässt?

Wissensfrage 10.3:

Was ist ein Algorithmus? Nennen Sie einige aus der Schulmathematik bekannte Algorithmen.

Wissensfrage 10.4:

Worin liegt die praktische Bedeutung der Komplexität eines Algorithmus?

Lösungen der Aufgaben

Kapitel 1

Wissensfrage 1.1:

Es gibt rationale Zahlen und irrationale Zahlen. Dabei ist „rationale Zahlen" eine andere Bezeichnung für die Brüche, zu denen auch die natürlichen und die ganzen Zahlen zählen, denn man kann (beispielsweise) die ganze Zahl -7 auch als $-\frac{7}{1}$ schreiben. Die irrationalen Zahlen sind dadurch charakterisiert, dass sie keine Brüche sind. In der Kommadarstellung zeichnen sich die irrationalen Zahlen dadurch aus, dass sie nicht abbrechen (also unendlich viele Stellen hinter dem Komma haben), jedoch auch nicht periodisch werden.

Wissensfrage 1.2:

Mit der Aussage, dass die Brüche auf der Zahlengeraden „dicht" liegen, ist gemeint, dass zwischen zwei Brüche immer noch ein weiterer passt – egal, wie nah die beiden ersten Brüche schon aneinander gelegen haben. Wenn man dieses Argument immer weiter anwendet, gelangt man sogar zu dem Schluss, dass zwischen zwei beliebigen verschiedenen Brüchen immer unendlich viele weitere Brüche liegen.

Wissensfrage 1.3:

Zunächst kommt es darauf an, ob die Zahl numerisch (also als Kommazahl) oder symbolisch hingeschrieben wird. In numerischer Form können nur rationale Zahlen (also Brüche) exakt hingeschrieben werden, beispielsweise $\frac{4}{5}$ (als Bruch) bzw. 0,8 (als Kommazahl) oder $\frac{4}{3}$ bzw. $1,\overline{3}$. Irrationale Zahlen wie $\sqrt{2}$ oder π können nur in dieser symbolischen Form exakt angegeben werden – da sie als Kommazahlen hinter dem Komma unendlich lang und zudem nicht-periodisch sind, muss man beim Hinschreiben irgendwann abbrechen und hat nur einen Näherungswert.

Wissensfrage 1.4:

Das Wort „Auto" ist kein Auto, sondern ein Wort. Die Unterscheidung zwischen realen Objekten und Namen, die man diesen Objekten gibt, ist somit nichts Besonderes. Bei den Zahlen hat man freilich die Situation, dass diese selbst keine realen, sondern abstrakte Objekte sind, zu deren Bezeichnung man wiederum gewisse Zeichen (genannt „Ziffern") verwendet. Erst durch diese Spitzfindigkeiten kann man verstehen, wieso ein Computer mit Zahlen *rechnen* kann.

Wissensfrage 1.5:

Alle komplexen Zahlen lassen sich in der Form $a+b\cdot i$ darstellen, wobei a und b beliebige reelle Zahlen sein können und i für die „imaginäre Einheit" steht, die durch die Eigenschaft $i^2 = -1$ charakterisiert ist. (Da „$-i$" dieselbe Eigenschaft hat, kann man hier nicht von einer *eindeutigen* Charakterisierung sprechen.) Da sich dabei unter anderem auch jede *reelle* Zahl a als $a+0\cdot i$ ergibt, können die reellen Zahlen als spezielle komplexe Zahlen angesehen werden. Anders herum gesagt: Die komplexen Zahlen bilden eine Erweiterung der reellen Zahlen.

In Kapitel 6 (Abschnitt über Vektoren) wird gezeigt, dass die komplexen Zahlen auch als die Punkte einer Ebene geometrisch interpretiert werden können – dabei bilden die reellen Zahlen eine in dieser Ebene verlaufende Gerade.

Kapitel 2

Übungsaufgabe 2.1:

a) $8^{2/3} = \left(8^{1/3}\right)^2 = \left(\sqrt[3]{8}\right)^2 = 2^2 = 4$

b) $0,5^{\sqrt{3}} \approx 0,5^{1,732051} \approx 0,301024$

c) $\log_{10} 0,01 = \log_{10} 10^{-2} = -2$

d) $\log_2 5 = \frac{\lg 5}{\lg 2} \approx 2,3219$

Übungsaufgabe 2.2:

a) $\dfrac{3}{7} - \dfrac{1}{9} = \dfrac{27-7}{63} = \dfrac{20}{63}$

b) $\dfrac{4}{11} + \dfrac{2+a}{7} = \dfrac{28+22+11a}{77} = \dfrac{50+11a}{77}$

c) $\dfrac{1-a}{a^5} + \dfrac{2}{a^3} - \dfrac{1+a}{a} = \dfrac{1-a+2a^2-(1+a)a^4}{a^5} = \dfrac{1-a+2a^2-a^4-a^5}{a^5}$

d) $\dfrac{2}{3a} - \dfrac{2-3a+b}{x} = \dfrac{2x-3a(2-3a+b)}{3ax} = \dfrac{2x-6a+9a^2-3ab}{3ax}$

Übungsaufgabe 2.3:

a) $\dfrac{3}{\sqrt{2}} = \dfrac{3\cdot\sqrt{2}}{\sqrt{2}\cdot\sqrt{2}} = \dfrac{3}{2}\cdot\sqrt{2}$

b) $\dfrac{2}{\sqrt[5]{7}} = \dfrac{2\cdot\left(\sqrt[5]{7}\right)^4}{\left(\sqrt[5]{7}\right)^5} = \dfrac{2}{7}\cdot\left(\sqrt[5]{7}\right)^4$

c) $\dfrac{\sqrt{5}}{\sqrt{3}-\sqrt{2}} = \dfrac{\sqrt{5}\cdot(\sqrt{3}+\sqrt{2})}{(\sqrt{3}-\sqrt{2})\cdot(\sqrt{3}+\sqrt{2})} = \dfrac{\sqrt{5}\cdot(\sqrt{3}+\sqrt{2})}{3-2} = \sqrt{15}+\sqrt{10}$

d) $\dfrac{x+y}{\sqrt{x}+\sqrt{y}} = \dfrac{(x+y)(\sqrt{x}-\sqrt{y})}{x-y}$

Übungsaufgabe 2.4:

a) $3+4+5+...+100 = \displaystyle\sum_{i=3}^{100} i$

b) $4^3+6^3+8^3+...+20^3 = \displaystyle\sum_{i=2}^{10}(2i)^3$

c) $z_1+z_2+...+z_{80} = \displaystyle\sum_{j=1}^{80} z_j$

d) $x_1 y_1^{\,2} + x_2 y_2^{\,2} + ... + x_k y_k^{\,2} = \displaystyle\sum_{j=1}^{k} x_j y_j^{\,2}$

Übungsaufgabe 2.5:

a) $\displaystyle\sum_{i=1}^{4} i^2 = 1+4+9+16 = 30$

b) $\displaystyle\sum_{k=2}^{4}\dfrac{k-1}{k+1} = \dfrac{1}{3}+\dfrac{2}{4}+\dfrac{3}{5} = \dfrac{43}{30}$

c) $\displaystyle\prod_{j=1}^{3} j = 1\cdot 2\cdot 3 = 6$

d) $\displaystyle\prod_{i=1}^{3}\sum_{j=1}^{i}(i-j+1) = 1\cdot(2+1)\cdot(3+2+1) = 18$

Übungsaufgabe 2.6:

a) $\dfrac{17}{33}:\dfrac{51}{66} = \dfrac{17\cdot 66}{33\cdot 51} = \dfrac{17\cdot 2\cdot 33}{33\cdot 3\cdot 17} = \dfrac{2}{3}$

b) $\dfrac{\frac{a}{b}+1}{\frac{a+b}{2}} = \dfrac{a+b}{b}\cdot\dfrac{2}{a+b} = \dfrac{2}{b}$

c) $\dfrac{3x}{3-\frac{3}{1-x}} = \dfrac{3x}{\frac{3\cdot(1-x)-3}{1-x}} = \dfrac{3x\cdot(1-x)}{-3x} = x-1$

d) $\left(\sqrt{3}-\sqrt{2}\right)^2 = 3-2\cdot\sqrt{3}\cdot\sqrt{2}+2 = 5-2\cdot\sqrt{6}$

Sachaufgabe 2.7:

Da 98 % des reduzierten Preises 139,65 € sind, ist der reduzierte Preis

$$\frac{139{,}65}{0{,}98} = 142{,}50 \; €.$$

Dies sind nun 95 % des Originalpreises, welcher deshalb

$$\frac{142{,}50}{0{,}95} = 150 \; €$$

beträgt.

Man beachte: Falsch wäre der Ansatz, dass 139,65 € gerade 93 % des Originalpreises entsprechen. Man bekäme dann als (falsches) Ergebnis

$$\frac{139,65}{0,93} = 150,16 \text{ €}$$

für den Originalpreis.

Sachaufgabe 2.8:

An jedem Jahresende ist das Kapital auf das 1,04-fache des Kapitals vom Jahresanfang gewachsen. Der gesuchte Betrag errechnet sich folglich so:

$$50000 \cdot 1,04^{10} = 74012,21$$

Nach 10 Jahren ist das Kapital also auf 74012,21 € gewachsen.

Kapitel 3

Übungsaufgabe 3.1:

a) Subtraktion von $9x$ und Addition von 8 auf beiden Seiten führt zu $3x = 12$ und $x = 4$.

b) Umformung ergibt $4x - 2 + x = 6x - 3$ und folglich $5x - 2 = 6x - 3$, was zu $x = 1$ führt.

c) Subtraktion von x und Addition von 0,7 auf beiden Seiten führt zu $0,3x = 0,6$ und $x = 2$.

d) Hier ergibt Subtraktion von $\frac{3}{2}x$ sowie von $\frac{2}{3}$ die Gleichung $-\frac{7}{10}x = -7$ und damit $x = 10$.

Übungsaufgabe 3.2:

a) Ausmultiplizieren der Klammern führt zu $x^2 - x - 2 = x^2 + 5x + 6$ bzw. (nach Subtraktion von x^2) $-x - 2 = 5x + 6$, was $-6x = 8$ und schließlich $x = -\frac{4}{3}$ ergibt.

b) Hier erhält man $6x^2 - x - 1 = 6x^2 + x - 5$ und daraus $-2x = -4$ bzw. $x = 2$.

c) Multiplikation beider Seiten mit $10x$ und mit $x + 5$ führt zu der Gleichung $(x + 2)10x = (10x - 5)(x + 5)$ bzw. (ausmultipliziert) $10x^2 + 20x = 10x^2 + 45x - 25$, was sich zu $-25x = -25$ und somit $x = 1$ vereinfacht.

d) Hier führt Multiplikation mit $6x - 1$ und mit $3x + 10$ zu $6x^2 + 17x - 10 = 6x^2 + 23x - 4$, was $-6x = 6$ bzw. $x = -1$ ergibt.

Sachaufgabe 3.3:

Offenbar schafft der erste Arbeiter an einem Tag $\frac{1}{12}$ der Arbeit, der zweite $\frac{1}{9}$. Ist x die gesuchte Anzahl an Tagen, die beide zusammen benötigen, so muss gelten:

$$\tfrac{1}{12}x + \tfrac{1}{9}x = 1$$

Daraus errechnet sich leicht $x = \tfrac{36}{7}$, d. h. das Ergebnis lautet $5\tfrac{1}{7}$ Tage.

Sachaufgabe 3.4:

Hier liegt offenbar umgekehrte Proportionalität vor. Dies führt zu der Verhältnisgleichung

$$\frac{1200}{x} = \frac{24}{7},$$

aus der leicht $x = 350$ berechnet werden kann.

Sachaufgabe 3.5:

Die Gesamtzahl 32 aller Stimmen entsprechen 100 %. Wegen $\tfrac{23}{32} = 0{,}71875$ und $\tfrac{9}{32} = 0{,}28125$ entfielen somit auf den Kandidaten A 71,9 % und auf Kandidaten B 28,1 % der Stimmen.

Übungsaufgabe 3.6:

a) Subtraktion von 1 auf beiden Seiten ergibt die normale Gestalt $x^2 - 6x + 9 = 0$. Die *p-q*-Formel führt nun direkt zu $x_{1/2} = 3 \pm \sqrt{9 - 9}$ und so zur einzigen Lösung $x = 3$.

b) Zunächst wird x^2 ausgeklammert: $x^2(x - 2) = 0$. Diese Gleichung ist dann erfüllt, wenn $x^2 = 0$ ist oder $x - 2 = 0$. Die Lösungen sind also $x_1 = 0$ und $x_2 = 2$.

c) Division durch 2 ergibt die Gleichung $x^2 - 1{,}2x + 0{,}32 = 0$. Die *p-q*-Formel liefert nun $x_{1/2} = 0{,}6 \pm \sqrt{0{,}36 - 0{,}32}$, was zu $x_1 = 0{,}8$ und $x_2 = 0{,}4$ führt.

d) Subtraktion von 2 auf beiden Seiten ergibt die normale Gestalt $x^2 - 2x + 3 = 0$. Die *p-q*-Formel führt nun zu $x_{1/2} = 1 \pm \sqrt{1 - 3}$. Da unter der Wurzel eine negative Zahl steht, hat die Gleichung keine Lösung im Bereich der reellen Zahlen.

Sachaufgabe 3.7:

Wird der gesuchte Prozentsatz (als Zahl zwischen 0 und 1) mit x bezeichnet, so ist offenbar folgende Gleichung aufzustellen:

$$15 \cdot (1 + x)^2 = 16$$

Dies liegt daran, dass die Steigerung um den Satz x rechnerisch der Multiplikation mit $(1 + x)$ entspricht. Durch Umformung kommt man zu der quadratischen Gleichung

$$x^2 + 2x - \tfrac{1}{15} = 0.$$

Die Lösungen sind $x_1 = -1 + \frac{4}{15}\sqrt{15} \approx 0,0328$ und $x_2 = -1 - \frac{4}{15}\sqrt{15} \approx -2,033$, wobei aufgrund der Fragestellung nur x_1 von Interesse ist. Der gesuchte Prozentsatz beträgt ca. 3,28%.

Übungsaufgabe 3.8:

a) $6x - 5 \geq 1$ ist offenbar gleichbedeutend zu $6x \geq 6$ bzw. $x \geq 1$.

b) $3 - x \leq 2$ führt nach Subtraktion von 3 auf $-x \leq -1$ oder $x \geq 1$.

c) $|2x| \geq 4$ ist äquivalent zu $|x| \geq 2$. Dies erfüllen alle Zahlen x mit $x \geq 2$ sowie diejenigen mit $x \leq -2$.

d) $|x + 7| \leq 2$ gilt für alle x, die von der Zahl -7 höchstens den Abstand 2 haben – dies sind offensichtlich alle x mit $-9 \leq x \leq -5$.

Kapitel 4

Übungsaufgabe 4.1:

a) Es handelt sich um ein Polynom, in dem für x jede beliebige reelle Zahl eingesetzt werden kann.

b) Da $z^2 + 1$ für keine reelle Zahl den Wert Null annimmt, ist auch die Funktion $g(z)$ für alle reellen Zahlen z definierbar.

c) Hier müssen $p = 2$ und $p = 3$ ausgeschlossen werden, da in diesen Fällen einer der beiden Vorkommenden Brüche im Nenner den Wert Null bekommt. Der größtmögliche Definitionsbereich der Funktion $h(p)$ besteht also aus allen reellen Zahlen p ausser $p = 2$ und $p = 3$.

d) Hier muss $q \geq 0$ gelten, weil ansonsten die Wurzel nicht definiert ist.

Übungsaufgabe 4.2:

Der Punkt $(0;1)$ liegt auf der Kurve, denn Einsetzen von 0 in die Funktionsgleichung ergibt $f(0) = 2 \cdot 0 - 0 + 1 = 1$. Analog ergibt sich, dass die Punkte $(1;2)$ und $(3;16)$ ebenfalls auf der Kurve liegen, der Punkt $(-1;3)$ jedoch nicht.

Übungsaufgabe 4.3:

Eine Geradengleichung hat allgemein die Form

$$f(x) = mx + b,$$

wobei nun m und b zu bestimmen sind.

Da die Gerade die x-Achse bei $x = 5$ schneidet, muss gelten:

$$0 = m \cdot 5 + b$$

Die zweite Information (Verlauf durch den Punkt $(3; -4)$) bedeutet:

$$-4 = m \cdot 3 + b$$

Aus diesen beiden Gleichungen kann man (z. B. durch Einsetzen von $b = -5m$ aus der ersten in die zweite Gleichung) m und b berechnen, es ergibt sich: $m = 2, b = -10$. Die gesuchte Geradengleichung ist also $y = 2x - 10$.

Übungsaufgabe 4.4:

Da die beiden Geraden unterschiedliche Steigungen haben (3 bzw. 2), schneiden sie sich in einem Punkt. Um die x-Koordinate dieses Punktes zu ermitteln, werden die beiden Funktionsausdrücke gleich gesetzt:

$$3x - 2 = 2x + 1$$

Daraus folgt $x = 3$. Beide Geraden haben bei $x = 3$ den Funktionswert 7, der Schnittpunkt der Geraden ist also der Punkt $(3; 7)$.

Übungsaufgabe 4.5:

a) $7x + 1 = 0$ gilt nur für $x = -\frac{1}{7}$, dies ist die einzige Nullstelle von $f(x)$.

b) $k(p) = (p + 2)(p^2 - 9)(p^4 + 1)$ nimmt dann den Wert Null an, wenn mindestens einer der Ausdrücke in den Klammern Null wird. $p + 2 = 0$ gilt nur für $p = -2$. $p^2 - 9 = 0$ gilt, wenn $p = 3$ oder $p = -3$ ist. $p^4 + 1$ nimmt niemals den Wert Null an. Dies bedeutet, dass die drei Nullstellen lauten: $p_1 = -2, p_2 = 3, p_3 = -3$

c) Für jede reelle Zahl x ist $10^x > 0$, folglich hat die Funktion $f(x)$ keine Nullstelle.

d) $z(t) = \sqrt{t^2 - 9}$ wird dann Null, wenn $t^2 - 9 = 0$ ist, also für $t_1 = 3$ und $t_2 = -3$.

Übungsaufgabe 4.6:

a) $f'(x) = 0$

b) $g'(x) = -3x^{-4}$

c) $f'(p) = 5p^4$

d) $f'(x) = -\frac{9}{4} x^{-\frac{13}{4}}$ (denn $f(x) = x^{-\frac{9}{4}}$)

Übungsaufgabe 4.7:

Da die Funktion für positive x-Werte ansteigt, wenn x wächst (siehe Abbildung 4.33), wird im Intervall $[2,8]$ der kleinste Wert bei $x = 2$ (Minimum) und der größte Wert bei $x = 8$ (Maximum) angenommen.

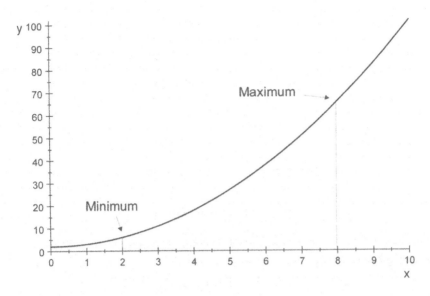

Abb. 4.33: Die Funktion $f(x) = x^2 + 2$

Sachaufgabe 4.8:

Man kann entweder direkt clever argumentieren (Lösungsweg I) oder den Schnittpunkt zweier Geraden bestimmen (Lösungsweg II).

Lösungsweg I:

Die Differenz der beiden Tarife beträgt 0,28 € pro Minute. Folglich hat das Karten-Handy nach

$$\frac{9,95}{0,28} \text{ Minuten}$$

seinen Vorteil (keine Monatsgebühr) aufgebraucht, d. h. ab einem Gesprächsvolumen von ca. 36 Minuten ist das Vertrags-Handy günstiger.

Lösungsweg II:

Die Kostenfunktionen in Euro pro Minute lauten

☐ für das Karten-Handy: $y = f_K(x) = 0,77x$

☐ für das Vertragshandy: $y = f_V(x) = 0,49x + 9,95$

Diese beiden Geraden sind im nächsten Bild dargestellt.

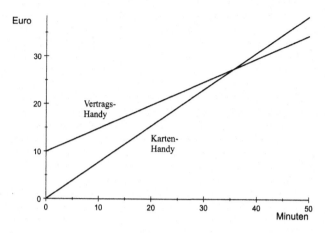

Abb. 4.34: Die Handy-Geraden

Man sieht, dass der Schnittpunkt der beiden Geraden ungefähr bei $x_0 = 36$ Minuten liegt. Rechnerisch ergibt sich hier:

$$0,77x_0 = 0,49x_0 + 9,95$$

bzw.

$$x_0 = \frac{9,95}{0,28} = 35,5357.$$

Sachaufgabe 4.9:

Die variablen Stückkosten sind in diesem Falle

$$k_v(x) = \frac{K_v(x)}{x} = x^2 - 6x + 20.$$

Für die Ableitung gilt somit:

$$k_v'(x) = 2x - 6$$

Für $x_M = 3$ wird diese Ableitung Null, und wegen $k_v''(x) = 2 > 0$ handelt es sich an dieser Stelle um ein lokales Minimum der Funktion $k_v(x)$. Das Betriebsminimum liegt also in $x_M = 3$.

Sachaufgabe 4.10:

a) Gesucht ist ein lokales Minimum der Funktion $f(x)$ für $x > 0$. Die ersten beiden Ableitungen der Funktion lauten:

$$f'(x) = \frac{1}{10} - \frac{240}{x^2}$$

$$f''(x) = \frac{480}{x^3}$$

$f'(x) = 0$ hat – wie man leicht ausrechnet – als einzige positive Lösung $x_0 = 20\sqrt{6} \approx 48{,}99$.
Da offensichtlich $f''(x_0) > 0$ gilt, handelt es sich um ein lokales Minimum, die Geschwindigkeit 48,99 km/h minimiert also den Treibstoffverbrauch (siehe auch Abbildung 4.35).

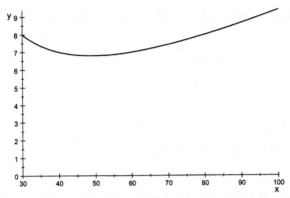

Abb. 4.35: Minimaler Treibstoffverbrauch

b) Die Kosten setzen sich zusammen aus

☐ den 50 € Grundgebühr,

☐ dem Mietpreis von 12 € mal $\frac{700}{x}$ Stunden,

☐ den Treibstoffkosten für 700 km.

Dies ergibt zusammen:

$$K(x) = 50 + 12 \cdot \frac{700}{x} + \left(\frac{x}{10} - 3 + \frac{240}{x}\right) \cdot 7 \cdot 1{,}2$$
$$= \frac{10416}{x} + 0{,}84x + 24{,}8$$

Die Funktion ist in Abbildung 4.36 zu sehen.

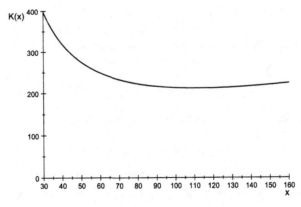

Abb. 4.36: Gesamtkosten der Autofahrt bei Geschwindigkeit x

c) Die Ableitung der Kostenfunktion ergibt: $K'(x) = -\dfrac{10416}{x^2} + 0,84$.

Einzige positive Nullstelle ist $x_0 \approx 111,36$. Wegen $K''(x_0) = \dfrac{20432}{x_0^3} > 0$ liegt dort ein lokales

Minimum vor. Die Kosten werden also bei einer Geschwindigkeit von ca. 111,36 km/h minimiert.

Kapitel 5

Übungsaufgabe 5.1:

Man kann die zweite Gleichung nach y auflösen:

$$y = 2x + 1$$

Wird dieser für y erhaltene Ausdruck in die erste Gleichung eingesetzt, so lautet diese:

$$x^2 + (2x+1)^2 = 4$$

bzw.

$$5x^2 + 4x + 1 = 4 .$$

Mit Hilfe der p-q-Formel erhält man hierfür als Lösungen $x_{1/2} = -\frac{2}{5} \pm \frac{1}{5}\sqrt{19}$. Die Berechnung der beiden zugehörigen y-Werte mit $y = 2x + 1$ liefert schließlich als Lösungen des
Gleichungssystems

Lösung 1: $x_1 = -\frac{2}{5} + \frac{1}{5}\sqrt{19}$, $y_1 = \frac{1}{5} + \frac{2}{5}\sqrt{19}$,

Lösung 2: $x_2 = -\frac{2}{5} - \frac{1}{5}\sqrt{19}$, $y_2 = \frac{1}{5} - \frac{2}{5}\sqrt{19}$.

Sachaufgabe 5.2:

Unter dem durchschnittlichen Zinssatz versteht man denjenigen Zinssatz, der über die betrachteten zwei Jahre zu demselben Ergebnis führen würde wie die beiden gegebenen Zins-
sätze. Diese Überlegung führt für die beiden Aufzinsungsfaktoren q_1 und q_2 zu den beiden
Gleichungen

$$q_2 = q_1 + 0,02 \text{ und } \sqrt{q_1 \cdot q_2} = 1,035 .$$

Einsetzen von q_2 aus der ersten Gleichung in die zweite ergibt

$$\sqrt{q_1^2 + 0,02 q_1} = 1,035$$

Durch Quadrieren und Anwendung der p-q-Formel erhält man als positive Lösung
$q_1 \approx 1,02504$. Es wurde also im ersten Jahr mit ca. 2,504 % verzinst (und im zweiten mit ca.
4,504 %).

Übungsaufgabe 5.3:

Bei den Lösungen wird die Matrix-Schreibweise verwendet.

a)

$$
\begin{array}{cc|c}
2 & 3 & 7 \\
1 & -1 & 1 \quad 2 \cdot II - I
\end{array}
$$

$$
\begin{array}{cc|c}
2 & 3 & 7 \\
0 & -5 & -5
\end{array}
$$

Hieraus liest man leicht ab: $x_2 = 1$, $x_1 = 2$

b)

$$
\begin{array}{cc|c}
2 & 3 & 7 \\
4 & 6 & 14 \quad II - 2 \cdot I
\end{array}
$$

$$
\begin{array}{cc|c}
2 & 3 & 7 \\
0 & 0 & 0
\end{array}
$$

Es gibt unendlich viele Lösungen. Mit $x_2 = \lambda$ erhält man $x_1 = \frac{7}{2} - \frac{3}{2}\lambda$. Die allgemeine Lö-

sung hat also die Form $\begin{pmatrix} x_1 \\ x_2 \end{pmatrix} = \begin{pmatrix} -\frac{7}{2} \\ 0 \end{pmatrix} + \lambda \begin{pmatrix} -\frac{3}{2} \\ 1 \end{pmatrix}$.

c)

$$
\begin{array}{cc|c}
2 & 3 & 7 \\
4 & 6 & 5 \quad II - 2 \cdot I
\end{array}
$$

$$
\begin{array}{cc|c}
2 & 3 & 7 \\
0 & 0 & -9
\end{array}
$$

An der zweiten Zeile sieht man, dass keine Lösung existiert.

d)

$$
\begin{array}{cc|c}
0,5 & -\sqrt{2} & 1,2 \\
1,3 & \sqrt{2} & 2,4 \quad II - 2,6 \cdot I
\end{array}
$$

$$
\begin{array}{cc|c}
0,5 & -\sqrt{2} & 1,2 \\
0 & 3,6 \cdot \sqrt{2} & -0,72
\end{array}
$$

Hieraus erhält man $x_2 = -\frac{\sqrt{2}}{10} \approx -0,1414$ und $x_1 = 2$.

Sachaufgabe 5.4:

Werden die Entfernungen von A und B vom Zentrum mit a und b bezeichnet, so ergeben sich aus den Angaben die beiden Gleichungen $a + b = 9$ und $b = a + 1$. Einsetzen des Ausdrucks für b aus der zweiten Gleichung in die erste führt zu $a = 4$ und $b = 5$.

Übungsaufgabe 5.5:

Die Lösung wird mit Hilfe der Matrix-Schreibweise ermittelt:

$$
\begin{array}{ccc|cl}
1 & 2 & -1 & 8 & \\
2 & -1 & 1 & -2 & II - 2 \cdot I \\
-1 & 1 & -2 & 4 & III + I
\end{array}
$$

$$
\begin{array}{ccc|cl}
1 & 2 & -1 & 8 & \\
0 & -5 & 3 & -18 & \\
0 & 3 & -3 & 12 & III + \frac{3}{5} \cdot II
\end{array}
$$

$$
\begin{array}{ccc|c}
1 & 2 & -1 & 8 \\
0 & -5 & 3 & -18 \\
0 & 0 & -\frac{6}{5} & \frac{6}{5}
\end{array}
$$

Hieraus ergibt sich als eindeutige Lösung: $x_3 = -1$, $x_2 = 3$, $x_1 = 1$

Übungsaufgabe 5.6:

Für die Lösung wird die Matrix-Schreibweise verwendet:

$$
\begin{array}{cccc|cl}
1 & 1 & 1 & 1 & 4 & \\
2 & -1 & -1 & -1 & 0 & II - 2 \cdot I \\
-1 & 2 & 1 & 3 & 6 & III + I \\
4 & -2 & -1 & -3 & -2 & IV - 4 \cdot I
\end{array}
$$

$$
\begin{array}{cccc|cl}
1 & 1 & 1 & 1 & 4 & \\
0 & -3 & -3 & -3 & -8 & \\
0 & 3 & 2 & 4 & 10 & III + II \\
0 & -6 & -5 & -7 & -18 & IV - 2 \cdot II
\end{array}
$$

$$
\begin{array}{cccc|cl}
1 & 1 & 1 & 1 & 4 & \\
0 & -3 & -3 & -3 & -8 & \\
0 & 0 & -1 & 1 & 2 & \\
0 & 0 & 1 & -1 & -2 & IV + III
\end{array}
$$

$$
\begin{array}{cccc|c}
1 & 1 & 1 & 1 & 4 \\
0 & -3 & -3 & -3 & -8 \\
0 & 0 & -1 & 1 & 2 \\
0 & 0 & 0 & 0 & 0
\end{array}
$$

Man kann die letzte Zeile weglassen und $x_4 = \lambda$ setzen (frei wählbar). Daraus ergibt sich weiter $x_3 = -2 + \lambda$, $x_2 = \frac{14}{3} - 2\lambda$ und $x_1 = \frac{4}{3}$.

Sachaufgabe 5.7:

Zunächst ist festzustellen, dass es sich hier nicht um lineares, sondern um exponentielles Wachstum handelt (wie beim Zinseszins). Geht man von einem festen prozentualen Wachstum pro Jahr aus, was der Multiplikation mit einer Zahl $a > 1$ entspricht, so kommt man zu den folgenden beiden Gleichungen:

$$10 \cdot a^{20} = 20$$
$$10 \cdot a^{10} = x$$

Dies führt zu $a^{20} = 2$ und somit $a^{10} = \sqrt{2} \approx 1{,}414214$. Also ist mit einer Bevölkerungszahl von ca. 14,14 Millionen Menschen zu rechnen.

Sachaufgabe 5.8:

Wird das Tagespensum des ersten Arbeiters (als Bruchteil des umgegrabenen Gartens) mit a und das des zweiten mit b bezeichnet, so bekommt man die folgenden beiden Gleichungen:

$$3a + 3b = 1$$
$$a + 2b = \tfrac{7}{12}$$

Lösung ist $a = \tfrac{1}{12}$ und $b = \tfrac{1}{4}$, d. h. der erste Arbeiter würde 12, der zweite 4 Tage allein für die Arbeit benötigen.

Kapitel 6

Übungsaufgabe 6.1:

a) $\frac{12°}{360°} \cdot 2\pi \approx 0{,}2094$ b) $\frac{192°}{360°} \cdot 2\pi \approx 3{,}3510$

c) $\frac{\pi}{12} \cdot \frac{360°}{2\pi} = 15°$ d) $\frac{9\pi}{4} \cdot \frac{360°}{2\pi} = 405°$

e) $\frac{70{,}9°}{360°} \cdot 2\pi \approx 1{,}2374$ f) $1 \cdot \frac{360°}{2\pi} \approx 57{,}2958°$

Übungsaufgabe 6.2:

a) $\sin 60° = \tfrac{1}{2}\sqrt{3} \approx 0{,}8660$ b) $\sin 40°40' = \sin 40\tfrac{2}{3}° \approx \sin 0{,}7098 \approx 0{,}6517$

c) $\sin \tfrac{\pi}{12} \approx 0{,}2588$ d) $\sin 7{,}8 \approx 0{,}9985$

Übungsaufgabe 6.3:

a) Aus $\tan\alpha = \frac{a}{b} = \frac{4}{3}$ erhält man $\alpha \approx 0,9273$ bzw. $\alpha \approx 53,13°$. Damit folgt $\beta = 90° - \alpha \approx 36,87°$. Für c ergibt sich $c = \frac{a}{\sin\alpha} \approx \frac{40}{0,8} = 50\,cm$.

b) Zunächst ist klar, dass $\beta = 60°$ gilt. Aus $c = \frac{b}{\sin\beta}$ erhält man $c \approx 69,28\,cm$ und aus $a = c \cdot \sin\alpha$ schließlich $a \approx 34,64\,cm$.

Sachaufgabe 6.4:

Mit den üblichen Bezeichnungen im rechtwinkligen Dreieck hat man hier $\alpha = 20°$ und $b = 30\,m$ (siehe Abbildung 6.38).

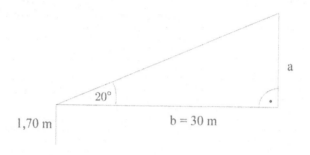

Abb. 6.38: Höhe eines Baumes

Daraus ergibt sich $a = b \cdot \tan\alpha = 30 \cdot \tan 20° \approx 10,92\,m$. Die Höhe des Baumes beträgt also ca. $12,62\,m$.

Übungsaufgabe 6.5:

Da die gesuchte Gerade die Steigung 3 hat, lautet ihre Funktionsgleichung

$$y = 3x + b$$

mit noch unbekanntem b. Einsetzen der Koordinaten des Punktes $(2;2)$ liefert $b = -4$, die Gleichung der Geraden lautet also $y = 3x - 4$.

Übungsaufgabe 6.6:

a) Die Gleichung $x^2 + y^2 - 4x + 2y - 4 = 0$ lässt sich mit quadratischer Ergänzung umformen zu $(x-2)^2 + (y+1)^2 = 9$. Es handelt sich folglich um einen Kreis um den Punkt $(2;-1)$ mit Radius 3.

b) Hier ergibt die Umformung $(x+8)^2 + y^2 = 64$. Damit wird ein Kreis um den Punkt $(-8;0)$ mit Radius 8 beschrieben.

Übungsaufgabe 6.7:

Einsetzen von $y = x+1$ in die Kreisgleichung ergibt

$$(x-1)^2 + (x+1)^2 = 4.$$

Umgeformt ergibt sich daraus $2x^2 + 2 = 4$ mit den Lösungen $x_1 = 1$ und $x_2 = -1$. Die Schnittpunkte sind also $(1;2)$ und $(-1;0)$ (vgl. Abbildung 6.39).

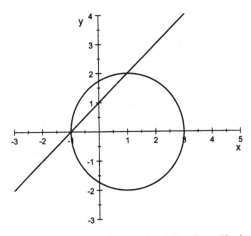

Abb. 6.39: Eine Gerade schneidet einen Kreis

Sachaufgabe 6.8:

Die allgemeine Kreisgleichung lautet: $\quad (x-a)^2 + (y-b)^2 = r^2$

Einsetzen der Koordinaten der drei gegebenen Punkte liefert drei Gleichungen:

$$a^2 + (3-b)^2 = r^2$$
$$a^2 + (2+b)^2 = r^2$$
$$(2-a)^2 + b^2 = r^2$$

Aus den ersten beiden Gleichungen bekommt man $3-b = 2+b$ und somit $b = 0,5$. Gleichsetzen der linken Seiten von Gleichung 2 und 3 führt dann zu $a^2 + 2,5^2 = (2-a)^2 + 0,5^2$ bzw. $a = -0,5$. Einsetzen beider Werte in die erste Gleichung ergibt $(-0,5)^2 + 2,5^2 = r^2$ und somit $r \approx 2,55$. Die Gleichung des gesuchten Kreises lautet also

$$(x+0,5)^2 + (y-0,5)^2 = 2,55^2 \text{ (siehe auch Abbildung 6.40).}$$

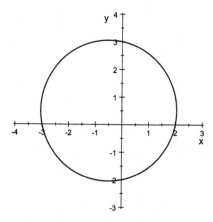

Abb. 6.40: Der gesuchte Kreis

Sachaufgabe 6.9:

Wie in Abbildung 6.41 am Kräfteparallelogramm zu sehen, hat die resultierende Kraft eine Größe von 5 kp. (Da die beiden ursprünglichen Kräfte senkrecht aufeinander stehen, ist das Parallelogramm sogar ein Rechteck, und die Länge der Diagonalen erhält man mit dem Satz des Pythagoras.)

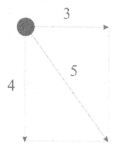

Abbildung 6.41: Zwei Kräfte wirken auf eine Eisenkugel

Sind die Winkel wie in der Abbildung mit α und β bezeichnet, so ist offenbar $\sin \alpha = \frac{4}{5}$ und $\cos \alpha = \frac{3}{5}$, und aus jeder der beiden Gleichungen kann man (mit Hilfe eines Taschenrechners) schließen $\alpha \approx 53,13°$ (gerundet). Entsprechend gilt $\beta = 90° - \alpha$ und somit $\beta \approx 36,87°$.

Übungsaufgabe 6.10:

Wenn man die Zahl 2 durch die Potenz $e^{\ln 2}$ ersetzt, bekommt man $2^i = e^{\ln 2 \cdot i}$. Mit der Eulerschen Formel führt dies zu

$$2^i = \cos(\ln 2) + \sin(\ln 2) \cdot i.$$

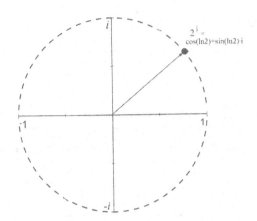

Abbildung 6.42: Die Zahl 2^i in der komplexen Ebene

Da stets $\cos^2 x + \sin^2 x = 1$ ist (für beliebiges x, also auch für $\ln 2$), hat diese komplexe Zahl den Betrag 1 (siehe Abb. 6.42).

Kapitel 7

Übungsaufgabe 7.1:

a) $\displaystyle \binom{10}{3} = \frac{10 \cdot 9 \cdot 8}{1 \cdot 2 \cdot 3} = 120$

b) $\displaystyle \frac{\binom{7}{6}}{3!} = \frac{7!}{6! \cdot 1! \cdot 3!} = \frac{7}{6}$

c) $\displaystyle \frac{2^{10}}{10!} = \frac{1024}{3628800} \approx 0,00028$

d) $\displaystyle \binom{3}{0} + \binom{3}{1} + \binom{3}{2} + \binom{3}{3} = 2^3 = 8$

Sachaufgabe 7.2:

Für die mittleren Buchstaben gibt es, wenn alle 26 Buchstaben und deren Kombinationen möglich sind, $26 \cdot 26$ (für zwei Buchstaben) plus 26 (für einen Buchstaben) Möglichkeiten. Da es beliebige Kombinationen mit Zahlen geben kann, ergeben sich insgesamt

$$(26 \cdot 26 + 26) \cdot 999 = 701298$$

viele Möglichkeiten.

Übungsaufgabe 7.3:

Nach der Formel

$$P_n^{(n_1, n_2, \ldots, n_k)} = \frac{n!}{n_1! \cdot n_2! \cdot \ldots \cdot n_k!}$$

ergibt sich hier als Anzahl

$$\frac{5!}{1! \cdot 1! \cdot 1! \cdot 2!} = 60\,.$$

Sachaufgabe 7.4:

Die Fragestellung läuft auf die Anzahl der Möglichkeiten hinaus, die Plätze 1 bis 3 auf drei verschiedene der 18 Mannschaften zu verteilen. (Anders gesagt: Man fragt nach der Anzahl der injektiven Abbildungen einer 3-elementigen in eine 18-elementige Menge.) Dafür gibt es offenbar

$$18 \cdot 17 \cdot 16 = 4896$$

viele Möglichkeiten.

Sachaufgabe 7.5:

Natürlich ist Herrn K.s Rechnung *nicht* richtig. Hier werden 2 Elemente (die Birnenarten) zur 12-ten Klasse mit Wiederholung variiert, d. h. die richtige Antwort ist:

$$2^{12} = 4096\,.$$

Man kann dies auch so sagen: Es gibt 2^{12} viele Abbildungen einer 12-elementigen in eine 2-elementige Menge.

Sachaufgabe 7.6:

Für die zwei Karten im Skat gibt es

$$\binom{32}{2} = 496$$

viele Möglichkeiten. Bei $\binom{4}{2} = 6$ dieser Möglichkeiten liegen zwei Buben im Skat.

Sachaufgabe 7.7:

Es gibt offenbar 12 Möglichkeiten dafür, dass eine der Personen alle 8 Runden gewinnt. Dafür, dass zwei Personen sich die Gewinne aufteilen, gibt es

$$\binom{12}{2} = 66$$

viele Möglichkeiten usw. Das Fazit lautet: Für die Auswahl der Personen, die mindestens einmal gewonnen haben, gibt es

$$\binom{12}{1} + \binom{12}{2} + \ldots + \binom{12}{8} = 3796$$

viele Möglichkeiten.

Eine Preisaufteilung entspricht offenbar einer Abbildung der Menge der 8 Preise in die Menge der 12 Personen. Für die Preisaufteilung gibt es daher

$$12^8 = 429.981.696$$

viele Möglichkeiten.

Sachaufgabe 7.8:

Gefragt ist hier nach der Anzahl der möglichen Auswahlen von $k = 10$ aus $n = 4$ Objekten mit Zurücklegen und ohne Berücksichtigung der Reihenfolge. Die Formel

$$\binom{n+k-1}{k}$$

liefert das Ergebnis $\binom{13}{10} = 286$.

Kapitel 8

Sachaufgabe 8.1:

Wenn man es noch aus dem Physikunterricht weiß, braucht man keine Integrale: Die Geschwindigkeit v zum Zeitpunkt $t > 0$ (in Sekunden seit dem Start) ist $v(t) = 10 \cdot t$, für den zurückgelegten Weg s gilt: $s(t) = 5 \cdot t^2$. Nach $t = 5$ Sekunden hat das Auto also $5 \cdot 5^2$ bzw. 125 Meter zurück gelegt.

Man kann sich dies aber auch selbst herleiten: Wegen $v'(t) = 10$ (konstante Beschleunigung) und $s'(t) = v(t)$ ergibt sich

$$v(t) = \int_0^t 10\,dx = 10t \text{ und } s(t) = \int_0^t 10x\,dx = \left[\tfrac{1}{2} \cdot 10 \cdot x^2\right]_0^t = 5t^2$$

mit demselben Ergebnis.

Sachaufgabe 8.2:

Das unbestimmte Integral ist

$$\int (0,05x^2 - 2x + 80)\,dx = \tfrac{1}{60}x^3 - x^2 + 80x + C.$$

Wegen $K(0) = 8000$ ergibt sich als Kostenfunktion $K(x) = \tfrac{1}{60}x^3 - x^2 + 80x + 8000$.

Übungsaufgabe 8.3:

a) $\int (2x-1)\,dx = x^2 - x + C$

b) $\int x^{\frac{1}{3}}\,dx = \dfrac{1}{1+\frac{1}{3}} x^{\frac{1}{3}+1} + C = \frac{3}{4} x^{\frac{4}{3}} + C$

c) $\int \frac{1}{x}\,dx = \ln x + C$

d) $\int \cos x\,dx = \sin x + C$

Übungsaufgabe 8.4:

a) Es wird die partielle Integration angewandt: Mit $g(x) = x$ und $h(x) = -\cos x$ ergibt sich:

$$\int x \cdot \sin x\,dx = -x \cdot \cos x + \int 1 \cdot \cos x\,dx = -x \cdot \cos x + \sin x + C$$

b) Hier kann man $g(x) = \ln x$ und $h(x) = x$ wählen und erhält:

$$\int \ln x\,dx = \ln x \cdot x - \int \frac{1}{x} \cdot x\,dx = \ln x \cdot x - x + C$$

c) Hier muss man Substitution anwenden. Wegen $2^x = e^{\ln 2 \cdot x}$ ist es sinnvoll, $f(x) = \ln 2 \cdot x$ und $g'(f) = f$ zu setzen. Dies führt zu

$$\int 2^x \cdot \ln 2\,dx = \int e^{\ln 2 \cdot x} \cdot \ln 2\,dx = e^{\ln 2 \cdot x} + C$$

und damit zu dem Ergebnis $\int 2^x\,dx = \frac{1}{\ln 2} 2^x + C$.

d) Hier erhält man mit $f(x) = 2x+1$ und $g(f) = \frac{1}{f}$ als Endresultat:

$$\int \frac{1}{2x+1}\,dx = \frac{1}{2}\ln(2x+1) + C$$

Übungsaufgabe 8.5:

a) $\displaystyle\int_0^1 (x+\sqrt{x})\,dx = \left[\frac{1}{2}x^2 + \frac{2}{3}x^{\frac{3}{2}}\right]_0^1 = \frac{1}{2} + \frac{2}{3} = \frac{7}{6}$

b) Mit Substitution ähnlich wie in Teil d von Aufgabe 8.4 erhält man:

$$\int_0^2 \sqrt{4x+1}\,dx = \left[\frac{1}{4} \cdot \frac{2}{3} \cdot (4x+1)^{\frac{3}{2}}\right]_0^2$$

Einsetzen der Integrationsgrenzen ergibt dann: $(\frac{1}{6} \cdot 9^{\frac{3}{2}} - \frac{1}{6} \cdot 1^{\frac{3}{2}}) = \frac{13}{3}$

c) $\displaystyle\int_0^\pi x \cdot \sin x\,dx = \left[-x \cdot \cos x + \sin x\right]_0^\pi$ (siehe oben in Aufgabe 8.4, Teil a)

$$= (-\pi \cdot (-1) + 0 + 0 - 0) = \pi$$

d) Hier ist es unmöglich, eine Stammfunktion zu finden. Zum Glück sind jedoch untere und obere Integrationsgrenze identisch, so dass gilt:

$$\int_2^2 \sin x \cdot e^{x^3}\, dx = 0$$

Übungsaufgabe 8.6:

Da der fragliche Flächeninhalt F offenbar als Differenz der Fläche unter $g(x)$ und der unter $f(x)$ errechnet werden kann (siehe Abbildung 8.9), bekommt man:

$$F = \int_1^2 (-3x^2 + 15x - 10)\, dx - \int_1^2 2x^2\, dx = \left[-x^3 + \tfrac{15}{2}x^2 - 10x\right]_1^2 - \left[\tfrac{2}{3}x^3\right]_1^2$$

$$= (-8 + \tfrac{15}{2}\cdot 4 - 20 + 1 - \tfrac{15}{2} + 10) - (\tfrac{2}{3}\cdot 8 - \tfrac{2}{3}) = \tfrac{5}{6}$$

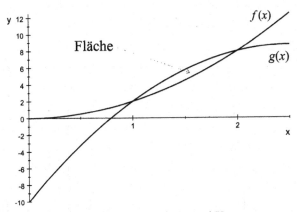

Abb. 8.9: Fläche zwischen zwei Kurven

Übungsaufgabe 8.7:

Die Funktion $\frac{1}{x}$ hat $\ln x$ als Stammfunktion, zu $\frac{1}{x^2}$ gehört als Stammfunktion $-\frac{1}{x}$. (Dies ergibt sich aus den Ableitungsregeln in Abschnitt 4.4.) Damit folgt für die bestimmten Integrale $\int_1^z \frac{1}{x}\, dx = \ln z - \ln 1 = \ln z$ und $\int_1^z \frac{1}{x^2}\, dx = -\frac{1}{z} + \frac{1}{1} = 1 - \frac{1}{z}$. Wenn nun z gegen Unendlich strebt (man schreibt „$z \to \infty$“), so gilt dies auch für $\ln z$, also besitzt das erste uneigentliche Integral keinen endlichen Wert – man sagt, das uneigentliche Integral existiere nicht. Anders beim zweiten Integral: Da $\frac{1}{z}$ gegen die Zahl 0 konvergiert, existiert das uneigentliche Integral und hat den Wert 1.

Übungsaufgabe 8.8:

Zur leichteren Veranschaulichung betrachten wir zunächst die kleinere Summe $\sum\limits_{i=1}^{3} i^2$. Wie

man in Abbildung 8.10 sehen kann, ist $\int\limits_{0}^{3} x^2 dx$ kleiner und $\int\limits_{1}^{4} x^2 dx$ größer als diese Summe.

Entsprechend berechnen wir

$$\int\limits_{0}^{100} x^2 dx = \left[\frac{x^3}{3} \right]_0^{100} = 333.333,33$$

$$\text{und} \int\limits_{1}^{101} x^3 dx = \left[\frac{x^3}{3} \right]_1^{101} = 343.433,33 \, .$$

Eine Schätzung (Mittelwert) ergibt also ca. 338.383. (Der genaue Wert ist 338.350.)

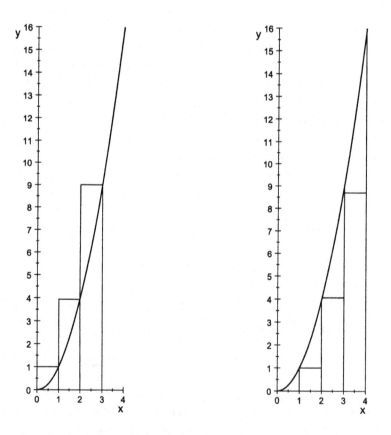

Abb. 8.10: Abschätzung der Summe $1^2 + 2^2 + 3^2$ durch zwei Integrale

Kapitel 9

Sachaufgabe 9.1:

Die Wahrscheinlichkeit beträgt $\frac{15}{21}$ bzw. $\frac{5}{7}$ oder 71,43 %.

Sachaufgabe 9.2:

Man kann dies selbstverständlich *nicht* schließen – Wahrscheinlichkeitstheorie ist keine Wahrsagerei! Allerdings stellt die Schließende (auch: Analytische) Statistik Methoden zur Verfügung, mit deren Hilfe man aufgrund der Befragung von 1000 Wahlberechtigten Wahrscheinlichkeiten angeben kann wie beispielsweise dafür, dass bei der Wahl die SPD zwischen 27 und 29 % bekommt. (Dies wird jedoch in diesem Buch nicht behandelt.)

Sachaufgabe 9.3:

Die Augensumme 10 ergibt sich dann, wenn beide Würfel eine „5" zeigen oder einer eine „6" und der andere eine „4". Dies sind zusammen drei von 36 möglichen Fällen. Daher beträgt die Wahrscheinlichkeit $\frac{3}{36}$ bzw. $\frac{1}{12}$ oder 8,33 %.

Sachaufgabe 9.4:

Insgesamt gibt es für das Skatblatt eines Spielers $\binom{32}{10} = 64.512.240$ viele Möglichkeiten. Da es für die Auswahl von 2 aus 4 Zehnen $\binom{4}{2} = 6$ Möglichkeiten gibt, ergeben sich auch genau 6 Möglichkeiten, bei denen ein Skatspieler alle 4 Buben, die vier Asse und 2 Zehnen auf der Hand hat. Die gesuchte Wahrscheinlichkeit ist somit

$$\frac{6}{64.512.240} \approx 0,0000001 = 10^{-7}$$

Man kann dies auch so ausdrücken: Im Mittel ist bei etwa jedem 10-millionsten mal damit zu rechnen, dass ein Skatspieler ein solches Blatt bekommt.

Sachaufgabe 9.5:

Bei dieser Aufgabe ist es einfacher, zunächst das komplementäre Ereignis zu betrachten. In $\binom{24}{2} = 276$ der möglichen $\binom{32}{2} = 496$ Fälle liegt kein As und keine Zehn im Skat, die zugehörige Wahrscheinlichkeit ist $\frac{276}{496} \approx 0,5565$. Also beträgt die Wahrscheinlichkeit ca. 0,4435 oder 44,35 %, dass mindestens ein As oder eine Zehn im Skat liegt.

Sachaufgabe 9.6:

a) Insgesamt gibt es $\binom{500}{10}$ Möglichkeiten, 10 der 500 Festplatten auszuwählen. Unter die-

sen Möglichkeiten sind $10 \cdot \binom{490}{9}$ viele, bei denen genau eine der defekten Festplatten dabei

ist – man hat eine der defekten ausgewählt, und aus den 490 nicht-defekten 9 weitere. Dies führt zur Wahrscheinlichkeit

$$\frac{10 \cdot \binom{490}{9}}{\binom{500}{10}} \approx 0,1696 \text{ oder ca. } 16,96\,\%.$$

b) Wir bestimmen zunächst die Wahrscheinlichkeit, dass von 100 ausgewählten Festplatten *keine* defekt ist: Dies ist offenbar

$$\frac{\binom{490}{100}}{\binom{500}{100}} \approx 0,105.$$

Somit ist die Wahrscheinlichkeit, dass mindestens eine der 100 ausgewählten defekt ist (d. h. des Gegenteils) 0,895 oder 89,5 %.

Sachaufgabe 9.7:

Es gibt insgesamt 100^{18} viele Möglichkeiten dafür, dass die 18 Kinder eine Zahl zwischen 1 und 100 aufschreiben. (Dies entspricht der Anzahl der Abbildungen einer 18-elementigen in eine 100-elementige Menge.) Dabei haben bei $100 \cdot 99 \cdot 98 \cdot \ldots \cdot 83$ vielen Möglichkeiten alle Kinder eine andere Zahl ausgewählt. Die gesuchte Wahrscheinlichkeit beträgt demnach

$$1 - \frac{100 \cdot 99 \cdot 98 \cdot \ldots \cdot 83}{100^{18}} \approx 0,8037.$$

Das bedeutet: Mit einer Wahrscheinlichkeit von 80,37 % haben mindestens zwei Kinder dieselbe Zahl aufgeschrieben. (Dies klingt erstaunlich – man hat es hier mit dem abgewandelten „Geburtstagsparadoxon" zu tun.).

Suchtaufgabe 9.8:

Statt in die Prozentrechnung einzusteigen, kann man leichter den Satz von der totalen Wahrscheinlichkeit anwenden. Dieser besagt hier (mit den offensichtlichen Abkürzungen):

$$p(Alk) = p(Alk \mid Rau) \cdot p(Rau) + p(Alk \mid NiRau) \cdot p(NiRau)$$

Einsetzen der gegebenen Zahlen liefert $0,78 = 0,89 \cdot 0,28 + p(Alk \mid NiRau) \cdot 0,72$, woraus leicht $p(Alk \mid NiRau) \approx 0,74$ berechnet werden kann – die Antwort ist also 74%.

Sachaufgabe 9.9:

Betrachten wir eine große Anzahl – sagen wir 100.000 – Menschen, bei denen der Test durchgeführt wird. Von diesen tragen erwartungsgemäß 100 das Virus, was zu 95 positiven Testergebnissen führt. Bei den restlichen 99.900 Personen führen 5% der Tests – also 4.995 Tests – ebenfalls zu einem (fälschlich) positiven Ergebnis. Folglich tragen von den insgesamt 5090 positiven Ergebnissen nur 95 wirklich das Virus, das sind etwa 2%. Eine Person mit positivem Ergebnis ist also nur mit 2% Wahrscheinlichkeit wirklich infiziert.

(Die meisten Menschen finden dieses Ergebnis erstaunlich – weil sie nicht berücksichtigen, dass überhaupt nur einer von 1000 Menschen mit dem Virus infiziert ist. Die eleganteste Lösung der Aufgabe verwendet den Satz von Bayes, den wir jedoch nicht behandelt haben.)

Sachaufgabe 9.10:

Peter sollte die Wette annehmen, wenn der Erwartungswert seines Gewinns größer ist als Null. Der Erwartungswert berechnet sich folgendermaßen:

$$0,45 \cdot 2,50 - 0,3 \cdot 3 = 0,225$$

Also kann Peter die Wette getrost annehmen.

Kapitel 10

Wissensfrage 10.1:

Schauen wir zunächst auf den Fall $n = 3$. Sind x und y beliebige reelle Zahlen, so kann man die Zahl

$$\sqrt[3]{x^3 + y^3}$$

immer ausrechnen. Nennt man diese Zahl z, so gilt offensichtlich

$$x^3 + y^3 = z^3.$$

Diese Argumentation gilt natürlich auch in dem speziellen Fall, dass x und y sogar *natürliche* Zahlen sind, der entscheidende Punkt aber ist: Das zugehörige z wird dabei niemals eine natürliche Zahl sein – genau das ist die Aussage des Fermatschen Satzes für $n = 3$.

Entsprechendes gilt für die Exponenten $n > 3$.

Wissensfrage 10.2:

Man vergleicht die Größen von Mengen (auch unendlicher), indem man Abbildungen zwischen ihnen betrachtet: Erlauben zwei Mengen A und B eine bijektive Abbildung, so gelten sie als gleich groß. Entfernt man nun eine endliche Anzahl von Elementen aus einer unendlichen Menge, so bleibt die Restmenge gleich groß – anhand „Hilberts Hotel" kann man sich dies plausibel machen, einen formalen Beweis können wir hier jedoch nicht führen.

Wie am Beispiel der natürlichen Zahlen aufgezeigt, können mitunter auch unendliche Teilmengen entfernt werden, ohne die Größe der Menge zu ändern. Dies gilt jedoch nicht immer: Nimmt man aus der Menge der reellen Zahlen die irrationalen Zahlen heraus, so bleibt die Menge der rationalen Zahlen übrig, die nicht bijektiv auf die Menge der reellen Zahlen abbildbar ist (wohl jedoch auf die Menge der natürlichen Zahlen).

Wissensfrage 10.3:

Wenn ein Computer etwas ausrechnet, folgt er einem Algorithmus. Mit diesem Satz ist der Begriff des Algorithmus bereits recht gut erfasst: Man versteht darunter eine Ansammlung detaillierter Vorschriften, nach denen aus vorgegebenen Input-Daten in genau festgelegten einzelnen Rechenschritten (im allgemeinsten Sinne, es können auch logische Operationen sein) ein Ergebnis erzielt wird. Die Beschreibung der einzelnen Schritte muss unmissverständlich sein, so dass auch ein Computer diese ausführen kann.

Die einfachsten Beispiele aus der Schulmathematik sind die Addition beliebig langer Zahlen (mit Übertrag) sowie die Multiplikation und Division von Kommazahlen.

Wissensfrage 10.4:

Durch Untersuchungen zur Komplexität versucht man abzuschätzen, wie schnell ein Algorithmus für einen gegebenen Input die Lösung berechnet. In der Regel schätzt man die Anzahl der von dem Algorithmus benötigten einzelnen Rechenschritte ab – und zwar in Abhängigkeit (anders gesagt: als Funktion) der Input-Größe, denn selbstverständlich wird man für einen Graphen mit 100 Knoten, für den eine optimale Lösung gefunden werden soll, mehr Rechenschritte brauchen als für einen Graphen mit nur 10 Knoten.

Die praktische Bedeutung dieser Komplexitätsbetrachtungen liegt vor allem darin, dass damit unterschiedliche Algorithmen für dieselbe Problemstellung bewertet und miteinander verglichen werden können, damit man den besten heraussuchen kann. Als „bester" Algorithmus gilt dabei derjenige, für den bei wachsender Input-Größe die Komplexitätsfunktion „am langsamsten wächst".

Literaturhinweise und Lesetipps

Die zuerst aufgeführten Bücher haben einen ähnlichen Vorkurs-Charakter wie das vorliegende bzw. können als Lektüre parallel zu einem Brückenkurs empfohlen werden („Arbeitsbücher"). Anschließend werden einige weitere Bücher für diejenigen Leser empfohlen, die ein wenig Spaß an den Grundfragen und der Geschichte der Mathematik gewonnen haben oder einfach mehr wissen wollen („Zum Weiterlesen").

Arbeitsbücher

Peter Dörsam: Mathematik zum Studiumsanfang.

pd-Verlag, 6. Aufl., 2007

Dieses äußerst dünne und erfreulich preiswerte Büchlein kann für den allerersten (Wieder-) Einstieg wärmstens empfohlen werden. Man findet hier vor allem das Wichtigste zum Umgang mit Funkionen und Lösen von Gleichungen.

Arnfried Kemnitz: Mathematik zum Studienbeginn.

Vieweg, 7. Aufl., 2006

Dieses Buch versucht, den gesamten gelehrten Schulstoff in Mathematik in einem 400-Seiten-Buch zusammenzufassen. Dies geschieht hier auf sehr ansprechende Weise. Das Buch eignet sich auch als Nachschlagewerk.

Michael Knorrenschild: Vorkurs Mathematik.

Fachbuchverlag Leipzig, 2. Aufl., 2007

Vom Stil her ähnelt dieses Buch dem vorliegenden. Inhaltlich beschränkt es sich auf die Themen Elementares Rechnen, Funktionen (ohne Differenzialrechnung), Gleichungen/Ungleichungen und ein wenig Geometrie. Dabei kommt ein kleines Buch heraus, das wenig Angst macht. Sehr zu empfehlen!

Walter Purkert: Brückenkurs Mathematik für Wirtschaftswissenschaftler.

Teubner, 6. Aufl., 2007

Das Werk deckt die meisten Inhalte des vorliegenden Buches ab und enthält weitere Themen wie z. B. Folgen und Reihen. Ferner gibt es zahlreiche Übungsaufgaben samt Lösungen. Das Buch ist sehr empfehlenswert, dürfte allerdings für komplettes Durcharbeiten im Rahmen eines Brückenkurses zu umfangreich sein.

Ehrenfried Salomon, Werner Poguntke: Wirtschaftsmathematik.

Fortis, 2. Aufl., 2001

Dieses Buch enthält den vollständigen Stoffumfang der Mathematik, wie sie in den meisten wirtschaftswissenschaftlichen Studiengängen im Grundstudium vermittelt wird. Es handelt sich also nicht um einen Vor- oder Brückenkurs, kann jedoch wegen seiner sorgfältigen didaktischen Aufbereitung bereits in einer solchen Vorphase als Nachschlagewerk benutzt werden.

Wolfgang Schäfer, Kurt Georgi, Gisela Trippler: Mathematik-Vorkurs.

Teubner, 6. Aufl., 2006

Für dieses Buch gelten im wesentlichen die gleichen Aussagen wie für den „Brückenkurs" von W. Purkert. Hier werden zusätzliche Themen wie Logik, Beweismethoden und Vektorrechnung behandelt. Das Buch ist ebenfalls empfehlenswert, enthält jedoch deutlich mehr Stoff als für den Studienbeginn unbedingt nötig.

Winfried Scharlau: Schulwissen Mathematik: Ein Überblick.

Vieweg, 3. Aufl., 2001

Vom Charakter her ähnelt dieses (erfreulich dünne) Büchlein – wie dasjenige von Knorrenschild (siehe oben) - dem vorliegenden Buch. Es setzt leicht andere Schwerpunkte – beispielsweise enthält es recht viel Geometrie, jedoch weniger Stoff aus dem Bereich von Gleichungen und Gleichungssystemen. Sehr empfehlenswert!

Zum Weiterlesen

Martin Aigner, Ehrhard Behrends (Hrsg.): Alles Mathematik.

Vieweg, 3. Aufl. 2008

In dieser Aufsatzsammlung wird an vielen Beispielen des täglichen Lebens (wie CD-Player, Verkehrsplanung) gezeigt, dass überall interessante Mathematik steckt. Als Brückenkurs überhaupt nicht, aber als anspruchsvolle Lektüre (wenn man die Anfangsklippen überwunden hat) hervorragend geeignet!

Ehrhard Behrends: Fünf Minuten Mathematik.

Vieweg, 2006

Hier sind 100 einzelne Artikel gesammelt. Es handelt sich um Beiträge der Mathematik-Kolumne der Zeitung DIE WELT, die allesamt recht kurz und gut „verdaulich" sind. Allerdings sind nicht alle Beiträge anwendungsorientiert, sondern mitunter auch „innermathematisch".

Albrecht Beutelspacher: Mathematik für die Westentasche.

Piper, 3. Aufl. 2003

In diesem kleinen Buch werden eine Reihe zentraler Begriffe und Themen aus der Mathematik (z. B. Binomische Formel, Geburtstagsparadox) auf kurze und unterhaltsame Weise erklärt.

Albrecht Beutelspacher: „In Mathe war ich immer schlecht ...".

Vieweg, 4. Aufl., 2007

Wie beim vorigen Buch des gleichen Autors handelt es sich nicht um ein Arbeitsbuch, eher eine Urlaubslektüre. Es werden faszinierende Einblicke in die Mathematik verständlich vermittelt, wobei gelegentlich durchaus tiefer gebohrt wird. (Es wird nicht nur „über Mathematik" geredet.) Besonders reizvoll ist, dass auf Fragen eingegangen wird wie „Was sind Mathematiker für Menschen?" und „Warum muss Mathematik so unverständlich sein?"

Wolfgang Blum: Schnellkurs Mathematik.

Dumont, 2007

Die Geschichte der Mathematik wird hier im Schnelldurchgang (auf weniger als 200 Seiten) dargestellt. Was herauszuheben ist: Auch die herausragenden Persönlichkeiten und ihre Leistungen werden ausführlich gewürdigt. Nicht so gut zum „Durchlesen" geeignet, aber ein schönes kleines Nachschlagewerk.

Ivar Ekeland: Mathematics and the unexpected.

The University of Chicago press, 1988

Dieses grundlegende Buch eines Mathematikers zum Thema Zufall und Determinismus schlägt auf fesselnde Weise den Bogen von den Keplerschen Gesetzen zur modernen Katastrophentheorie. Es ist vor allem für Leser zu empfehlen, die Spaß an den Grundlagen gewonnen haben!

Timothy Gowers: Mathematics: A Very Short Introduction.

Oxford University Press, 2002

Dieses kleine (bisher nur in englischer Sprache verfügbare) Buch ist etwas für Mathematik-Genießer. Es führt verständlich und zugleich auf sehr hohem Niveau in einige zentrale Gebiete der Mathematik ein, wobei stets bis zu den Grundfragen eher philosophischen Charakters vorgedrungen wird. Es wird also auf Tiefe, weniger auf Breite Wert gelegt.

Dietrich Paul: PISA, Bach, Pythagoras.

Vieweg, 2005

Der Untertitel des Buches lautet: „Ein vergnügliches Kabarett um Bildung, Musik und Mathematik" – besser kann man es nicht sagen, auf jeden Fall lehrreich und unterhaltsam. (Was will man mehr?)

John Allen Paulos: Zahlenblind. Mathematisches Analphabetentum und seine Konsequenzen.

Wilhelm Heyne Verlag, 1990

Hauptthema dieses allgemeinverständlich geschriebenen Buches ist die Unfähigkeit vieler Menschen, Zahlenverhältnisse und Wahrscheinlichkeiten abschätzen zu können. Dabei werden die interessanten Grundfragen rund um Zufall, Wahrscheinlichkeit und Statistik ausführlich diskutiert und oft anhand historischer Geschichten und Anekdoten erläutert. Ein anspruchsvoller Lesespaß!

Simon Singh: Fermats Letzter Satz.

dtv, 8. Aufl. 2003

„Fermats Letzter Satz" wird hier zum Ausgangspunkt, um die gesamte Geschichte der Mathematik auf verständliche und spannende Weise zu erzählen. Das Buch ist sehr zu empfehlen.

Rudolf Taschner: Der Zahlen gigantische Schatten.

Vieweg, 3. Aufl., 2005

In dieser Kulturgeschichte der Zahlen mit dem Untertitel „Mathematik im Zeichen der Zeit" geht es nicht nur um Mathematik, sondern auch um die Bedeutung der Zahlen für (unter anderem) die Musik und die Auffassung von Raum und Zeit. Ein sehr interessantes Buch, wobei sicher nicht jeder Leser allen philosophischen Schlussfolgerungen zustimmen wird. (Beispiel: „Über die Zahlen hinaus ist am Raum nichts zu entdecken, und die Weite des Universums wird von der Tiefe des mathematischen Denkens umfasst.")

Rudolf Taschner: Zahl Zeit Zufall. Alles Erfindung?

Ecowin, 5. Aufl., 2007

Die zentralen Begriffe Zahl, Zeit und Zufall werden aus mathematischer und philosophischer Sicht „mit heiterer Gelassenheit, verständlich und unterhaltsam" (Klappentext) untersucht, was durch zahlreiche historische Betrachtungen abgerundet wird. Ein kluges und unterhaltsames Buch, jedoch wird (wie bei dem vorigen) nicht jeder Leser allen Schlussfolgerungen zustimmen. Macht aber nichts – lesen!

Gero von Randow: Das Ziegenproblem.

Rowohlt Taschenbuch Verlag, 2. Aufl., 2005

Im Zentrum dieses Buches steht – wie der Titel sagt – das „Ziegenproblem", anhand dessen in das Denken in Wahrscheinlichkeiten eingeführt wird. Es ist unterhaltsam geschrieben, jedoch muss sich der Leser bei einigen Formeln durchaus auch mal anstrengen. Ähnlich wie das Buch von Paulos ein anspruchsvoller Lesespaß!

Sachverzeichnis

Fit für die Prüfung

Turtur, Claus Wilhelm
Prüfungstrainer Mathematik
Klausur- und Übungsaufgaben mit vollständigen Musterlösungen
2., überarb. u. erw. Aufl. 2008. 600 S. mit 176 Abb. Br. EUR 29,90
ISBN 978-3-8351-0211-8

Mengenlehre - Elementarmathematik - Aussagelogik - Geometrie und Vektorrechnung
- Lineare Algebra - Differential- und Integralrechnung - Komplexe Zahlen - Funktionen
mehrerer Variabler und Vektoranalysis - Wahrscheinlichkeitsrechnung und Statistik -
Folgen und Reihen - Gewöhnliche Differentialgleichungen - Funktionaltransformationen
- Musterklausuren - Tabellen und Formeln

Mit diesem Klausurtrainer gehen Sie sicher in die Prüfung. Viele Übungen zu allen
Bereichen der Ingenieurmathematik bereiten Sie gezielt auf die Klausur vor. Ihren
Erfolg können Sie anhand der erreichten Punkte jederzeit kontrollieren. Und damit
Sie genau wissen, was in der Prüfung auf Sie zukommt, enthält das Buch
Musterklausuren von vielen Hochschulen!

Turtur, Claus Wilhelm
Prüfungstrainer Physik
Klausur- und Übungsaufgaben mit vollständigen Musterlösungen
2., überarb. Aufl. 2009. II, 570 S. mit 189 Abb. Br. EUR 34,90
ISBN 978-3-8348-0570-6

Mechanik - Schwingungen, Wellen, Akustik - Elektrizität und Magnetismus - Gase und
Wärmelehre - Optik - Festkörperphysik - Spezielle Relativitätstheorie - Atomphysik,
Kernphysik, Elementarteilchen - Statistische Unsicherheiten – Musterklausuren

Mit diesem Klausurtrainer gehen Sie sicher in die Prüfung. Viele Übungen zu allen
Bereichen der Physik bereiten Sie gezielt auf die Klausur vor. Ihren Erfolg können Sie
anhand der erreichten Punkte jederzeit kontrollieren. Und damit Sie genau wissen,
was in der Prüfung auf Sie zukommt, enthält das Buch Musterklausuren von vielen
Hochschulen!

**VIEWEG+
TEUBNER**
Abraham-Lincoln-Straße 46
65189 Wiesbaden
Fax 0611.7878-400
www.viewegteubner.de

Stand Juli 2009.
Änderungen vorbehalten.
Erhältlich im Buchhandel oder im Verlag.

Mathematik mit Spaß: Mathe-Manga!

Takahashi, Shin
Mathe-Manga Statistik
2009. X, 189 S. Br. EUR 19,90
ISBN 978-3-8348-0566-9

Statistik ist trocken und macht keinen Spaß? Falsch! Mit diesem
Manga lernt man die Grundlagen der Statistik kennen, kann sie in
zahlreichen Aufgaben anwenden und anhand der Lösungen seinen
Lernfortschritt überprüfen - und hat auch noch eine Menge Spaß dabei!
Eigentlich will die Schülerin Rui nur einen Arbeitskollegen ihres
Vaters beeindrucken und nimmt daher Nachhilfe in Statistik. Doch
schnell bemerkt auch sie, wie interessant Statistik sein kann, wenn
man beispielsweise Statistiken über Nudelsuppen erstellt. Nur ihren
Lehrer hatte sich Rui etwas anders vorgestellt, er scheint ein langweili-
ger Streber zu sein - oder?

Kojima, Hiroyuki
Mathe-Manga Analysis
2009. 290 S. Br. EUR 19,90
ISBN 978-3-8348-0567-6

Analysis ist trocken und macht keinen Spaß? Falsch! Mit diesem
Manga lernt man die Grundlagen der Analysis kennen, kann sie in
zahlreichen Aufgaben anwenden und anhand der Lösungen im Anhang
seinen Lernfortschritt überprüfen - und hat auch noch eine Menge
Spaß dabei!

**VIEWEG+
TEUBNER**

Abraham-Lincoln-Straße 46
65189 Wiesbaden
Fax 0611.7878-400
www.viewegteubner.de

Stand Juli 2009.
Änderungen vorbehalten.
Erhältlich im Buchhandel oder im Verlag.

Printed in the United States
By Bookmasters